[美]史蒂芬·柯维 著
赵宜知 译

精进

从平凡到卓越的
七大启示

Everyday
Greatness

浙江教育出版社·杭州

前言

史蒂芬·R. 柯维博士

我感到幸运。

当今时代，晚间新闻波澜迭起，丧气言论铺天盖地，但我依然感到幸运，因为我每天都能与全球各地的人们会面，从他们的人生中看到生活的美好。

当今时代，企业丑闻与背德事件层出不穷，但我依然感到幸运，因为能够结识那些正直而高尚的国家领导人、商界领袖和新晋管理者。

当今时代，世界笼罩在犯罪、战争、自然灾害和疾病的阴霾之下，但我依然感到幸运，因为能够与执法人员、军事专家、市政管理人员和医疗专业人员共事，这些人为崇高事业做出了伟大牺牲。

当今时代，亲子关系和家庭纽带或许遇到了前所未有的挑战，但我依然感到幸运，因为能够结识那些坚强的父亲们和高尚的母亲们，感动于他们不分昼夜地为孩子们提供物质和关爱。

当今时代，校园和年轻人普遍受到消极主义和敏感社会困境的冲击，但我依然感到幸运，因为能够认识许多敬业的教师和才华横溢的年轻人，他们品德高尚，并致力于以自己独特的方式为世界带来积极影响。

事实上，我为能够遇到世界各地各行各业的人们而感到幸运，他们都有着真正的美好心灵，为周围的世界做出了巨大的贡献。他们为我带来了启迪。

很有可能，你也是这样的人。

当今时代的精选集

是的，我相信世界上多数还是努力生活的好人，始终伴你我左右的积极之声不应被一小部分的消极噪音所淹没。

但是我也想说，虽然许多人都做得很好，并且也许比自己意识到的更值得称赞，但大多数人认为，做得很好不代表做到了最好。所以当我们静下心来，依然能感觉到生活中还有更多值得追求的东西、更多可以奉献的地方。

想必你也这么认为吧？

对待生活，我秉持着这样一种信念——崇高事业永不会完结。"高效能人生"是我的座右铭。因此，我一直在寻觅新的方向，渴望找到能够令我有所作为的理想道路。渴求生活意义的我发现，有些故事既有阅读乐趣，又发人深省，比如这本精选集中的故事，是《读者文摘》从畅销数十载的经典文学和全球崇高人士那里搜集而来，包含了易于实践的永恒原则和实用见解，是真正的典藏之作——一本属于我们这个时代的精选集。

我希望这本书至少能帮助你实现三个目标。首先，我希望你能够坐下来，享受阅读，放松心情。坦白说，生活并不容易。世界动荡不安，而一切征兆都表明，未来会更加动荡。如今，耸人听闻的消息不胜枚举。坐下来沉浸在振奋人心的故事中，这样的机会少之又少。我真心期望你能够将这本书视为风暴中的避风港，一个充满希望的庇护所。

其次，我希望这本书能够为你带来启发，帮助你从生活中获得更多，也给予更多。近百年来，《读者文摘》已成为无数人获取高效生活指南的源泉。我们有幸能在其中挑选出数以百计最为鼓舞人心的故事和思想，并收录在这本精选集中。我希望本书能够推动你从眼前走向未来，从做得好奔向做到最好。

再次，我希望这本精选集能够让你成为热忱的"变革者"。"变革者"指的是致力于改变不良现状的人，比如打破代代相传的糟粕传统、反对四处蔓延的有害行为，保卫家庭、职场、社区等等。变革者要超越自身欲望，挖掘人性中最深刻、最崇高的冲动。在黑暗时期，他们是榜样而非批评者，带来光明而非审判。在纷争时期，他们不是受害者，而是变革的催化剂；不是疾病的传播者，而是疾病的治愈者。当今世界需要更多变革者。来吧，相信自己终将攀上巅峰，看着自己的影响力与日俱进。

平凡伟大

世界上偶尔会出现英勇壮举或稀世奇才。时不时地，科学家会有重大发现，工程师会设计出颠覆性设备。每隔十年左右，就会有政治家推动签署一项举世瞩目的和平倡议。每年都会有几场全球奢华盛会，评选年度最佳演员、音乐家、运动员和销售人员。在各地传统节庆活动上，则会为最能吃辣或最美约德尔[①]唱腔之类的获胜者加冕。

[①] 约德尔：源自瑞士阿尔卑斯山区的一种特殊唱法或歌曲。在山里，牧人们常常用号角和叫喊声来呼唤他们的羊群、牛群，也用歌声向对面山上或山谷中的朋友、情人传达各种信息。——编者注

这样的特殊事件和成就常高悬"某某之最"的横幅，引人注目地出现在媒体头条中。在多数情况下，它们的确值得关注和喝彩。因为它们有的以先进而意义重大的方式推动社会前进，有的为人们的生活带来急需的调味剂和幽默感。

不过，除此之外，还有一种更为含蓄内敛的伟大，它广为人知，却鲜少现身于头条新闻。而依我之见，我们应当赋予这种伟大更高的荣誉和更多的尊重。

我称之为"平凡伟大"。

我曾在别处多次将"平凡伟大"称为"首要伟大"。它与品格和奉献密切相关，不同于与名利、地位挂钩的"次要伟大"。"平凡伟大"是一种生活方式，而非一次性事件。它关乎于人的本质，而非人的所有物。它经由人性之善展现，不由名片上的头衔定义。它揭露的是为人处世的动机而非才干，它关乎于简单小事而非宏图伟业。它与谦逊形影不离。

提及"平凡伟大"，人们往往会想到身边熟悉的人。比如一位农民，尽管饱经风霜，奔忙于养家糊口，却不会吝惜于帮扶邻里。比如一位母亲，即便力有未逮，也日复一日地全力以赴，向有缺陷的孩子示以无条件的爱。比如一对祖父母、一位老师、一位同事、一位邻居、一位朋友……这些人可靠、诚实、勤勉、尊重他人。"平凡伟大"的关键在于，这一个个为人称颂的平凡之人是可以效仿的。我们不必成为下一个甘地、林肯或特蕾莎修女，就可以成就这种伟大。

在平凡中成就卓越的这些人与引言开头所提到的人并无二致。尽管世界存在消极的一面，这些人却总有办法承担起自己的责任，积极奉献。关键在于，这些人不过是在日复一日地做自己而已。

每日三选

那么，如何才能从平凡走向卓越？而一个人卓越的根源又是什么？

答案在于每日三选。无论是否有意识到，我们每个人每天都要面临这三选。

1. 选择行动

每日三选的第一选：是主动创造生活，还是被动承受生活？

显然，一切皆在掌握之中不过是痴人说梦。生活如海浪般一波接一波地向你我袭来。有些是对你我影响不大的偶然事件，有些却能让你我遭受重创。而我们每天都要做出选择：是像浮木一样日复一日地随波逐流，还是主动承担起责任，决定自己的行动与目标？

乍一看，这个选择并不算难。毕竟，谁不愿意掌握生活的主动权呢？但在一天的光阴画上句点之时，唯有行动才是选择。许多人声称想掌控生活，却把晚间安排的任务交给电视；许多人畅想着远大的职业理想，却把技能发展的责任交给了老板；许多人叫嚣着要捍卫自身的价值观，却因微不足道的反对声动摇了自己的正直。所以你看，很多人声称想掌控生活的主动权，但每天结束后回头一看，发现主动权早已被生活占据。

这本精选集中的每一个故事，都代表着一个主动行动的人。他们对生活有着深刻的认识：发生在自己身上的事未必能够选择，但应对方式永远可以选择。在这些故事中，有些人赫赫有名，而更多人默默无闻；有些人气概滔天，而更多人则静水流深，光而不耀；有些人在众目睽睽之下做出选择，而更多人在无人知晓时坚守信念。这本精选集中的大多数主人公都是普通人，以个人的日常方式做出一个个普通的选择。我向你发出一个挑战——和我一起来看看他们的生活，审视他们的选择，看看你是否得出了和我一样的结论，即获得最多也给予最多的人往往都是主动行动的人。

我们有能力也有责任去主导自己的生活和未来。

2. 目标的选择

许多人选择了行动起来，但最终却发现选错了方向，不仅没能达成目标，甚至还害人害己。因此，仅仅行动起来是不够的。

每日三选的第二选也十分重要：选择什么行动，行动的目的是什么？

我们每个人都希望实现自我价值，想要追寻生活的意义。我们不愿终日庸碌，唯愿为有价值的目标而奔忙。然而你我在这世上皆匆匆忙忙，经常是没等想清楚要做什么，一天就结束了，更无暇反思自己真正的人生追求了。因此许多人终日奔波，辗转各地，实际上却一无所获。

而这本精选集中的主人公们并不如此。从约翰·贝克到玛雅·安吉罗，从卢芭·格尔卡克到乔·帕特诺，从轮椅匠人到帮助残疾儿童的一家人，所有人都做出了积极的选择，追求着意义非凡且令人敬佩的目标，有时他们的选择还伴随着巨大的风险或个人牺牲。

编写这本精选集的动机源于两个人——已故的德威特·华莱士和莱拉·华莱士——《读者文摘》的创始人。1922年，这对新婚夫妇创办了这份杂志，并以此维持生计。然而，他们的追求远不止于赚钱，而是实现德威特幼时写下的目标："无论从事何种职业，我将尽我所能行世间良善之事。"他们发行了一期又一期满是故事轶闻、大量笑话和实用见解的杂志，"帮助他人，也帮助自己"，弘扬高效生活原则——勇气、仁爱、诚信、品质、尊重和团结。

如今,《读者文摘》以二十一种语言出版,在全球范围内有八千万读者群体。作为世界上发行量最大的杂志,《读者文摘》始终坚持弘扬那些原则,致力于引起世界人民的共鸣。

华莱士夫妇以一页页、一期期的杂志实现了有目标的生活。这本精选集中的人们同样也日复一日、一步一个脚印地追求着有价值的目标。我希望你在畅读这些人生故事的同时,能够借机反思自己的目标和行动。

3. 原则的选择

当然,任何目标都不可能凭借魔法或运气实现。我相信,积极的思维中蕴含着力量,但仅凭精神力量,我不认为可以取得成功或是获得内心的平静。恰恰相反,只有与永恒普世的原则和谐相处,才能享受充满意义和进步的生活,实现从平凡到卓越。

因此,每日三选的第三个选择:是按照经过验证的原则生活,还是承受肆意妄为的后果?

我来分享1983年12月的《读者文摘》中我最喜欢的一个故事,以便进一步解释第三个选择。虽然这是个幽默故事,但我相信它能生动形象地阐明原则的力量,并解释原则怎样影响生活和选择。

在一个迷雾缭绕的夜晚,船长看到了另一艘船的灯光正朝着自己的方向靠拢。他让信号员用灯光给那艘船发信息:"将你的航向向南改变十度。"

而对面的船用灯光回复道:"将你的航向向北改变十度。"

船长回应:"我是位船长,所以应该是你把航向向南改变十度。"

对面回应道:"我是一等水手,还是你把航向向北改变十度吧。"

收到这个回复后,船长忍无可忍,再次回应:"我开的是一艘战舰,将你的航向向南改变十度。"

对面再次回应:"但我这里是灯塔,将你的航向向北改变十度!"

(由丹·贝尔供稿)

尽管这个故事是个笑话,但意思表达得很明确:船的大小和舵手的等级都无关紧要。灯塔是没法改变航向的,毕竟它是固定的,永远不会移动。只有船长才能选择调整航向。

灯塔就像原则。原则永恒、普世、不可动摇。原则不会改变。无论年龄、种族、信仰、性别或身份,在原则面前,人人都受其制约。就像灯塔一样,原则是永久的标识,无论狂风骤雨还是风平浪静,无论处于黑暗还是光明之中,人们都可以依靠原则来确定自己的方向。

爱因斯坦和牛顿等巨擘在科学领域中发现了许多这类原则或自然法则。举个例子,飞行员会受到四个飞行原则的支配——重力、升力、推力和阻力。在农业领域,农民也必须掌握类似法则。体操运动员和工程师都要遵循物理学定律,比如相互作用力。但无论是飞行员、农民、体操运动员还是工程师,都没有发明这些原则,也无法改变这些原则。他们就像船长一样,要么根据原则来设定航向,要么承担一意孤行的后果。因为价值观驱动行为,而原则统御结果。

我确信人类领域和科学界一样存在着灯塔,这本书中便汇集了一些灯塔般的原则,例如远见、创新、谦逊、品德、共情、宽容、毅力以及平衡。所有这些原则都可以帮助我们取得更高的个人效能与生活满足感。如果你对此表示怀疑,可以试想一下与其背道而驰的生活,比如短视、懒惰、虚荣、粗心、心胸狭窄、睚眦必报、优柔寡断以及不平衡。这些特质绝不可能带来成功。

这本精选集中的一些条目编写于数十年前。但正因建立在原则之上，它们永远都合乎时宜，无论是今天还是二十年后都适用。因此，阅读故事时，不要纠结于事件发生的时间或涉及的名字，而要关注这些原则，以及如何在生活中应用原则。更重要的是，思考自己如何将这些原则作为指路明灯，规划自己的道路，衡量自己的进步，并在通向"平凡伟大"的旅程中调整航向。

你有什么想法呢？

现在你了解了怎么从平凡走向卓越奠定基础的三个选择。从某种意义上讲，行动的选择反映了赋予生活的能量，即意志力。目标的选择指向目的地，即在生活中要去往何方，要实现什么。原则的选择决定了实现目标的方式，即如何达成目标。

在本文引言开头提到的那些人，他们之所以能被称为"平凡伟大"，便是做好了这三个选择，因而在人群中脱颖而出。这本精选集中的主人公们也同样是因为在生命的不同阶段做好了这三个选择，方变得与众不同。

不过，这本精选集所关注的并不是他们，而是你。换句话说，它并非旨在强调他人所言所行，而是要鼓励你审视自己的生活：审视自己在日常生活中做出的贡献；审视自己如何对待他人，审视自己如何利用时间，审视自己是否全力以赴。

因此我要问你：

- 你的生活是像浮木般随波逐流，还是在掀起自己的浪潮，并朝着择定的方向前进？
- 你的日常选择正将你导向何种目标或目的？
- 你希望你的日常选择导向何种目标或目的？
- 你的生活是否契合永恒普世的原则？

这些问题很难回答。如果给不出确定且满意的答案，我希望你能好好利用这本精选集。每一个条目都是一个提醒，提醒你生活其实很重要，提醒你要过充满意义和进步的生活，无论周遭发生了什么。

你会注意到，本书共有七个类别，每个类别包含三条原则。这二十一个原则都会以一系列故事来阐述，再辅以支持这一原则的名言和典故。我也会贡献一些简评和观点充当故事旁白，并解释相应原则该如何应用于当今世界。随便翻开哪一页都能获得启发，因此本书十分便于阅读。即使对之前的章节毫无了解，也不妨碍从后面的章节中获益。

我已经可以预见，这些素材会有许多应用方式：我可以预见到家长和教师从中摘取思想或故事来启发年轻人；我可以预见到演说家和商业领袖将其用作内容来源；我可以预见到工作团队讨论并将这些原则应用到各种工作中。但最重要的是，我可以看到许多读者从这本书中发现鼓舞人心、开阔思维的见解，寻得征服个人挑战的方法。请敞开心扉地阅读吧！重点关注能够助力你实现目标的事例或原则。同时，思考后记中的建议，制定切实可行的计划，助力自己实现"平凡伟大"。

总结

最后,我想对参与编写这本精选集的朋友表达感谢和敬意,同时也想再鼓励一下读者。

首先,我要向《读者文摘》致敬——从华莱士夫妇到现今的团队。这本精选集中的每一篇文章都摘自《读者文摘》。每一篇文章都是对他们本人及其所追求的目的的赞美。他们成功地与时俱进,在当今世界中发出有分量的声音,对此我非常钦佩。

其次,我由衷赞赏大卫·K.哈奇为本书付出的心血。正是大卫启动了这一项目,当时他做着领导力顾问的工作,正在搜集一些故事和名言。在整理资料的过程中,他越发觉得这些内容应该与更多读者分享。他从一千多期《读者文摘》中精心筛选出这些能够影响人生的精彩内容。和他宝贵的眼光一样,他对本书的信心也同样值得信任。

再次,我要向为本书献出智慧的一众作家、哲学家和普通人中的英雄致敬——其中不少是我认识并钦佩的人物。他们每个人都以自己独特的方式为本书的编撰带来启发。他们和我们一样并非完人,但他们追求崇高的事业,他们的事迹也能够帮助我们建立信心,让我们相信自己也能有所作为。

最后,我向你,向独一无二的你致敬。我相信,你和我开头提到的那种人一样,也会在这个喧嚣的世界中投身于高尚的事业。你拥有独一无二的经验和才能,要相信自己的能力,挖掘自己的潜能,为这本精选集中的道理添上自己的注解。最重要的是要做好三个选择:行动起来;制定有意义且振奋人心的目标;遵循永恒普世的原则而生活。我坚信,只要做到这三点,就能够寻得无与伦比的快乐和平静的内心,让自己的人生从平凡走向卓越,获得更高的自我价值感。

目录

第一章　寻觅意义

（一）**奉献**……………………………………………… 3
　　约翰·贝克的最后一场比赛………………… 4
　　安东尼娅的使命…………………………… 13
　　萨拉热窝的大提琴手……………………… 17
　　深入认识…………………………………… 22

（二）**仁爱**……………………………………………… 27
　　火车上的男人……………………………… 28
　　无私的法则………………………………… 33
　　手足之爱…………………………………… 35
　　深入认识…………………………………… 44

（三）**关注**……………………………………………… 49
　　不识字的男孩……………………………… 50
　　教皇约翰·保罗二世……………………… 57
　　爱要如何回归……………………………… 59
　　深入认识…………………………………… 63

第二章　掌控人生

（四）责任 ……………………………… 69
- 我会做到的！ ……………………………… 70
- 玛雅的回顾之旅 …………………………… 77
- 机会是自己创造的 ………………………… 84
- 深入认识 …………………………………… 87

（五）勇气 ……………………………… 93
- 地狱里的女英雄 …………………………… 94
- 逃离和奔赴 ………………………………… 100
- 我的独家风格 ……………………………… 104
- 深入认识 …………………………………… 109

（六）自律 ……………………………… 113
- 对百万美元说"不"的人 ………………… 114
- 换一种生活 ………………………………… 116
- 布莱恩教练 ………………………………… 120
- 深入认识 …………………………………… 128

第三章　始于内心

（七）正义 ……………………………… 135
- 一生的收获 ………………………………… 136
- 一位母亲与类固醇的对抗 ………………… 138
- 抗击暴风雪的女孩 ………………………… 145

深入认识·······················153

（八）谦逊·······················160
　　迈克、我以及蛋糕···············161
　　亚伯拉罕·林肯的第一笔巨额律师费·······165
　　法律援助前线···················170
　　深入认识·······················176

（九）感恩·······················181
　　迪托先生的遗产·················182
　　重获感官·······················187
　　投手丘上的教诲·················191
　　深入认识·······················194

第四章　创造梦想

（十）愿景·······················201
　　向着星辰许愿···················202
　　免费轮椅·······················211
　　太阳洒下金辉之地···············215
　　深入认识·······················219

（十一）创新·····················223
　　史上第二伟大的圣诞故事·········224
　　威浮球的成功之路···············229

史上最伟大的天才 ································ 234
深入认识 ·· 240

（十二）品质 ································ 245
约翰尼来了！ ···································· 246
最好的建议 ······································ 252
优雅的代名词 ···································· 257
深入认识 ·· 263

第五章　团结合作

（十三）尊重 ································ 271
以八头牛为聘的约翰尼·林戈 ················ 272
朋友的一点帮助 ································· 276
心态变化 ·· 282
深入认识 ·· 287

（十四）同理心 ······························ 293
侧耳倾听 ·· 294
时间问题 ·· 296
速成课程 ·· 298
深入认识 ·· 305

（十五）团结 ································ 311
坚不可摧的家庭 ································· 312

荣耀之战 ·············· 320
　　　不同的笔触 ············ 321
　　　深入认识 ············· 326

第六章　征服逆境

（十六）适应 ·············· 333
　　　枫树的启示 ············ 334
　　　斗争者 ·············· 337
　　　笑为良药 ············· 344
　　　深入认识 ············· 350

（十七）宽容 ·············· 356
　　　最好的建议 ············ 357
　　　人类的小小幸福 ·········· 361
　　　从黑暗走向光明 ·········· 363
　　　深入认识 ············· 372

（十八）毅力 ·············· 378
　　　写《弥赛亚》的男人 ········ 379
　　　规避的词，牢记的词 ········ 385
　　　"我能行" ············· 390
　　　深入认识 ············· 396

第七章　协调人生

（十九）平衡 ··· 403
　　爱斯基摩人的一堂课 ························· 404
　　如果人生可以重来 ····························· 407
　　一块又一块砖 ···································· 408
　　深入认识 ··· 414

（二十）简化 ··· 420
　　简化！简化！ ···································· 421
　　与贝丝一起乘坐巴士 ························· 424
　　减轻负担 ··· 430
　　深入认识 ··· 433

（二十一）恢复 ····································· 438
　　宁静海湾的一课 ································ 439
　　海滩上的一天 ···································· 445
　　绕道的诱惑 ·· 452
　　深入认识 ··· 456

后记 ·· 463

第一章　　寻觅意义

> 我的心中有着不朽的渴望。
>
> ——威廉·莎士比亚

每个人内心深处都存在对意义的需求——渴望自己有价值。这种渴望会推动我们做出选择，选择能够带来更多快乐和满足感的道路。但在这个忙碌的世界中，我们很容易被短期利益诱惑，从而无暇顾及长远目标。因此，为了获得所渴求的内心平静和成就感，我们必须稍作停顿，在脑海中绘出包含梦想、优先事项和目标的清晰蓝图，这于人于己都意义深远。

在寻觅意义的道路上能够帮助我们的原则有：

- 奉献
- 仁爱
- 关注

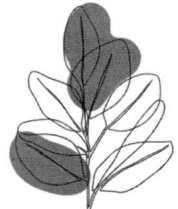

（一）

奉献

> 所有人都该在有限的生命中寻找这几个答案：我在逃避什么、追求什么，以及为什么。
>
> ——詹姆斯·瑟伯

在内心深处，每个人都希望能够有所作为、有所奉献。我们渴望背负使命，想要投身于有意义的事业。然而，找到切实可行的日常奉献途径实非易事，对困于生活琐碎的我们来说更是难上加难。然而，每个人都应该努力厘清自己的坚持与追求的目标。

在接下来的故事中，三位主人公在生命中都曾面临抉择。在抉择时刻，他们被迫做出选择——或主动行动，做出贡献；或被动坐视，袖手旁观。

第一个故事的主人公是一个名叫约翰·贝克的年轻人。作为天赋异禀的跑者，作为立志参加奥运会的田径运动员，约翰的意义感和贡献感受到了前所未有的考验。阅读他的选择和目标，思考一下，未来几周、几个月和几年内，你将以何种方式生活，会做出何种贡献。

约翰·贝克的最后一场比赛

威廉·J. 布坎南

1969 年春天，24 岁的约翰·贝克对未来满怀希望。此时的他正处于令人惊叹的运动生涯巅峰时期，被体育记者誉为世界上最快的英里跑选手之一。他的梦想是代表美国参加 1972 年的奥运会。

回顾贝克的早年经历，很难想象未来他会取得如此显赫的体坛地位。贝克身材瘦小，比他在阿尔伯克基的大多数青少年朋友都要矮上几厘米。大家都认为他的身材相当不协调，参加不了高中的田径比赛。然而，高三期间发生的一些事情，改变了贝克的生活轨迹。

有一段时间，曼扎诺高中的田径教练比尔·沃尔法特一直在努力说服一位有潜力的高个子长跑运动员约翰·哈兰德加入田径队。约翰·哈兰德是贝克最好的朋友，他拒绝了教练的邀请。"让我加入田径队吧，"有一天，贝克建议道，"这样哈兰德也会和我一起加入的。"沃尔法特答应了贝克，这一策略也的确奏效了。就此，约翰·贝克成了一名长跑运动员。

能量爆发

那年的第一场比赛是横跨阿尔伯克基东部山麓的 1.7 英里[①] 越野赛。大多数人的目光都集中在阿尔伯克基的州越野冠军劳埃德·戈夫身上。枪声一响，参赛选手按规定排成队列，戈夫带头，哈兰德紧随

---

① 1 英里约合 1.61 千米。

其后。四分钟后，选手们一个接一个地消失在远处转弯处的矮丘之后。一分钟过去了，两分钟过去了，接着，一个身影独自出现。沃尔法特教练用手肘轻轻推了一下助手。"戈夫来了，"他说，然后他举起了双筒望远镜，"老天！"他惊呼道，"不是戈夫！是贝克！"

贝克将一众震惊的对手远远甩在身后，独自穿过了终点线。他的成绩是8分3秒5，创下了新的纪录。

在那座小丘的另一侧发生了什么？之后贝克做出了解释。比赛进行到一半时，远远落后于前面几人的他问了自己一个问题：我竭尽全力了吗？他当时并不知道。他的目光紧盯着前方最近选手的后背，然后全神贯注地看着这一个点。重要的只有一件事，那就是赶超前面的那个选手，再去追赶下一个。他的体内升腾起一股未知的能量。"我几乎陷入了一种催眠状态"，贝克回忆道。他一个接一个地超过了前面的对手。尽管肌肉疲惫不堪，但他保持着狂风般的节奏，直至越过终点线，才筋疲力尽地倒了下来。

这场比赛是否只是个偶然？随着赛季推进，沃尔法特为贝克报名了许多比赛，结果都与第一次如出一辙。一旦踏上赛道，这位玩心重的腼腆少年就会变成一名无法撼动的凶猛选手，变成一个立于不败之地的"拼命三郎"。大三结束时，贝克已打破了六项州级田径纪录，在大四期间，他更是被誉为该州史上最优秀的一英里赛跑选手。而当时贝克还不到十八岁。

"黑马约翰"

1962年秋天，贝克进入新墨西哥大学的阿尔伯克基校区就读，在这里，他加大了训练强度。每天天一亮，贝克就会手握防狗喷雾罐，穿过城市街道、公园和高尔夫球场，跑上二十五英里。功夫不负有心人，很快，无论新墨西哥林狼队到何地参加比赛，是阿比林、塔尔萨还是盐湖城，"黑马约翰"贝克总能出人意料，将热门选手一一击败。

1965年春天，那时贝克还是大三学生，全美最具威名的田径队隶属于南加利福尼亚大学。因此，当强大的"特洛伊"①军团前来阿尔伯克基参加对抗赛时，体育评论员们并不看好林狼队。他们认为，南加利福尼亚大学的"三巨头"将会称霸一英里赛跑，这三巨头分别是克里斯·约翰逊、道格·卡尔霍恩和布鲁斯·贝斯。三人的一英里赛跑成绩都比贝克要好。

贝克在第一圈领先，然后他有意识地放慢脚步，退居第四名。卡尔霍恩和贝斯犹疑不安地来到了被贝克所放弃的领先位置。约翰逊则谨慎地保存体力。在第三圈的远端转弯处，贝克和约翰逊同时向第一名发起冲刺——然后撞在了一起。贝克为了努力保持平衡，落后了几米，约翰逊则取得了领先位置。距离终点还有约三百米时，贝克发起了最后冲刺。先是贝斯，然后是卡尔霍恩，他们一个一个地被贝克超越。抵达最后一个弯道时，约翰逊和贝克并驾齐驱。慢慢地，贝克领先了将近一米。他双手高举成象征着胜利的V形，冲过终点线，以三秒的优势获得了胜利。贝克的胜利极大鼓舞了所在队伍的士气，林狼队在随后的每个项目中均大获全胜，而士气低落的特洛伊军团遭遇惨败。

---

① 特洛伊：源于1912年南加利福尼亚大学对战斯坦福大学的一场田径比赛，南加大的校长让《洛杉矶时报》的体育编辑为其田径队取一个昵称，后来体育编辑在报纸上写了"南加大特洛伊人"，因此南加大学子常被称为"特洛伊人"。

关怀备至的教练

毕业后，贝克开始考虑职业道路的选择。有人聘请他去当大学教练，但他一直计划着从事与儿童相关的工作。但同时，贝克又心存着冲击奥运奖牌的梦想，不甘心完全放弃比赛。权衡之下，他接下了一份能够兼顾两个愿望的工作——他成了阿尔伯克基阿斯彭小学的教练，同时重新开始了严格的训练，备战1972年奥运会。

在阿斯彭小学，贝克又展现出了他性格中的另一面。他在操场上对所有孩子一视同仁，没有哪个孩子会享受到体育明星般的待遇，也没有哪个孩子会因为能力不足而受到批评。他唯一的要求是每个孩子都要全力以赴。贝克的公正不阿和真诚关怀获得了孩子们的热烈回应。孩子们要是有什么不满，都会首先向贝克教练倾诉。听到孩子们的话，贝克不会怀疑真假，而是当作世界上最重要的事情来对待。于是"教练在乎孩子们"的口碑便传开了。

1969年5月初，在即将满25岁的时候，贝克发现自己在训练中很容易感到疲劳。两周后，他开始胸痛。而在月底的一个早晨，醒来后的他感到腹股沟异常肿痛。于是，他前去就医。

在泌尿科医生爱德华·约翰逊看来，贝克的症状很不妙，需要立即进行探查性手术。手术证实了约翰逊的担忧。在贝克的一个睾丸中出现了细胞癌变，并且肿块已经广泛扩散。尽管约翰逊医生没有明说，但他心里估计，即使贝克进行第二次手术，可能也仅剩下约六个月的寿命。

此时的贝克正为第二次手术而在家休养，摆在他面前的是一个严酷的现实。他再也没机会跑步，也无缘奥运会了。几乎可以肯定，他的教练生涯也结束了。最糟的是，他的家人将面对数月的煎熬。

悬崖的边缘

在第二次手术前的那个星期天，贝克独自离家，开车到山里兜风，一去就是几个小时。当晚回来的时候，他的情绪发生了巨变。他一直习惯于把微笑挂在脸上，但在确诊后的这段日子里，给人的感觉仿佛是强颜欢笑，因此，今晚他脸上自然而真诚的笑容便显得格外不同，更重要的是，两个星期以来，他首次谈到了未来的计划。那天夜里，他告诉了妹妹吉尔当天发生了什么。

他开车去了桑迪亚峰———一座两英里高的雄伟山峰，俯瞰着阿尔伯克基东部的天际线。他把车停在悬崖边上，坐在车里，思考着自己的病情会给家人带来多大的痛苦。只要一瞬间，他就能结束家人以及自己的痛苦。带着无声的祈祷，他发动了引擎，伸手去够紧急制动器。突然，他眼前闪过一幅画面———阿斯彭小学里孩子们的脸。他曾经教导孩子们，即使困难重重，也要竭尽全力。面对他的自杀，孩子们会做何感想呢？他感受到了直抵灵魂深处的羞愧，终究还是关掉了点火装置，瘫倒在座位上哭了起来。过了一会儿，他发现，他的恐惧已然平息，他的心灵已然平静。他告诉自己，接下来要把时间都奉献给孩子们，哪怕寥寥无几。

9月份，经过大范围手术和一整个夏天的治疗，贝克再度投入工作，并且在已经相当充实的日程上又增加了一项新目标———为残障人士提供体育活动的机会。曾经，残障的孩子们只能站在场边眼巴巴地看着，但现在，无论身体状况如何，他们都能够穿上阿斯彭小学的正式球衣，担任"教练计时员"或"装备管理员"，都有机会凭借自己的努力工作获得"贝克教练"绶带。绶带是贝克自己晚上在家里制作的，所用材料也是他自费购买的。

无声的痛苦

到感恩节的时候，阿斯彭小学几乎每天都能够收到家长来信，内容为感谢和赞扬贝克。（不到一年，阿斯彭小学和贝克家就收到了五百多封感谢信）"从前每个早晨，我儿子都是个难缠的小恶魔。"一位母亲在信中写道，"把他叫起来，让他吃早餐，让他出门，都艰难得让我难以忍受。但现在，他每天都迫不及待地想去学校。他还是首席内野击球手。"

另一位母亲写道："我儿子说阿斯彭小学里有超人，虽然他言之凿凿，但我并不相信。我偷偷开车过来，观看贝克教练和孩子们的比赛，发现我儿子说的没错。"还有一份来自祖父母的信："在其他学校，我们的孙女因笨拙而遭受了极大的痛苦。但如今她在阿斯彭小学度过了美好的一年，贝克教练给她评了'A'，表彰她的全力以赴。上帝保佑这个年轻人，他为一个胆怯的孩子带来了自尊。"

12月，在约翰逊医生的一次例行检查中，贝克抱怨说喉咙痛和头痛。经检查确认，恶性肿瘤已经扩散到了他的颈部和脑部。医生意识到，四个月来，贝克一直默默地忍受着剧痛，凭借不可思议的专注力，他无视了疼痛，就像跑步时无视了疲乏一样。医生建议注射止痛药。贝克摇了摇头。"只要尚有余力，我还是希望和孩子们待在一块儿，"他说，"注射止痛药会让我反应迟钝。"

医生后来说："从那一刻起，约翰·贝克在我心中就成了无私的楷模。"

冲锋者杯

1970年初，贝克受邀担任阿尔伯克基一个小型田径俱乐部的教练。这个俱乐部的名字叫作杜克城冲锋者，招收的是从小学到高中年龄段的女孩。他当场接受了邀请，就像阿斯彭小学的孩子们一样，冲锋者的女孩们热烈欢迎新教练的到来。

有一天，贝克带着一个鞋盒来到了训练场。他宣布要颁发两个奖项，而其中一个给屡败屡战的女孩。贝克一打开盒子，女孩们都惊呼起来，盒子里有两个闪闪发光的金色奖杯——当之无愧的冲锋者便可获得这样的奖杯。几个月后，贝克的家人发现，他颁发的这些奖杯是他当年比赛获得的，只不过他小心翼翼地擦除了奖杯上自己的名字。

这年夏天，杜克城冲锋者成了一个颇具实力的俱乐部，在新墨西哥州和周边各州的比赛中打破了一个又一个纪录。贝克自豪地做出了一个大胆的预测："冲锋者将闯入 AAU 决赛。"

但贝克面临着一个新问题。频繁的化疗注射给他带来了严重恶心的身体反应，他吃不下东西。尽管体力不断下降，但他仍继续监督冲锋者的训练。他通常坐在训练区上方的小山包上，大声鼓劲。

10 月的一个下午，在小山包下的小径上，女孩们聚在一起，其中一个向贝克跑去。"嘿，教练！"她喊道，"你的预测成真了！我们受邀参加下个月在圣路易斯举行的 AAU 决赛。"得知这个消息，贝克欣喜若狂，向朋友们坦言自己只剩一个心愿了——活得足够长，能和她们一起走下去。

攀高跃进

可惜事与愿违。10 月 28 日上午，在阿斯彭小学，贝克突然捂着肚子倒在操场上。检查发现，是扩散的肿瘤破裂而引发休克。贝克拒绝住院治疗，坚持要回学校，度过在学校工作的最后一天。他告诉父母,他希望孩子们能记住他昂首挺胸的样子,而不是无助地倒在地上的样子。

贝克不得不靠大量输血和镇静剂维持生命,他意识到,以他目前的身体状况,圣路易斯之行已经不可能了。于是,他开始每天晚上给冲锋者成员打电话,敦促女孩们在决赛中全力以赴,直到给每个女孩都打了一遍电话才停下来。

11月23日傍晚,贝克再次昏倒。救护人员将他抬上救护车时,他几乎没有意识了,却还是以微弱的声音对父母玩笑道:"让灯闪烁起来,我要闪耀离场。"11月26日黎明时分,贝克躺在病床上,对握着他双手的母亲说:"对不起,给你添了这么多麻烦。"随着最后一声叹息,他闭上了眼睛。那是1970年的感恩节,距离约翰·贝克在约翰逊博士那儿首次确诊已经过去了18个月。他在死神面前为自己赢得了12个月的生命。

两天后,杜克城冲锋者的成员们泪流满面地在圣路易斯赢得了AAU冠军——"为了贝克教练"。

约翰·贝克的故事就到此结束了。不过,在他的葬礼之后,还发生了一件事。阿斯彭小学的一些孩子开始将学校称为"约翰·贝克小学",学校的新名字像野火蔓延一样传播开来。之后又掀起了一场使新名字正式化的运动。孩子们表示:"这是我们的学校,我们想把它叫作'约翰·贝克'。"阿斯彭官员将此事提交给阿尔伯克基校董会,校董会建议进行投票。1971年初春,阿斯彭地区的520个家庭就这一问题进行了投票——520票赞成,零票反对。

1971年5月,贝克的数百名朋友和他教过的所有孩子出席了更名仪式,阿斯彭小学正式更名为约翰·贝克小学。今天,这所小学作为一座引人注目的纪念碑矗立在这里，纪念着一位勇敢的年轻人，他在人生的至暗时刻，将痛苦的悲剧变成了不朽的丰碑。

> 癌症找上了约翰·贝克，而他选择了更好的回应方式——奉献。在生命的最后，贝克把精力献给了孩子们的心灵和精神建设，他遗留下的宝贵精神遗产，触动了无数人，也将永远铭刻在无数人的生命当中。在这一过程中，他必然体会到了伴随有意义的生活而来的内在回报。

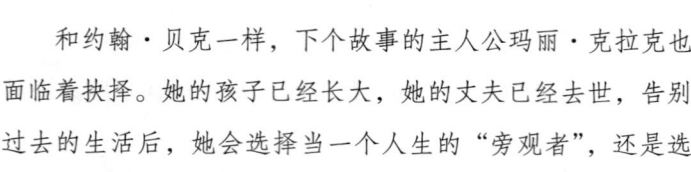

和约翰·贝克一样，下个故事的主人公玛丽·克拉克也面临着抉择。她的孩子已经长大，她的丈夫已经去世，告别过去的生活后，她会选择当一个人生的"旁观者"，还是选择做出贡献呢？

安东尼娅的使命

盖尔·卡梅隆·韦斯科特

墨西哥蒂华纳的拉梅萨监狱发生了暴乱。只能容纳六百人的监狱里，却有两千五百个囚犯挤在一起。囚犯们忍无可忍，把破罐碎瓶砸向警察，警察则以机枪还击。

在骚乱达到顶峰之时，让人震惊的一幕出现了：一个女人，个子不高，约1.6米，六十三岁，身着一袭整洁的修女服，平静地步入战局，伸出双手，做了一个简单的和平手势。她不顾呼啸的子弹和飞掷的瓶子，静立着命令众人停手。令人难以置信的是，众人照做了。罗伯特·卡斯曾沦为阶下囚，如今已然改过自新，他表示："在这个世界上，除了安东尼娅修女，再无人能做到此事。她改变了成千上万人的生活。"

在蒂华纳，安东尼娅修女出行时，大街上的车辆都会为她驻足，蒂华纳的人们亲切地称她为"我们的特蕾莎修女"。在过去的25年里，她自愿住在拉梅萨一间混凝土牢房里。这里狭小简陋，没有热水，周边都是杀人犯、扒手以及毒贩。而她将这些邻人唤作"儿子们"，不分昼夜地照顾他们，为他们采购抗生素，给他们分发眼镜，为有自杀倾向的人提供心理疏导，为死者沐浴净身。对此，她毫无怨言地解释道："我住在此处，是为了防止有人半夜被刺身亡。"

安东尼娅修女，本名玛丽·克拉克，幼时生活在比弗利山庄豪华住宅区，和拉梅萨的牢房相比，那里完全是另一个世界。她的父亲出身贫寒，却创办了一家生意兴隆的办公用品公司。忆起父亲，她说道："他总是告诉我，有钱的时候会更容易应对困境。"父亲还告诉她，一日为比弗利山庄女郎，终生为比弗利山庄女郎。她对父亲的这番话深信不疑。

"我曾经是个浪漫主义者，"她说，"现在仍然是，真的——总是透过玫瑰色的滤镜来看待世界。"克拉克成长于好莱坞全盛时期，那时候，电影里的大明星就连下个楼都跳着踢踏舞——同时，那也是二战期间。十几岁时的她，是一个活力四射的美人。在周末的夜晚，她会和年轻的士兵们在食堂跳舞，畅想未来。在她的梦想中，她会有一个丈夫、很多孩子，以及一座如画般美丽的房子。

这一切都成真了。高中毕业后，克拉克结了婚。在格拉纳达高地市一处敞亮的房子里，她养育了七个孩子。25年后，这段婚姻以失败告终。这是一段她不愿多谈的伤心往事。"梦想的结束并不意味着它从未实现过，"她说，"如今重要的，是我的第二次生命。"

婚姻结束了，与她亲密无间的孩子们也长大了，她遵循本能的指引，转而去帮助那些不幸的人。他人的苦难始终对她影响深刻。她说："看电影《叛舰喋血记》的时候，我没看完就离开了电影院，因为我做不到眼睁睁看着别人被绑在桅杆上鞭打。"父亲去世后，她接手生意，经营了17年，但却不想把生意做大做强。她指出："打电话谈生意和打电话为秘鲁的医院募捐床位，都是费神费力的事。总有一天，你不能再冷眼旁观，必须跨出一步，去做点什么。"

她迈出了一大步。六十年代中期，她与一位天主教神父一起穿越墨西哥边境，为穷人运送药品和物资。她说："那时候，我认识的墨西哥人不多，只有家里的园丁。"现在，她感觉自己已经和墨西哥人相依为命。

她的第二次生命，始于她和牧师在蒂华纳迷路的那天。

他们本想去当地监狱，却误打误撞来到了拉梅萨。眼前的景象立即触动了她。"医务室里的人们病得很重，但每当你走进去，他们就会站起来迎接你。"不久后，她就开始在那里过夜，睡在女囚区的铺位上，学习西班牙语，尽她所能帮助囚犯及其家人。

1977年，玛丽·克拉克确信自己得悟了上帝的指示，于是成为安东尼娅修女。拉梅萨监狱成了她离不开的家，就连平安夜也在那里度过。"孩子们理解她的选择。"她的朋友诺琳·沃尔什·贝根说，"孩子们明白，从前自己受母亲的照料，现在母亲要去照料别人了。"

前囚犯卡斯最近给刚出生的女儿取了安东尼娅修女的名字。他表示："很难相信有人能跟上她的脚步。她总是来去匆忙，却总能为你抽出空来。她受众人爱戴实在是理所当然。"

安东尼娅修女认为，爱就是为众人奉献。"我支持严厉打击犯罪，但不认为应该对罪犯过于苛刻。就在今天早上，我和一个十九岁的年轻人聊天。他偷了一辆车。我问他知不知道一辆车对一个家庭来说意味着什么，买一辆车需要多长时间。我说：'我爱你，但我不同情你。你有女朋友吗？也许你在这里坐牢的时候，有人会趁机把她偷走。'然后我给了他一个拥抱。"她给予每个人拥抱，也给大家指导以及建议，不仅仅是囚犯，还包括警卫。

多年来，安东尼娅修女一直开着一辆重新漆成宝蓝色的纽约切克出租车，在蒂华纳四处奔波。"有一天，我倒车的时候撞上了一辆警车。"她大声笑着说，"我的第一反应是，噢，谢天谢地，是辆警车！我知道自己的反应不太寻常，不过，我确实爱警察，他们也爱我。"

作为一名极富魅力的演说家，她吸引了一大批拥趸。从床垫到药品，再到资金，他们为她包揽了一切。当地一名牙医以成本价为那些连牙刷都没见过的囚犯提供了数千套假牙。安东尼娅修女认为牙齿很重要，她强调说："要想找到工作，就得学会微笑。"她认为自己是世界上最幸运的人，并表示："虽然住在监狱里，但二十七年来，我从不曾感到沮丧或绝望。我希望让世界更美好，而我始终觉得自己可以尽一份绵薄之力。"

> 安东尼娅修女传达给世人的，并非必须放弃国家、家庭或生活方式才能做出贡献，而是无论年龄或地位，每个人都会在不同时期面对各种抉择：是向前迈进，付诸行动；还是坐在观众席上，继续旁观。安东尼娅修女选择走出观众席，投身于有意义的生活，尽自己的一份力量，"让世界更美好"。

韦德兰·斯梅洛维奇也面临着重大抉择。作为残酷战争的见证者，他完全有理由待在家里安然度日。然而，当生活发出了召唤，他还是做出了回应，重新干起了自己的老本行。

萨拉热窝的大提琴手

保罗·沙利文

作为一名钢琴师,我受邀在英国曼彻斯特的国际大提琴音乐节上与大提琴家尤金·弗里森一起表演。每两年,世界级大提琴家及琴弓制作师、收藏家、历史学家等致力于这一低调乐器的人汇聚一堂,开展为期一周的研讨会、大师班、独奏会和派对。六百多位参与者每晚都会聚集在一起听一场音乐会。

皇家北方音乐学院的开幕之夜演出是无伴奏大提琴作品。在宏伟的音乐厅里,一把孤零零的椅子摆在舞台上。没有钢琴、没有乐谱架、没有指挥台。这是大提琴音乐最纯粹、最强烈的形式。现场的气氛中充满了期待和专注。

1994年4月的那个晚上,举世闻名的大提琴演奏家马友友是表演者之一。在他所演奏的乐曲背后,有一个感人的故事。

在1992年5月27日的萨拉热窝,一家面包店正在做面包,并将面包分发给饱受战争摧残的饥饿民众。这家面包店是尚有面粉供应的少数几家面包店之一。下午四点,店门前排队的长龙一直延伸到街上。突然,一枚迫击炮弹直接落在队伍中央,炸死了22人,血肉、骨头和瓦砾四处飞溅。

不远处住着一位三十五岁的音乐家,名叫韦德兰·斯梅洛维奇。战前,他曾是萨拉热窝歌剧院的大提琴手,他一直耐心等待着,渴望有朝一日能够重返这一高雅职业。而当他透过窗户,看到轰炸屠杀的惨状时,他被推到了无法承受也无法忍受的地步。伤痛之余,他决心用自己最擅长的事情来应对：演奏音乐。这种音乐是面向公众的、是充满勇气的，也是立足于战火的。

在接下来的二十二天里，每到下午四点，斯梅洛维奇就穿上全套正式演出服，拿起大提琴，走出公寓，投身到身边激烈的战斗中去。他在弹坑旁放了一把塑料椅子，在此演奏了已逝的阿尔比诺尼的《G小调柔板》——古典曲目中最为悲恸也最为难忘的曲目之一。他对着废弃的街道、破碎的卡车和燃烧的建筑演奏，对着炮火中躲在地窖里的惊恐民众演奏。在轰炸之下，砖石在他周围飞溅，而他以不可思议的勇气代表了人类的尊严，代表了在战争中丧生的人，代表了文明，代表了同情，代表了和平。尽管炮火不断，他却从未受伤。

这个不同寻常之人的故事见报后，英国作曲家大卫·王尔德为之动容，决心要为他写一首曲子。他写出了一首无伴奏大提琴作品《萨拉热窝大提琴手》，将自己的爱与恨、对韦德兰·斯梅洛维奇的情谊尽数倾注于这一作品之中。

《萨拉热窝的大提琴手》正是马友友当晚要演奏的曲目。

马友友走上台，向观众鞠了一躬，便静静地坐在椅子上。乐声响起，悄然渗入寂静的大厅，营造出幽暗而又空荡的空间氛围，萦绕于心。这乐声逐渐变为一种夹杂着痛苦和尖叫的狂怒，紧紧抓住所有人的心，最后，褪成垂死哀鸣，沉闷回荡着，终归于寂静。

演奏完毕，马友友仍然俯身在大提琴上，琴弓也停在琴弦上。很长一段时间里，大厅里无人动作，也无人出声，我们仿佛刚刚目睹了那场可怕的屠杀。

最后，马友友向观众席望去，招手示意某人上台。难以言喻的感觉触电般席卷了我们：来人正是萨拉热窝的大提琴手，韦德兰·斯梅洛维奇!

斯梅洛维奇从座位上站起来，沿着过道走去，马友友则下台相迎。他们张开双臂，热情相拥。掌声和欢呼声此起彼伏，大厅里的每个人都爆发出一种混乱而又情绪化的狂热。

狂热风暴中心的两个人也在毫无顾忌地拥抱和落泪。马友友，风度翩翩、温文尔雅的古典音乐王子，不论仪表还是表演，都堪称完美无瑕。而韦德兰·斯梅洛维奇，一身污渍斑斑、破烂不堪的皮革机车服，他脸上满是泪水和悲痛，乱蓬蓬的长发和浓密的胡子使他看起来比实际年龄要苍老一些。

在炮弹、死亡和废墟前，这个人曾挥舞着大提琴，藐视一切。在他面前，我们都被剥去了面具，袒露出最纯粹、最深刻的人性。

一周后，我回到了缅因州。一个夜晚，我坐在钢琴前，为当地一家疗养院的病人合唱伴奏。我忍不住将眼前这场音乐会与音乐节上所见的震撼场面比较了一番，而后，我被二者深层次的相似之处所震撼。萨拉热窝的大提琴手用他的音乐反抗死亡和绝望，颂扬爱和生命。而我们在这里，在一架旧钢琴的伴奏下，一群病人嘶哑地唱着，也是在做着同样的事情。虽没有枪林弹雨，但也直面那些真实的痛苦——老眼昏花、令人窒息的孤独、一路走来所积攒的伤痕，唯有珍存的记忆可聊以自慰。即便如此，我们依然高歌、鼓掌。

就在那时我意识到，不管对于创作的一方，还是倾听的一方，音乐皆是一份众生平等的馈赠。音乐不仅抚慰人心、鼓舞士气，还是团结的号角。通常在困境中，人们并不会主动寻求音乐的帮助，但恰恰这种时候，音乐往往能够发挥意想不到的作用。

> 当今世界遍布战场——真正的战场、社会的战场、情感的战场、精神的战场。诚然，鉴于各种各样的原因，我们身边总有人活在不同程度的绝望之中，也许是生计艰难，也许是忧心家人，也许是健康状态每况愈下。韦德兰·斯梅洛维奇看到有人需要帮助时，毅然决然地离开了安全的家，"去做自己最擅长的事情"，也就是演奏音乐。

总结

约翰·贝克、安东尼娅修女和韦德兰·斯梅洛维奇都面临着关键的抉择。约翰·贝克的抉择时机出现在桑迪亚峰，安东尼娅修女的抉择时机出现在丈夫和孩子相继离开之后，韦德兰·斯梅洛维奇的抉择时机则出现在他透过窗户看到满目疮痍之际。尽管抉择时机很关键，但他们实际上每天都在做出真正改变生活的决定，因为在日复一日的生活中，他们一次又一次地选择了不再冷眼旁观，而是献出自己的一份力。这就是"平凡伟大"——一种日常的生活方式，一种日常选择，而非一锤子买卖。

那你呢？根据过去一周的情况来看，你是旁观者还是贡献者？你对自己目前的贡献满意吗？如果不满意，建议每日一省：生活对我的要求是什么？然后用心聆听良知那平静而微弱的声音，寻找答案。

思考

- 对约翰·贝克而言,桑迪亚峰是僻静的所在,在那里,他得以思考自己的未来,思考自己希望以何种方式做贡献。你的桑迪亚峰又在哪里呢?你到那儿去的次数够多吗?

- 如果明年是你的最后一年,你选择如何度过?你会如何度过明年、下个月或者明天?

- 安东尼娅修女放弃了比弗利山庄式的生活,选择每天睡在监狱里。为了做出更重大的贡献,你愿意放弃生活中的哪些舒适?

- 韦德兰·斯梅洛维奇决心做自己最擅长的事情——演奏音乐。故事的作者保罗·沙利文受他的鼓舞,到疗养院去为病人弹钢琴。对他们而言,"最擅长"指的并不是"比所有人都强",而是做到自身的极致。你最擅长什么呢?

深入认识
奉献

寻觅意义

寻觅生命意义的人,通常都找到了能让自己的生命变得有价值的目标,且自身思想和行动都围绕着这一目标来规划和实践。

在我小的时候,只有蝙蝠侠有手机,是一部车载电话。我当时想:天啊,拥有一部车载电话,这简直难以想象!但科技只是改变了我们的生活方式,并没有改变生活。我们每天醒来,依然面临着选择:我今天是要努力让世界变得更好呢,还是不为此而费心呢?

——汤姆·汉克斯

仅仅勤勉是不够的,即使对蚂蚁而言也一样。你的勤勉是为了什么呢?

——詹姆斯·瑟伯

有些人把忙碌和富有成效混为一谈。他们是人类的风车,努力运转,但实际上收效甚微。

——卡罗琳·唐纳利,《金钱》

倘若仔细聆听,你会发现,虽然所有强者的背后皆是众议纷纭,但他们内心深处从不会无所适从,他们秉持着自己的核心价值观,有条不紊地安排自己的生活,将目标和动力强有力地统筹协调起来。

——哈里·爱默生·福斯迪克,《做一个真实的人》

一个人知道自己为什么而活,就可以忍受任何一种生活。

——弗里德里希·尼采

在时间的沙滩上留下足迹,这很好,但更重要的是确保足迹指向的是一个可贵的方向。

——詹姆斯·布朗奇·卡贝尔

超越个人的崇高事业能够将个人涵盖在内,却又广阔无垠,不受个人限制,没什么比为此奋斗更自由的了。

——约翰·麦凯恩,《父辈的信仰》

个人的力量

我们或许会觉得自己毫无贡献的余力,但历史上满是这样的例子:一个人的日常选择可以产生巨大的力量。

我们觉得自己的贡献不过是大海中的一滴水,但失去了这一滴,大海会变得更少。

——特蕾莎修女

没人会穷到什么都给不出的地步:山间的小溪也会说因为自己不是河流,所以没有什么可以给予大海。给予那些自己拥有的东西就好,你的微不足道或许对旁人而言恩重如山。

——亨利·沃兹沃斯·朗费罗

每个人都能够给予。能够阅读,就帮助不能阅读的人。有一把锤子,就找个钉子。倘若你有余粮、有热闹、有余力,那么就帮助没有的人吧。

——乔治·H.W. 布什

很多人觉得,相信自己可以在改善人类命运上有所作为,太过自命不凡。但他们都错了。你必须相信自己可以创造出更美好的世界。好的社会只能由好的个人创造出来,就像在总统大选中,众多个人选票汇聚在一起,就成了多数票。

——伯特兰·罗素,《当代哲学》

星星再小,也会发光。

——芬兰谚语

我始终坚信,人人皆可尽一己之力,终结世间部分苦难。

——阿尔贝特·施韦泽

个体的独特性

萨拉热窝的大提琴手"决心做自己最擅长的事情——演奏音乐"。你能够通过什么方式来做贡献呢?

无论你是谁,总有一些比你年轻的人把你视为榜样。有些事,你不做,永远都不会有人做。在你逝去后,会有人怀念你。有一个特殊的位置独属于你,没有人能够替代。

——雅各布·M.布劳德,《布劳德写给演讲家和作家的书》

我七岁左右的时候,我们举家搬到了纽约,我当时已经在学习大提琴。几年后,父母让我跟着伦纳德·罗斯学习。伦纳德是一位伟大的大提琴家,也是一位颇有名望的老师。我是一个非常腼腆的男孩,但幸运的是,他很有耐心。

听伦纳德演奏时,我常常想:"他怎么能演奏出如此美妙的声音?怎么会有人能做到呢?"但音乐的意义并不止于此。伦纳德也知道这一点。他告诉我:"我教了你很多东西,但现在你必须自己学习了。"因为实际上,最糟糕的事情就是对自己说"我只想变得像某个人一样"。你得从别人那里汲取知识,但最终必须找到自己的声音。

——马友友

人来到这世上，最重要的任务是实现自身独特性。正如一位名叫祖西亚的哈西德派拉比的临终遗言所说："在我将往之界，人们不会问我，'为什么你不是摩西？'只会问我，'为什么你不是祖西亚？'"

——马丁·布伯，《时间》

我们津津有味地谈论英雄，却忘记了自己对某些人来说也是非凡的。

——海伦·海耶斯，《我们最好的年华》

个人使命

抽出时间，以简洁的语句记录对自身存在的认识，就会出现一些最能引起思考的时刻。这些语句可以成为个人宪法，成为制定人生引导决策的框架。思考下列名言和诗篇：

我希望能够彻底耗尽自己而死，因为工作得越努力，热爱就越丰盈。我为生活本身而感到高兴。对我来说，生命不是会燃尽的蜡烛，而是生生不息的火炬。它暂时握在我的手上，在把它传给后代之前，我想让它尽可能地点亮世界。

——乔治·萧伯纳，摘自《萧伯纳的生活和作品》

笑口常开；赢得聪明人的尊重和孩子们的喜爱；赢得诚实批评者的赞赏，忍得假朋友的背叛；欣赏美，发现别人的优点；给世界留下美好，可以是一个健康的孩子，一片花园，或者得蒙救赎的社会；至少有一个生命因为你的存在而活得更轻松。这就是成功。

——拉尔夫·沃尔多·爱默生

我只会到这世上走一遭，因此，任何力所能及的善事、可给予任何生灵的仁慈，我都要立即去做。别让我拖延或视而不见，因为我将不会再来这里。

——史蒂芬·葛瑞利特

主啊，使我成你和平之媒介，予仇恨以大爱，予错咎以宽恕，予不和以真理，予疑窦以公正，予绝望以希冀，予阴霾以光明，予悲哀以欢乐，主啊，使我少为己求，少求受抚慰，但求抚慰人，少求得理解，但求理解人，少求被爱，但求爱人，盖因有予方有得，忘我方得自我，宽恕方受宽恕，死亡方得永生。

——圣方济各

希望懂我的人会这样评价我：如果认为某处能长出花来，这个人就会拔掉蓟草，种下花。

——亚伯拉罕·林肯

（二）

仁爱

> 倘若不是为彼此在这世上活得不那么艰难，那活着是为了什么？
>
> ——乔治·艾略特

或许有些人以纯然自私又以自我为中心的方式活着，但只有自我奉献，我们才能找到至高的意义。因此，如欲寻觅生活的意义，最佳途径便是秉持仁爱之心，放眼于外界，着眼于他人。

在英文里，仁爱和慈善是同一个词，因此仁爱常被简单地解读为施舍或捐款，但仁爱本质上远不止于此。仁爱是奉献心灵、思想和才华的一种形式，无论贫穷还是富有，都能借由仁爱来丰盈自己的生命。慈善是无私，是披着现实外衣的大爱。《火车上的男人》便是一个触动人心的例子。这是一个真实的故事，根据著名作家亚历克斯·海利的回忆写成。亚历克斯与故事的主人公素未谋面，但主人公却对他敬爱有加、感激不已。阅读时，请不要把这个故事简单地解读为一个施舍的故事。

火车上的男人

亚历克斯·海利

每次我们兄弟姐妹相聚，父亲都是必谈的话题。我们在人生中能够获得成功，都要归功于父亲，以及他在火车上遇到的一个神秘男人。

我们的父亲西蒙·亚历山大·海利，生于1892年，在田纳西州萨凡纳的一个农业小镇长大。他是家中的第八个孩子，他的父亲也就是我的祖父亚历克·海利是一个坚毅的人，从前是奴隶，后来成了按收益分成的佃农短工。他的母亲即我的祖母奎恩，她心思细腻、情感丰沛，但也很刚强，尤其在孩子的事上。让我父亲接受教育，是祖母的抱负之一。

当时在萨凡纳，要是男孩长到可以干农活的岁数了还留在学校，就会被视作一种"浪费"。所以，父亲上六年级的时候，祖母为了让他继续接受教育，开始劝说祖父。"反正我们有八个孩子，"她争论道，"如果浪费一个孩子的劳动力，让他继续读书，这不是很有面子吗？"多次争执后，祖父同意让父亲读完八年级，但父亲放学后还是得干农活。

祖母对此并不满意。八年级结束后，她接着劝说祖父，说如果他的儿子上高中，他作为当父亲的，简直会成为人人敬仰的对象。她的说辞奏效了。严厉的祖父递给父亲五张辛苦赚来的十美元钞票，告诉他不许再要更多钱，然后把他送进了高中。父亲先是坐骡车，然后生平第一次坐上了火车，最后在田纳西州的杰克逊下车，在那里进入了莱恩学院的预科部。这所黑人卫理公会学校的课程一直开设到大专。

五十美元很快就花光了,为了维持学业,父亲做过服务员、杂工,还在一所专为顽童开设的学校里当过助手。到了冬天,他会凌晨四点起床,到有钱的白人家里生火,让雇主一家舒适地醒来。

当时,我可怜的父亲只有一条裤子和一双鞋,双眼又老是耷拉着,成了校园里的笑柄。大家常常看到他的课本脱手落在腿上,而他已经睡着了。

拼命挣钱是有代价的,父亲的成绩一落千丈,但他努力完成了高中学业。接下来,他进入格林斯博罗的北卡罗来纳农工州立大学,那是一所赠地大学[①],在那里,他艰难地度过了大一和大二的时光。

大二期末一个阴冷的下午,父亲被叫到教师办公室,得知自己有一门课不及格——这门课需要一本他买不起的课本。

沉甸甸的挫败感袭上他的心头。多年来,他竭尽全力,如今却似乎一事无成。他觉得自己或许应该回家,回到最初的命运中去,当个佃农。

但几天后,普尔曼公司来信,说他从数百名申请者中脱颖而出,成为夏季卧铺车厢乘务员的二十四名黑人大学生之一。父亲欣喜若狂,机会来了!他迫不及待地前去报道,并被分配到布法罗到匹兹堡的火车上工作。

一天凌晨两点左右,火车正呼啸着向前行驶,乘务员的蜂鸣器突

---

① 赠地大学:1862年,美国国会通过了美国高等教育史上最重要的法案之一《莫雷尔法案》,其中规定各州凡有国会议员一名,拨联邦土地3万英亩,用这些土地的收益维持、资助至少一所学院。赠地大学的设立大大促进了美国的农村职业教育发展和地区经济增长。

然响了。父亲猛地站起来，穿上白色夹克，走到乘客铺位前。在那里，一个仪表堂堂的男子说他和他的妻子睡不着，希望能来杯热牛奶。父亲用银质托盘端来牛奶和餐巾。男人隔着下铺的床帘递给妻子一杯牛奶，又喝了一口自己的牛奶，和父亲聊起天来。

普尔曼公司规定，除了"是，先生"或"不是，女士"之外，严禁任何对话，但这名乘客一直在问问题，他甚至跟着父亲回到了乘务员的小隔间。

"你是哪里人？"

"田纳西州的萨凡纳，先生。"

"口齿很清晰。"

"谢谢您，先生。"

"你以前是做什么的？"

"我还在格林斯博罗①的农工州立大学读书，先生。"父亲想，没必要补充说自己正考虑要不要回家种田。

男人亲切地望着他，向他道了声好，便回铺位去了。

次日清晨，火车抵达匹兹堡。在那时，五十美分的小费已经算大方了，而这男人给了父亲五美元，父亲非常感激。他把整个夏天收到的每笔小费都存了起来。当这份工作结束时，他攒够了钱，可以给自己买骡子和犁了。但他意识到，这些积蓄也可以用来支付北卡罗来纳农工州立大学一整个学期的学费和生活费。

父亲决定，自己至少应该拥有一个不用打工的学期。只有这样，他才能知道自己究竟能取得什么样的成绩。

---

① 格林斯博罗：美国北卡罗来纳州的一个城市。

他回到格林斯博罗。但一回学校，他就被校长召见了。父亲在这位伟大的校长面前坐下，心里忐忑不安。

"我这儿有一封信，西蒙。"校长说。

"好的，先生。"

"今年夏天你到普尔曼公司当乘务员了？"

"你是不是有天晚上认识了一个男人，给他送了热牛奶？"

"是的，先生。"

"他是 R.S.M. 博伊斯先生，柯蒂斯出版公司的退休高管，《星期六晚邮报》就是他们公司发行的。他捐赠了五百美元作为你整个学年的食宿费用、学费和书本费。"

父亲很吃惊。有了这笔意外的补助金，父亲不仅完成了北卡罗来纳农工州立大学的学业，还以全班第一名的成绩毕业。这一成绩为他赢得了纽约州伊萨卡市康奈尔大学的全额奖学金。

1920 年，父亲与新婚妻子伯莎搬到了伊萨卡。他进入康奈尔大学攻读硕士学位，我母亲则进入伊萨卡音乐学院进修钢琴。第二年我就出生了。

几十年后的一天，《星期六晚邮报》的编辑邀请我去他们位于纽约的编辑部，讨论我的第一本书《马尔科姆·艾克斯自传》(*The Autobiography of Malcom X*) 的构思。坐在列克星敦大道上镶木板的办公室里，我感到欣喜而又自豪。我突然想起了博伊斯先生，正是他的慷慨使我得以作家的身份置身于编辑之中。然后，我痛哭了起来，哭得不能自已。

作为西蒙·海利的孩子，我们时常感念博伊斯先生的资助。他的慷慨解囊产生了连锁反应，使得我们也受益匪浅。我们不是在佃农的农场中长大的，我们拥有受过良好教育的父母，家中的书架上摆满了书，我们为自己感到骄傲。在我们兄弟姐妹之中，乔治是美国邮政委员会主席，朱利叶斯是建筑师，路易斯是音乐老师，而我是作家。

R.S.M. 博伊斯先生就像一个降临到父亲生活之中的祝福。有些人或许将之视为一次偶然的相遇，但我认为这是一种神秘力量的作用。

我相信，每个受到祝福的人都有义务尽自己所能去回报这种祝福。我们都必须像火车上的男人那样生活和行事。

> 博伊斯先生资助了西蒙，但他远不止给钱，他还花时间看望青年时代的西蒙，并花时间和大学校长保持联系。别人只看到一个乘务员和一杯牛奶，他却发现了一个年轻人的潜力。他称赞西蒙的沟通技巧，给予他信心，更是将希望予以这个志存高远却缺乏资源的年轻人。他将仁爱的火炬传递给了西蒙的孩子，其中也包括亚历克斯，最终效果远超初衷。事实上，慈善行为的后续潜能并非一望而知。

无私的理念深深植根于仁爱之中。就像一个绝望中的人，不再只考虑自己，而是关注他人。而由此传递的无私精神至今仍鼓舞着后人。

无私的法则

富尔顿·奥斯勒

一个华尔街的经纪人,我们管他叫比尔·威尔金斯,一天早上在一家专为醉汉开设的医院里醒来。他沮丧地抬头看着内科住院医生,呻吟着问道:"医生,我来这多少次了?"

"五十次了!你现在是我们的资深客户了。"

"我猜酒会要了我的命吧?"

"比尔,"医生严肃地回答,"不会太久了。"

"那么,"比尔说,"来杯小酒让我清醒一下如何?"

"我觉得可以,"医生同意,"但我要和你做个交易。隔壁房间有个年轻人情况很糟糕,他是头一回到这里来。要是你能够现身说法,向他展示一番酗酒的可怖之处,没准能吓到他,让他一辈子保持清醒。"

医生的话非但没让比尔生出怨气来,反倒激起了他的兴趣。"好吧,"他说,"但是别忘了那杯酒,我回来之后要喝。"

隔壁的小伙子的确冥顽不灵,比尔的劝说对他不起什么作用。一直以不可知论者自居的比尔,也被逼得开始劝说这个小伙子去求助于某种更高的力量。"酒是一种外在的力量,它击败了你,"他苦口婆心地劝道,"只有另一种外部力量才能拯救你。如果你不想称之为上帝,那就称之为真理吧。名字并不重要。"

小伙子有没有听进去,比尔并不知道,他自己说完这番话,倒是醍醐灌顶。回到自己的病房中,比尔忘记了和医生的约定,根本没去领医生承诺的酒。他终于将思绪放在了他人身上，于是无私的法则在他身上生效。这条法则卓有成效，以至于他活到了今天，并且成为一个非常有效的治疗信仰运动的创始人——戒酒匿名会。

> 威廉·格里菲斯·威尔逊是比尔的真名，不过按照戒酒匿名会的传统，大多数人只知道他叫比尔·W.。当年的他怎么会想到呢，把关注点从自私转向无私，最终竟能给全世界带来难以估量的价值？正是在忘我和奉献之中，我们往往能获得最大的回报。

仁爱原则的核心是牺牲。放弃个人价值，换取对他人有益的东西，是一种牺牲，正如安东尼奥·西伊所做的那样。

手足之爱

小汤姆·霍尔曼

安东尼奥·西伊坐在床沿上，手里拿着一张照片来回翻看。这张照片是几年前他在北方上大学的时候拍的。他抚摸着照片上的自己，擦去了一层灰。

"忘掉过去吧。"他在心里默默告诉自己，松手让照片掉落在蓝色的床单上。他把注意力转向当天收取的信件，那是一叠账单，以及两万美元大学贷款的延后偿还申请文书，有了文书，官员们才会考虑批准。他叹了口气，把信封扔到床的另一边，然后翻身倒在枕头上，盯着天花板看。

最近，两个大学同学给他打来了电话。他们有稳定的事业和丰厚的薪水，其中一个要结婚了，安东尼奥也渴望得到这些东西。他曾计划去读法学院或成为一名警察。然而，二十五岁的他被困在迈阿密一个老旧社区的安居工程住房中。蟑螂在厨房灶台上窜来窜去，家电比他还老，地板上都铺着老旧的油毡，破破烂烂的，就连卧室的地板也是。墙面油漆剥落，显得污迹斑斑，住户几十年的艰苦生活暴露无遗。

安东尼奥又看了一眼照片，看了一眼那个曾经志存高远的自己。然后，他把腿从床上甩下来，走出了这个像地洞一样的房子，走进了夜色之中。

黑夜中，某处传来乒乒乓乓的说唱音乐声，街上有人在大喊大叫，他车上的轮胎吱吱作响。他走到一条堆满垃圾的小路上，转过身来，仔细打量他的家，那个他曾经立誓要逃离的地方。他闭上眼睛，耳边似乎又响起了母亲的声音。四年前的一天，母亲让他开车送自己去商店，他如今的这段旅程就此开启。

那是 2002 年 8 月，一个炎热的下午，安东尼奥摇下车窗，驶离路边。他几乎没有留意他自己、四个弟弟妹妹和母亲多萝西娅居住的那个冷清的社区。他的心已经飞到未来了。

作为家里第一个大学生，十个月后，他将从新泽西州的圣彼得学院毕业。他在学校里主修商业管理，辅修刑事司法。

他看了一眼母亲，只见她静静地坐在前座，望着窗外。一路求学，是母亲鼓舞着他。母亲是这个单亲家庭的支柱，口中从无怨言，所求唯有孩子们足够聪明，以免重蹈她的覆辙。

"亲爱的，"母亲轻声说道，"我有件事要告诉你。"

安东尼奥坐直了身体，每次母亲以这种口吻说话，所说的都是很严重的事情。

"我知道我该告诉你，但我不知道该怎么说。"母亲沉吟了片刻，斟酌着措辞，"儿子，我得告诉你，我感染了艾滋病毒。"

安东尼奥沉默了，双手紧握方向盘。

"亲爱的，"母亲说，"我要死了。"

回到大学，安东尼奥每周都会和母亲通电话。他得知，母亲爱的一个男人辜负了她的信任，传染了她。母亲出现病症的时候，检查发现病毒已发展成为完全型艾滋病。不过，安东尼奥次年五月毕业回家时，她还活着。两个月后，她住进了医院，不久又住进了临终关怀医院。

母亲的死亡将使这个家庭四分五裂。安东尼奥可以守住家庭，但前提是他必须留下十五岁的妹妹施隆达、十三岁的妹妹凯拉以及两个十四岁的双胞胎弟弟托里安和科里安。

父母的兄弟姐妹住得近,其他亲戚则不住在同一个州内。但没有人愿意照顾这些孩子。他们成了州政府的监护对象,将会在佛罗里达州儿童和家庭部门的监督下被送到寄养家庭。

安东尼奥有了一个疯狂的想法:如果他获得了合法监护权呢?尽管他从来没有听说过这样的事,但这并不代表不行吧?他和朋友们讨论这件事,有些人钦佩他的勇气,但更多的人说,如果他理智尚存,就该头也不回地跑掉。安东尼奥自己也明白,一旦他选择接手,弟弟妹妹会成为他的负担。他得把过上好日子的想法推迟八年,直到最小的妹妹年满二十一岁。换个好住处?算了吧。法学院?想都不要想。他认为自己可以获得一些政府援助,但问题是他没有工作,养不活自己和四个弟弟妹妹。如果一家人分开,也许对每个人都更好,他们都可以重新开始。

摆在他面前的两个选择很明确——要么放弃家人,要么放弃梦想。他做出了选择,同时也祈祷这个选择是正确的。一位法律援助律师帮助他准备出庭事宜。律师问了一些问题,填了一些表。

2003年8月的某一天,就在获知母亲病情一年后,安东尼奥在律师的办公室里接到了一位临终关怀护士的电话。母亲多萝西娅死了。

几小时后,他把弟弟妹妹聚集到客厅,坦率直白地谈论未来。"我们必须坚强,"他流着泪说,"妈妈走了,但这并不是世界末日。不管发生什么,我们都是一家人。我们必须相互扶持。"

葬礼结束一周后,吊唁的人们不再给家里送饭,安东尼奥只能靠自己了。他等待着开庭的日子,希望法官不会把他当成傻瓜,而是看作一个竭尽全力想要承担父职的男人。

在听证会上,法官让安东尼奥和弟弟妹妹起立。"你看起来很年轻,"她对安东尼奥说,"你今年多大?"

"二十三岁。"他回答。

"这是一项重大责任,"法官说,"大多数男人可能连自己的孩子都不肯照顾,而你却来到这里,请求承担照顾弟弟妹妹的法律责任。"

法官仔细阅读了法律援助机构提供的文件。

"我尊重你的意愿,"法官对安东尼奥说,然后转向他的弟弟妹妹。"你们愿意留在他身边吗?"

"是的。"他们回答。

五分钟后,听证会结束。安东尼奥签署了文件,开车带家人回家,开启新的生活。

"家庭作业呢?"安东尼奥问道。

"没有。"凯拉说。安东尼奥皱起了眉头。"我的意思是,"她很快补充道,"我今晚没有家庭作业。"

安东尼奥看向科里安,问他在学校表现如何。

"我今天下午得解决之后放学怎么回家的事,"科里安抱怨道,"我没有车费,因为我书包丢了,在这上面必须得花十五美元。我还差一点钱。你能帮我吗?"

安东尼奥摆手说道:"这是你的责任,你丢了书包,为什么要我来解救你?不要坐巴士了,你这段时间走路回家。每走一步,你都会学会更加小心。"

安东尼奥转过身去,不让弟弟妹妹看到自己脸上的笑意。他回想起了自己之前第一次管起这个家的时候是多么的天真。那时他希望弟弟妹妹都能喜欢他，所以很少向他们提要求。但整个家庭开始分崩离析。弟弟妹妹们不做作业，成绩一塌糊涂，他在家里忙里忙外，也没有哪个人愿意来搭把手。于是，一天晚上，他关上房门，开始评估弟弟妹妹们的情况，就好像他是一个冷酷无情的老板，受派前来挽救一家濒临倒闭的公司。

施隆达的成绩很糟糕，因为没有人督促她好好学习。科里安是个没有主见的人，容易受人怂恿惹些麻烦。托里安喜欢偷偷摸摸地做些事情，而且从不怕被抓住。凯拉思虑过重，对自己没有信心。

当晚，安东尼奥召开了家庭会议。在亲戚送的破旧组合沙发上，每个人都找了个座位坐下。安东尼奥站在孩子们面前，在地板上踱来踱去，详细地说明，确保他们明白了自己的意思。"在这个世界上，我们只能依靠彼此，"他说，"我们要过上成功的人生，这样，妈妈在天之灵也会欣慰的。"

安东尼奥用笔在四张纸上写了一些字，然后走到厨房，把纸贴在冰箱上。"做家务，"他喊道，"把分配给你们的家务活做完。"他的弟弟妹妹一边发牢骚，一边迅速地来到厨房。清洁餐具、浴室和厨房，倒垃圾，打扫客厅，每个人都有任务，周六大家一起干活。

孩子们抱怨说安东尼奥太严厉了，但这只是热身而已。他还实行了宵禁，要求家庭作业按时完成，每份作业都亲自过目，教他们写母亲教不了的每一道数学题。

弟弟妹妹们要是嫌老师要求太高，那就等着安东尼奥出手吧。他计划将迈阿密的家打造成一个小型大学。

他要求每个人都找到自己热爱的事物，一种爱好或是一项运动，将视线拓宽到社区外的广阔世界。他们未来不会是街头混混，也不会与毒贩抢地盘。他们会像自己一样去上大学。

日子一天天过去了，施隆达的成绩从 C 和 D 变成了 A，她和双胞胎都上了光荣榜。科里安加入了足球队。托里安发现自己喜欢唱歌，于是加入了校合唱团。凯拉和施隆达加入了教堂的舞队。

一天，女孩们带了两个贴纸回家，上面写着："作为一名优秀学生的家长，我感到非常自豪。"这些贴纸被贴在了门口，邻居们都知道了这里住着"优秀学生及其家长"。

2003 年 12 月，安东尼奥在一家非营利机构找到了一份青年咨询师的工作，年薪 3.1 万美元。这份工作有固定的工作时间，因此他每天都能回家给孩子们做晚饭。他参加了孩子们的足球赛、教堂演出以及家长会。每个月，他都会给每个孩子的储蓄账户里存一点钱。

今晚，2006 年迈阿密的又一个炎热的夜晚，老照片和账单都还躺在床上，安东尼奥突然停在屋外堆满垃圾的人行道上。在街上，他看见科里安在和几个男孩说话。这里是一个单身母亲社区，安东尼奥在这里出了名的严厉，他不能容忍有人无缘无故地在他家周围闲逛。

从眼角余光中，他看到一辆价值五万美元的古铜色悍马正沿着街道缓缓驶来。"那是什么人，我还真不知道，"安东尼奥自言自语道，又对科里安和他的朋友们喊，"嘿，你们都到我家这边来。"

安东尼奥双手交叉，直直地盯着前方。悍马停下，安东尼奥也一动不动。十五秒后，车子沿着街区开到了毒贩的居所前。"你们都待在这里，"安东尼奥说，"听见了吗？"

安东尼奥满意地走了进去，站在一个陈列柜旁边。他母亲的骨灰放在柜子上的一个白色盒子里。盒子外面有一行字，"妈妈，我们永远爱你"。盒子边上贴着多萝西娅·西伊的一张小像,看起来像是她在低头看着家人。

安东尼奥打了个哈欠,揉了揉脸,让自己清醒一点。作为一家之主,他每天五点半就得起床,叫醒每个人,准备早餐,然后送孩子们去学校。从学校出来后,他去咨询办公室上班。到了午休时间,他就去买菜,以便做晚餐。时间有点紧,但是够用了。

他重新坐回床边上。账单还在那里,照片上那个怀揣梦想的男孩也还在那里。

他听到门廊上传来笑声。"外面情况怎么样?还好吗?"安东尼奥问弟弟们,"别惹麻烦。"

一切都非常好。

丰厚的薪水,深造的机会,舒适的住处,也许还有新车和华服,这些美好的事物和梦想,都被安东尼奥束之高阁。他心中装满了对他来说更珍贵的家人。所以,他毫不迟疑地下定了决心。在当今社会中,很多人将家庭视为可抛售的商品,但安东尼奥却选择了家庭而不是梦想,实在是感人至深,他的身上折射出牺牲与仁爱的光辉。在家庭中播下仁爱的种子,终将在家庭中结出丰硕的果实。

总结

仁爱见于言行，更见于动机。博伊斯先生伸出援手，并不是因为预见到年轻的火车服务员将来会生下一个著名作家，会把他的善举付诸纸上。比尔·W.甘愿匿名，因此名声不可能是他创办戒酒匿名会的动机。而且，他们二人都没有因为职位之外的杰出表现而获得更多的报酬，所以财富也并非动机。他们都怀有无私的动机，放眼于自身之外，选择帮助他人过得更好。

对寻觅意义来说，放眼于自身之外就是一个很好的起点——秉持仁爱之心，为他人考虑，向他人伸出援手，哪怕是举手之劳，也弥足珍贵。无论是举手之劳，适时的赞美，还是给他人带来希望，照亮他人黑暗的道路，都是仁爱。仁爱绝不仅限于经济援助，它存在于每一天，存在于每个角落。

思考

- 博伊斯先生看到了青年西蒙的潜力,并决心提供帮助。你的仁爱可以影响哪些"火车上的男孩"呢?可以影响哪些邻居、同事或者朋友呢?

- 在这些故事中,每个人的付出皆远甚于金钱。他们付出了自己的时间、远见、鼓励和智慧,为他人谋福祉。你有什么可以分享给别人的东西呢?才能、幽默、爱好、财物、希望、赞美?

- 比尔·W.做好事不留名,你可曾尝试过做好事不留名?对你来说,帮助他人的动机是什么呢?

- 安东尼奥为了照顾弟弟妹妹们,将梦想束之高阁。你愿意为家人做出怎样的牺牲呢?

深入认识
仁爱

自我奉献

  慈善远非捐款这么简单。它是付出的心意、时间、才能和精力,是照亮他人生活的能量,与贫富无关。

毫无仁爱之心的人往往心肠有着很严重的问题。

——鲍勃·霍普

  我常听人说:"噢,我要是有钱,就会去帮助别人,做好事。"他们不明白的是,爱和慷慨能够让人富有起来。而且,倘若细心地了解他人的需求,用心地给予帮助,就已经是献出自己的爱心,这比世间财富都更有价值。

——阿尔贝特·施韦泽

  如今人们一般认为"philanthropist"(慈善家)指的是慷慨解囊的人,但实际上,这个词源自希腊语中的两个词——philos(爱)和anthropos(人),意为"爱人"。我们每个人都能成为philanthropist。我们可以献出自己的爱。

——爱德华·林赛,《路标》

人只有在自我奉献中才会变得富有。

——莎拉·伯恩哈特

亡者只能带着自己给予他人之物进入坟墓。

——德威特·华莱士

我发现生活十分令人振奋,尤其是为别人活着时。

——海伦·凯勒

真正的英雄主义令人肃然起敬，却又平淡无奇。它并非不计后果地凌驾于他人之上，而是不惜牺牲一切来帮助他人。

——阿瑟·阿什

福斯迪克太太死后第二天，我和丈夫去拜访哈利·爱默生·福斯迪克。我得知了他的信念，并且终生难忘。他已经八十六岁了。我们本以为失去携手六十多年的妻子会击垮他。但他却微笑着迎接我们，告诉我们说："弗洛伦斯一直很健康，直到生命的最后一刻也一样。我才是病恹恹的那个，我害怕我会先死，把她一个人留下。现在她走了，而我是那个要独自面对孤独的人。能让她免于孤独，对此我非常欣慰。"

——纳迪·里德·坎皮恩

牺牲自身利益

正如安东尼奥所展示的那样，仁爱需要一定程度的牺牲——放弃自身利益以使他人受益。

芸芸众生庸庸碌碌，葬入无名坟冢，伟大灵魂无私忘我，终得永垂不朽。

——拉尔夫·沃尔多·爱默生

一位女士在给我的信中谈到，当孩子长大离家后，她的生活变得非常乏味。我回复道："过去，您需要付出大部分时间和精力来照料您的直系亲属。现在您可以扩大爱的辐射范围了。邻家的孩子们会需要您的理解和友谊，您身边的老人会渴望陪伴。您觉得无聊的电视，却是盲人无法触及的事物。为什么不走出去，寻找帮助他人的快乐呢？"几周后，她再度来信："我尝试了您的处方。它很有效！我走出黑夜，来到了白昼之下！"

——葛培理牧师

对人类良知的最终考验或许在于，是否愿意为后人牺牲眼下的一些东西，毕竟，没人能听见后人的感谢之词。

——盖洛德·尼尔森，《纽约时报》

倘若寂寞的心灵自我忘却，去寻找更加孤独的存在，寻找更空的杯子来装填自我的空虚，便不会再时常感到孤独了。

——弗朗西斯·雷德利·哈弗格尔

缓解别人的心痛，就能忘记自己的心痛。

——亚伯拉罕·林肯

小小的善举

仁爱不需要做大事，往往只需要一些小小的善举，例如温暖的微笑或善意的话语。

善意的话语可以很简短，易于宣之于口，但却可以产生永不磨灭的回声。

——特蕾莎修女

善良是一种聋子能听、瞎子能看的语言。

——马克·吐温

借了金子好还，但欠人情债却永远还不清。

——马来谚语

温暖的微笑是表达善意的通用语言。

——威廉·阿瑟·沃德

永远要做到比必要的善良更善良。

——詹姆斯·M.巴里

亚伯拉罕·林肯在给西南军司令罗斯克兰斯将军的关于拟处决一名邦联军官的信件中这样写道："我亲自审阅了里昂案的所有文件，我并不觉得这是一个需要行政干预的问题。我深信您必定能够做到公平公正，所以我把这事交给您；我只请求您，亲爱的将军，不要为陈年往事而行报复之举，只做确保未来安全的必要工作；我要提醒您，与我们作战的不是外敌，而是兄弟，我们的目的不是摧毁他们的精神，而是让他们重拾往日的忠诚。以仁取胜——这就是我们的方针。您最真挚的，A.林肯。"

善良比智慧更重要，觉悟这一点便是智慧启蒙的开端。

——西奥多·艾萨克·鲁宾，医学博士，《一对一》

真善美照亮了我的前路，一次又一次地给予我新的勇气，让我得以愉快地面对生活。

——阿尔伯特·爱因斯坦，《我的思想与观念：爱因斯坦自选集》

让任何一个来到你身边的人离开时都变得更好、更快乐。

——特蕾莎修女

希望

博伊斯先生给年轻的西蒙带去了希望。乐观主义的确是给予他人最慷慨的礼物之一。

我们必须督促年轻人让希望进入脑海之中，而不是让毒品渗入血管之中。如果年轻人昏了头，即使大门敞开，他们又怎么进得去呢？

——杰西·杰克逊牧师，摘自《纽约时报》杂志

人类心灵的自然飞跃并非从愉悦到愉悦，而是从希望到希望。

——塞缪尔·约翰逊

我知道世界满是烦恼和不公。但我认为，歌颂美丽的清晨和探讨贫民窟的问题同样重要。我只是写不了任何毫无希望的东西。

——奥斯卡·汉默斯坦二世

关于自己的艺术作品为何似乎总能给观众带来积极感受，广受青睐的插画艺术家诺曼·洛克威尔曾经这样解释："长大后，我发现这个世界并不总是像我想象中那样美好，不待察觉我便已经下定决心，如果这个世界并不理想，那就将它打造成理想的世界。这便是我的创作理念。"

——莉娜·塔博里·弗里德，摘自《好管家》杂志

（三）

关注

> 把自己全身心奉献给单个人比孜孜不倦地拯救大众更为高尚。
>
> ——达格·哈马舍尔德

有时，人们会误以为，要找到生命的意义，就需要做出影响数百万人的巨大贡献。但最有意义、最持久的贡献或善举往往是以小规模、一对一的方式发生的，即对一个孤独的个体投以关注。

事实上，在我让观众选出一个对其生活产生巨大影响的人时，他们的答案通常不会是伟人或才子，而是在百忙之中抽出时间关注他们个人的人。因为这种关注会让人们觉得自己被纳入对方的生活之中，哪怕只是片刻，也会给人们带来一种被需要的感觉。阅读下面的故事时，思考一下，哪些人或许会因你一对一的额外关注而受益匪浅？

不识字的男孩

泰勒·柯里

在米尔德里德-格林小学任教的第一天,我得知隆美尔有阅读障碍。我布置了一项作业,名为"关于你的一切",对孩子们来说,这是一系列趣味问答。(如果你能成为任何一种口味的冰激凌,你想成为哪一种?为什么呢?)对我来说,这是了解我这些新学生阅读水平的方式。

带着二十七名四年级的学生到餐厅吃完午餐后,我回去阅读那堆调查问卷。我了解到,我的班级里满是立志成为足球运动员和歌手的学生,以及薄荷巧克力脆片冰激凌爱好者。然后,我发现其中一份调查问卷是空白的。没有出生日期,没有最喜欢的颜色,显然这个叫隆美尔·萨莱斯的孩子对当个冰激凌不感兴趣。隆美尔的空白问卷让我大吃一惊,要知道,在开学第一天,每个孩子通常都表现得像个天使。

我下楼去自助餐厅找隆美尔。在一大群孩子中,他是哪一个?噢,在那里!那个没穿校服的十岁孩子,看起来瘦巴巴的,却又很健康,大约有电灯开关那么高,头发剪得很短。

"我可以和你谈谈吗?"我问他。

"呃,好的。"他说。

他跟着我穿过大厅,走起路来一蹦一跳的。

"你暑假过得怎么样?"我问。

"还行吧。"

"你都做了什么呀?"他紧张地回答说他不记得了。

"别担心,没什么大不了的,"我向他保证,"我只是想知道,你的阅读怎么样?"

"呃,不太好,"他说,"我正在努力学。"

我拿出一本一年级的学生读物。"让我看看你学得怎么样了。"我说着,翻开了第一页。

隆美尔认识定冠词。但在那之后,这本书上的文字仿佛变成了阿拉姆语,他一个字也看不懂了。

他辩解道,他认识"猫"这个单词,他妈妈教过他。

"那真是太好了。"我说。

"这个呢?"我指着字母"r"。他知道这个字母是他名字的首音,知道自己的名字读作"隆美尔"。

我们聊了一会儿。"我是特殊教育儿童。"他的语气让这个词听起来像是一个较低的社会种姓。他说他不喜欢体育,也不喜欢音乐,他喜欢画画。他给我看了一本他的画集,里面的画都是日本漫画风格。他笔下的忍者形象身材高大,肌肉发达,用手发射火球,发型古怪。

我很欣赏隆美尔的作品,但不知道该拿他怎么办。这孩子不应该上四年级。

那是2000年9月5日,是我在米尔德里德-格林任教的第二年。米尔德里德-格林位于华盛顿东南部内城中心,是一所砖砌学校。我从密歇根大学获得了英语学位,并报名参加了"为美国而教"项目,该项目将应届毕业大学生安排到全国低收入城市支教。

在这个学校,我发现大多数孩子的读写能力都比较好。有一个女孩已经在读斯蒂芬·克莱恩的《红色英勇勋章》了,即使是掉队的孩子也比隆美尔领先好几光年。他的特殊教育老师冷静而伤感地告诉我:"隆美尔这辈子也学不会阅读。"

在很长一段时间里,我都不曾质疑这个毁灭性的断言。我忙于维持秩序、安抚情绪和教导班上其他孩子。

所以我真的把隆美尔搁在一边,置之不理。在语言艺术课上,全班阅读文学作品,隆美尔就待在角落里,听录音故事。有时候我会让他画作业,因为他不会写。

但他并不笨。在我的数学课上,他完全能跟上。那么,为什么隆美尔学不会阅读呢?我经常问这个问题,因为在每天两个讲故事时间中,隆美尔都会展现出自己的风采。晨读时间和课间休息时段,我给我的学生们读故事,选择的书目都是大多数孩子还无法自行阅读的类型。当然,对于隆美尔来说,任何一本书都无法自行阅读。

但他还是被故事吸引住了。他会注意到别人忽略的微妙幽默点,低声轻笑,也会在某个人物耍阴谋诡计时脱口而出"不公平"。他回答问题时能捍卫自己的观点,并对同学的解释提出质疑。听我读托尔金的《霍比特人》时,隆美尔会像咕噜一样发出"咕噜咕噜"的声音。

但讲故事时间一结束,隆美尔就突然变了个人。他失去了活力,就像巫师耗尽了魔法。他又变成了一个不识字的孩子。

圣诞假期过后,我制定了一个隆美尔帮助计划。我把它命名为"掐词"。

隆美尔每天跟着我花十分钟读《哈利·波特与密室》,就我们两个人。他非常喜欢这个故事。我负责读大部分的内容,隆美尔负责读一两个预先选定的词,这就是"掐词"。

"隆美尔,今天的关键词是'off'。"我把"off"写下来,然后开始讲故事。遇到这样一句话"老人抱了抱德思礼先生的腰,然后走了——",隆美尔应该能认出下一个词就是掐出的词。如果他读出"off",我就继续往下读。如果他没有,我就掐他胳膊。

就这样,一个单词接着一个单词,我"掐"着词也掐着隆美尔,慢慢地给他扫盲。我的方法未经检验,非正统,可能还违法,但隆美尔喜欢这样,既喜欢我在他身上投注的额外关注,也喜欢我们读的故事。再说,我掐隆美尔也没那么狠。

但几周后,隆美尔还是没法阅读。我一直向他承诺,我们会一直这样学习下去,但他要是跟人打架,阅读活动就暂停。

这已经不是第一次了。

一周后,隆美尔在他的母亲扎隆达·萨莱斯的陪同下,回到学校。格林的校长助理叫弗洛伦·布鲁顿,一位不论什么时候都看起来精神抖擞的夫人,她拉着我,轮流对隆美尔说些陈词滥调,比如要练习自控,打架解决不了任何问题,要向老师寻求帮助,等等。

萨莱斯女士提起她儿子的阅读时,我立刻集中了注意力。隆美尔低下了头。他的母亲几乎要哭了。她恳求他:"隆美尔,如果你能听老师的话,你会学会阅读的。好好跟着柯里老师学习,他会教你的。"

我不想告诉萨莱斯女士,她儿子不是问题所在,问题出在我们身上,出在本该教会隆美尔阅读的教师们身上,出在将他弃之不理的行政人员身上。

我们所有人都辜负了这个瘦弱的男孩,害他陷入自我厌恶之中。

学年末,我给隆美尔读完了《哈利·波特与密室》。他问我能不能把这本 341 页的小说借给他看。这个请求让我很困惑。

"不行,隆美尔,你又不会……"在指出这个显而易见的问题之前,我及时制止了自己,"隆美尔,我只有这一本。"

多次请求无果，隆美尔最终回到书桌前，拿出一张画纸。

一天结束后，我回到家里。我脱下鞋子，揉了揉酸痛的脚，环顾我的小公寓。书堆在摇摇欲坠的书架上，构成了文教之乐的丰碑。

我穿上鞋子，走到书店，买了《哈利·波特与密室》的盒式磁带。第二天，我把磁带和书交给隆美尔，看到他惊讶地瞪大了眼睛。

"留着吧，隆美尔。它们是你的了。"

"啊，老兄，谢谢！"

"你说什么？"他不应该叫我"老兄"。

"抱歉，我是说谢谢您，柯里先生。"他把背包甩过肩，不小心撞到了桌子上，掉出几十张画着图画的笔记本纸张，全都皱巴巴的。

他用手把这一大堆纸塞进垃圾桶。我想，真是浪费啊。

不是说他浪费纸张，而是他浪费了一年的时间。

那天晚上，我做了一个决定：我要教会隆美尔阅读。

对此，我万分感谢布鲁顿夫人，她对我给隆美尔扫盲的非常规主意表示赞赏，甚至把乐队室拨给我，作为我们的小教室。隆美尔和我每周都会在那里度过九小时。我不用教其他学生了，工资也没了，不过没关系，我找了一份新工作——晚上去做服务员，工资比之前要高得多。

2001年9月4日，隆美尔和我第一次坐在我们的小教室里。"欢迎来到道格拉斯识字计划。"我说。我以弗雷德里克·道格拉斯的名字命名我们的项目。这是一位伟大的作家和政治家，他和隆美尔一样，是在这里长大的，年轻时也曾为阅读而苦恼。

我拿出一本拼读书。"好了，我们开始吧。"

隆美尔不知道字母怎么读，所以我们从"A"开始。

我们每周学习一个元音和一个辅音。隆美尔设计了自己的一套记忆系统。每学习一个新音,他就以相应发音开头的一系列单词来创造一个角色。A 开头的苹果斧头兵亚历克斯。I 开头的白痴鬣蜥伊吉。O 开头的章鱼奥斯卡。D 开头的澳洲野犬。

他把这些角色画成漫画,把小教室的墙贴得满满当当。要是忘记某个音怎么读,他就看看墙。慢慢地,他学会了把这些音组合成单词。

几周后,我和隆美尔来到布鲁顿夫人的办公室,里面坐满了学生。"孩子们,请稍等一下。"她说。

隆美尔坐在她旁边。他清了清嗓子,打开了苏斯博士的《千奇百怪的脚》,像庄严的牧师一般读了起来:"左脚,左脚,右脚,右脚,早晨的脚,夜晚的脚。"

他为与布鲁顿夫人的会面准备了一周。表演结束时,布鲁顿夫人拥抱了他,说:"我真为你骄傲。"

隆美尔表现得泰然自若,一副"这没什么大不了"的样子。但布鲁顿夫人随后说道:"我要打电话告诉你妈妈。"隆美尔再也控制不住自己了,脸上绽放出我所见过最灿烂的笑容。

随着假期的临近,隆美尔学习阅读的速度越发惊人。文字、声音和故事浸透了我们的生活,而他像一块干枯的海绵一样,饥渴地汲取知识。不过,在热闹的教学氛围中,我忘记了阅读的孪生兄弟——同样重要的写作。圣诞节过后,我给了隆美尔一本日记本,告诉他每节课都要写日记。

在隆美尔的第一篇日记中,第一句话是:"我喜欢意大利面。"春假回来,他夸口说自己正在读《哈利·波特与阿兹卡班的囚徒》——

《哈利·波特》系列的第三部。我让他把这件事写在日记里:"在第二章中,哈利离家出走。他选择离家出走,是因为他把玛姬姑妈变成了巨大的气球。结果他遇到了福吉,和对方谈了谈。我认为他做出了正确的选择,因为他要是留下来,就会遇到麻烦。"

在很长一段时间里,我都相信学校里流传的说法——隆美尔这辈子也学不会阅读。但我们谁也不知道这个孩子到底有多渴望阅读。

隆美尔并不是学不会,而是根本就没人教过他。

> 很多教师都没能得到应得的掌声或关注。尽管困难重重,资源匮乏,但仍想方设法为有需要的孩子给予特别关注和帮助,像柯里先生这样高尚的教师在多少人的生命中留下了感动?在这个故事中,单是在午餐时间去食堂找隆美尔了解情况这一举动,就充分彰显了柯里先生的高尚人格及其对关注个体的重视。

当然,除了教师,还有不少人也认识到了关注的价值。我有幸与许多堪称伟大领袖的人物共事。有一点往往令这类人与众不同、卓然不群,那就是,他们从未忘记个体的价值,无论所处的组织规模有多大、性质如何。下面这个故事的主人公是数百万人的领袖,他明白关注对个体而言有多么重大的意义,并且从未吝惜对个体投注哪怕微毫的关注。

教皇约翰·保罗二世

佩吉·努南

2000年6月，我和三十多人一起获准到罗马觐见教皇。前一天，在电话中，一位操着意大利口音的女士告诉我"到梵蒂冈的青铜门处等候"。没有具体地址，只有"青铜门"。于是我就到那儿去等了。我被领进一个屋子里。其他人都在窃窃私语，满堂兴奋。

突然，四周安静下来，仿佛有人发出了一个听不见的信号，大家都朝同一个方向看去。角落里的门开了，教皇拄着一根手杖，蹒跚地走了进来。人群爆发出热烈的掌声。

一群站在左侧，黑发蓝衣的年轻修女自发欢唱起来。教皇缓缓走来，在她们面前停下。他的头稍稍后仰，拿起手杖，诙谐地朝她们晃了晃，以浑厚的男中音说道："菲律宾？"

菲律宾修女之中顿时一片欢呼雀跃。教皇经过她们身边时，一些修女向他屈膝行礼。

接着，他看着另一群人，摇着手杖说："巴西？"那群巴西人鼓起了掌，哭了起来。

最后，教皇走近了我。我努力思考自己该说些什么，该如何表达得幸觐见教皇的激动之情。多年来，我一直渴望觐见教皇。他出身卑微，却成为世界上最著名的人物，向百万世人传道。突然间，他来到了我的前方，距离我不过几英寸①远。我已经没有时间思考了，但这

---

① 1英寸=2.54厘米。

并不重要。他走近了,他的脸出现在我面前。我伸出手,碰触他的左手,然后像行屈膝礼一样弯下腰,握着他的手,身体前倾,吻了吻他粗壮的指关节,我想我口中说的是"父亲"或者"您好,父亲"。

他看着我,把一个棕色塑料软信封塞到我手里。信封五厘米见方,其上印有教皇的印章。之后我打开一看,里面是一串白色塑料念珠和一个银色十字架。

我至今还保留着我们会面时的照片。那时我并不曾看到有人在摄像,收到红衣主教办公室寄来的照片时,我感到非常惊讶。照片上的我看起来欣喜又激动。

最后觐见教皇的是一位加拿大重金属摇滚歌手。教皇走到他面前时,这位年轻人鞠了一躬,亲吻了他的手。他说:"我为您写了一首曲子。"他呈上一张漂亮的手绘乐谱,标题是"献给约翰·保罗二世的歌"。

教皇说:"你写的?"

摇滚歌手说:"是的,为您写的。"

教皇接过乐谱,走到一张棕色大桌子前,兴致勃勃地在乐谱上用拉丁语签下"约翰·保罗二世",走回来把乐谱还给了摇滚歌手。然后,教皇继续往前走,走出了这里。大家屏息静气地目送教皇离开。良久,摇滚歌手轻声打破了寂静:"这是我一生中最棒的时刻。"

离开屋子时,大家又是哭泣又是欢笑。我觉得自己轻飘飘的,仿佛要在空气中飘浮起来。我走到罗马街头,叫了一辆出租车,告诉司机我住的酒店的名字。一路上,我沉浸在激动当中,以至于离开时把眼镜落在了座位上。但我没有忘记念珠,还把它带在身上。

> 几分钟内,短短几步,领导着数百万人的教皇约翰·保罗二世以行动给人们上了精彩的一课,传达了关注个体的理念。再大的组织也是由"个体"组成的——孤独的个体,渴望知道自己对他人来说很重要。"众"的关键在于"一"。

有人说,"我们伤害得最深的,往往是自己最爱的人",换句话说,"我们经常忽视自己最爱的人"。为了改变这种情况,在下面这个故事中,丈夫将自己所有的关注都投注于妻子和家庭上。

爱要如何回归

汤姆·安德森

在驶往海滨度假别墅的路上,我暗自发誓,在接下来的两周里,要努力做一个满怀爱意的丈夫和父亲。全心全意,彻彻底底,没有如果、并且或但是。

最初产生这个想法,是因为听了汽车录音机里评论员的一番话。他的观点是丈夫要体贴妻子,他引用了《圣经》中的一段话,又接着说:"爱是一种意志驱动的行为,人可以选择去爱。"不得不承认,我是一个自私的丈夫,我的钝感消磨了我对妻子的爱。在一些琐事上,的确如此：因为伊芙琳的拖拉而责备她；坚持要看自己想看的电视频道；明知伊芙琳还想看过期报纸，却还是把它们扔掉。没关系，给我两周的时间，一切都会改变。

事实也确实如此。我在家门口亲吻伊芙琳，说："你穿这件黄色的新毛衣真好看。"从那一刻起，改变就开始了。

"噢，汤姆，你竟然注意到了！"她又惊又喜，或许还有点困惑。

长途驾驶后，我想坐下来，看看书。伊芙琳提议一起去沙滩上散散步。我本想拒绝，但转念一想，伊芙琳已经一个人陪孩子们待了一星期了，而现在她想和我单独在一起。我们在沙滩上散步，孩子们在放风筝。

日子一天天过去了。在这两周里，作为董事，我没给任职的华尔街投资公司打电话；参观了贝壳博物馆，虽然我通常讨厌博物馆，但这次参观却意外地让我很愉快；伊芙琳的拖拉害得我们晚餐约会迟到了，但我管住了自己的嘴，没有多说什么。我们轻松愉快地度过了整个假期。我立下新的誓言，决心要保持下去，记得选择有爱的行为。

不过，我的实践出了一点差错。谈起这件事，伊芙琳和我至今仍会捧腹大笑。在度假屋的最后一晚，伊芙琳满目悲伤地看着我。

"怎么了？"我问她。

"汤姆，"她的声音中充斥着痛苦，"你是不是知道什么我不知道的事情？"

"什么意思？"

"就是……几周前我做的那次检查……医生……关于我的情况，医生是不是跟你说了什么？汤姆，你对我这么好……是不是因为我要死了？"

过了好一会儿，我才反应过来，然后哈哈大笑起来。

"不，亲爱的，"我把她搂在怀里，"你不会死，只是我才活了过来！"

> 汤姆"选择了去爱"，放下了华尔街的烦恼，忘却了个人利益，全心全意地关注家庭，尤其是关注妻子伊芙琳。结果进一步证明，在关注个人，尤其是挚爱之人时，往往能产生最有意义也最持久的影响。伊芙琳对自己受到的关注感到非常惊讶，以至于认为一定是出了什么问题，甚至误以为自己可能时日无多。当然，她并无大碍。世界上有很多人渴望得到哪怕一点点关注，并为此苦苦挣扎。想想看，你能否找到这样的人，能否治愈他们的心灵。

总结

让我感到欣慰的是，有老师记得"个体"的价值，有领袖会抽空给予个别人关注。我们每个人都是"众"中之"一"。知道世界上有人认识到个人关注的价值，很令人暖心。我们都需要时不时地被提醒——我们都是重要的个体，是独一无二、珍贵的个人。在追寻意义的过程中，或许你需要先停下来问问自己：哪些人最需要我的关注呢？永远不要低估个人关注的力量。

思考

- 关注一个人，并不需要倾尽一生的光阴。有时只需要几分钟，或者一句赞美的时间。今天，是否有你认识的某个人需要关注？
- 在你人生的关键阶段，是否有一个人给予你全心全意的关注？你是否曾经给予他人全心全意的关注呢？
- 虽然教皇约翰·保罗二世所领导的人数不胜数，但他还是找到了给予个人关注的方法。如果你是一位领导者，如企业老板、家长、教师、教练，你认为有什么方法可以给予他人关注？

深入认识
关注

个人关注

每个人都渴望得到他人的个人关注。毕竟,尽管我们都是大众的一部分,但每个人终究是独一无二的。

我给销售人员的建议是:想象一下,你遇到的每个人脖子上都挂着一个牌子,上面写着:"让我觉得自己很重要。"这样一来,你不仅会在工作中取得成功,也会在生活中取得成功。

——玫琳凯·阿什

我不同意要做就要做大事的观点。爱人需要从单个人开始。

——特蕾莎修女,《简单之路》

你能给别人的最好的礼物就是纯粹的关注。

——理查德·莫斯,医学博士

黎明时分,老人走在海滩上,发现前方有一个年轻人不停地捡起海星,扔进海里。他追上年轻人,询问为什么要这样做。年轻人回答说,要是等到清晨,太阳出来,搁浅的海星就会死掉。

"但海滩绵延数英里,海星数以百万计,"老人反驳道,"你的努力又有什么意义呢?"

年轻人看了看手中的海星,将它扔进了安全的海浪中,说:"对这只海星来说有意义。"

——明尼苏达扫盲委员会

教育与启迪

正如柯里先生所证明的那样,给予个人关注最有效的方法之一,是分享见解、帮助对方挖掘自身潜力。

大多数时候,梦想的起点是一位对你有信心的老师。老师牵引着你,推动着你,引领着你走向下一个高峰,有时甚至会用真理这根尖锐的棍子戳你,让你向前。

——丹·拉瑟,《镜头永不眨眼》

领导者会把人们带到他们想去的地方。伟大的领导者会把人们带到他们不一定想去但应该去的地方。

——罗莎琳·卡特

要想尽己所能为同胞做好事,我们必须在力所能及的领域领导他们,在力所不能及的领域追随他们,与他们齐头并进,时刻留意能够帮助他们多迈出一步的有利时机。

——托马斯·杰斐逊

如果你有知识的火焰,就点亮别人的蜡烛吧。

——玛格丽特·富勒

传播光明有两种方式:成为蜡烛或成为反射光明的镜子。

——伊迪丝·沃顿

教育不仅仅是向孩子灌输知识,而是从提出问题开始的。

——D.T. 马克斯,《纽约时报》

爱

当然,最高级的关注是接纳和喜爱一个人的本来面目。

一位年轻的社会学教授把学生派到巴尔的摩的贫民窟,让他们采访两百名男孩并预测其未来。学生们对贫民窟的状况感到非常震惊,他们预测,受访男孩中约 90% 的人有朝一日会进监狱。

25 年后,该教授指派另一个班的学生去了解预测结果是否准确。他们找到了当年受访的 190 个男孩,而他们当中只有 4 个进过监狱。

为什么预测结果会有如此大的偏差呢?其中一百多人都提到了一位中学教师——奥鲁克小姐,说她是自己的人生启迪老师。经过漫长的寻找,研究者终于找到了年逾七旬的希拉·奥鲁克。提及她对昔日学生的影响,她百思不得其解。"我只能说,"她最后下结论,"我爱他们每一个人。"

——约翰·科尔德·拉格曼

我感觉到有人在靠近我。我伸出手,我想,来人应该是我的母亲。来人握住了我的手,把我紧紧地搂在怀里。她是来向我揭晓世间万物的,更重要的是,她是来爱我的。

——海伦·凯勒,摘自《路标》杂志

人生至高的幸福就是确信自己被爱;确信自己被爱不是因为自己是谁,更好的是,尽管自己是这样的或者那样的人,依然被爱着。

——维克多·雨果

我们不是被过去未曾得到的爱所束缚,而是被当下未曾发扬的爱所束缚。

——玛丽安·威廉姆森

比赛之外

> 职业运动员总是万众瞩目,但唯有他们一对一地关注他人时,其真正魅力方得以展现。

波士顿棕熊队正在对阵纽约游骑兵队,我负责罚球区。在我身后一个特殊的坡道上,我发现了一个四五岁的男孩。他坐在轮椅上,卖力地挥舞着棕熊队的横幅。

赛前热身结束后,游骑兵队的菲尔·埃斯波西托看到了这个男孩,停下来和他交谈。我听到他说:"等比赛结束,你要是还在这里,我就把球棒送给你。"

我可以看出这个男孩有多兴奋,在整场比赛中,他始终保持着这种兴奋的状态。我在心中暗自祈祷着,希望那个职业运动员能够记住自己的话。终场哨响,几秒后,埃斯波西托来到了坡道上,把球棒递给了男孩,还说了几句鼓励的话。那天晚上,游骑兵队输掉了比赛,但菲尔·埃斯波西托赢得了两位终身球迷。

——约翰·霍林斯沃思

回顾丈夫二十六年辉煌棒球生涯中最为瞩目的时刻,露丝·瑞安说道:

在比赛中,诺兰总是会从休息区里跑出来,扫视本垒板后面的看台,寻找我的身影。他会找到我的脸,对我咧嘴一笑,又或许会快速地冲我点点头,仿佛在说"你来了,我真高兴"。

这只是一个简单的瞬间,不会写进比赛的记录簿里,也不会出现在职业生涯的总结中。

——露丝·瑞安,《保卫本垒板》

格兰布林州立大学橄榄球教练埃迪·罗宾逊关爱球队中的每一位成员。建新体育场时,他们在入口处放置了一个巨大的标志——罗宾逊体育场:"在这里,人人都是主角。"

——杰罗姆·布朗德菲尔德,《埃迪·罗宾逊的人生比赛计划》

第二章　掌控人生

即使在正确的道路上，倘若仅仅是坐着，依然会被碾死。

——威尔·罗杰斯

出于对意义的追寻，我们绘制自己的人生蓝图，思考自己的奉献方式，并为此制定日常标准来衡量进步。但现实是，除非掌控人生，承担实现梦想的责任，否则不会有任何实质性的进展。而要想实现对人生的掌控，需要勇敢无畏，高度自律，并将精力集中于关键事项之上。

能够助力你我掌控人生的原则有：

- 责任
- 勇气
- 自律

（四）

责任

> 每一次机会，都象征着一种义务；每一份财富，都象征着一份责任。
>
> ——纳尔逊·洛克菲勒

当生活不尽如人意或无意间犯错时，我们总是寻找借口，或归咎于他人，或归罪于环境。但只有为自身的言行负责，积极行动起来，创造环境，才能在生活中成长起来。

下面的回忆录叙述了三位名人的故事，他们被迫选择要对自己的人生承担责任。他们中包括前第一夫人贝蒂·福特、作家玛雅·安吉罗以及动作影星查克·诺里斯。三人都面临一个抉择，是自己掌控人生，还是让外部因素左右自己的选择。我们从贝蒂·福特与成瘾斗争的故事开始，她的讲述勇敢而真挚，在那时，像这样的个人忏悔鲜少会公开。

我会做到的！

贝蒂·福特和克里斯·蔡斯

直到我离开白宫，回归私人生活后，我的家人才意识到我陷入了麻烦。十四年来，我一直在接受药物治疗——治疗神经压迫、关节炎、颈部肌肉痉挛等疾病，以及 1974 年乳房切除术恢复期间缓解疼痛。我已经对服用的药物产生了耐药性。由于长期服用大量药物，仅需一杯酒便能使我头昏眼花。

1977 年秋，我前往莫斯科，为电视节目解说芭蕾舞剧《胡桃夹子》。随后，我的表现被评价为"目光呆滞、舌头疲累"。杰瑞[①]和孩子们很担心我，可我对自己发生了什么、改变了多少一无所知。直到现在我才意识到，俄罗斯之行结束后，我就开始出现记忆力衰退的症状了。

最后，我的女儿苏珊和医生讨论了我的病情。医生建议采取直接干预手段。从前普遍认为，成瘾者必须先陷入最糟糕的状态，下定决心要改变，才有可能戒除酒精或药物。但当前研究表明，成瘾者的亲友都可以介入干预，为其提供帮助。通过这种新型干预手段，康复率能够显著提升。

劝说

杰瑞在东部巡回演讲时，医生、苏珊以及我的秘书卡罗琳·考文

[①] 杰瑞：贝蒂·福特的丈夫，即美国第 40 任副总统和第 38 任总统杰拉尔德·鲁道夫·福特（Gerald Rudolph Ford）。

垂来到我的起居室。他们开始劝我戒掉酒精和所有药物。我气恼不已，在他们离开后，给一个朋友打了电话，抱怨他们严重侵犯我的隐私。我已经不记得自己打过那通电话了，是朋友后来告诉了我。

4月1号清晨，星期六，我正想要给居住在匹兹堡的儿子迈克和他的妻子盖尔打电话，突然，前门开了，迈克一家人走了进来。我以为他们是特意赶过来探病的，所以十分激动。我们相互拥抱、亲吻，接着来到客厅，在那里，他们又开始劝我。他们是认真的。他们带来了乔·珀什上尉，一名海军医生，也就是长滩戒断康复服务中心的负责人。

我震惊极了。迈克和盖尔说他们打算生孩子，希望孩子们的祖母身体健康，能够掌控自己的生活。杰瑞提到我曾有几次在椅子上睡着了，还有几次说话含糊不清。史蒂夫也说最近的一个周末，他和女朋友为我做了晚饭，我却没有按时来到餐桌旁。史蒂夫说："你就坐在电视机前，一杯接着一杯地喝，伤透了我的心。"

好吧，现在他报复回来了。他们都伤透了我的心。我崩溃落泪。但我仍保有足够的理智，我知道，他们来到这里，不是为了气哭我，是因为爱我，是想帮助我。

然而，我拒绝承认喝酒是造成我生病的原因，我只承认自己用药过量。珀什上尉告诉我这并不重要。他给了我一本书，名为《戒酒匿名会》，让我读一读，并用"化学依赖"一词代替了"酗酒"。既然镇定剂和干马提尼酒都能助人放松，阅读或许也可以来对抗酗酒和用药过量。我说的药物指的是医生开出的合法药物。

起初，我对医疗行业心怀怨恨，这么多年来，医生们总是建议我吃药，而不是忍受疼痛。我服用了止痛药、安眠药以及镇定剂。如今，许多医生开始认识到这些药物的危害，但过去我的医生热衷于开这类药给我。（不同寻常的是，我那时已经逐渐减少了一种药物的服用量，并在一开始接受干预时就尝试放弃另一种药物。）

第一步

六十岁生日过后两天，我住进了长滩的医院。我本可以去私人诊所，但我决定公开地寻求治疗，而不是躲在帘子后面。等安顿好了，我就向媒体发布一份关于我过度用药的声明。

我在四楼遇见了珀什上尉，他送我来到了一个有着四张床的房间。我犹豫了。我希望保护自己的隐私。我不想登记入住了，也不想发表声明了。珀什上尉完美地处理了这个状况。"如果你坚持要一个私人房间，"他说，"我会让这些女人都搬出去……"他把主动权交给我。

"不不不，我没想要她们搬出去。"我不自在地迅速说道。一小时后，我在这个房间里安顿下来，并向记者宣读了我的声明。

4月5日，我在长滩的第一周结束前，我的儿子史蒂夫在医院外被记者抓住，他告诉记者，我不仅在与药物做斗争，还在与酒精做斗争。我并没有上瘾——我还没准备好承认这一点。整个星期，我都在拿药物来说事，对此，所有人都恭敬地点头。

五天后，在珀什上尉的办公室里举行了一次会议，参与者有我、杰瑞和几名医生。他们告诉我，我应该发表一份公开声明，承认我也是一个酒鬼。我拒绝了。我说："我不想让我的丈夫难堪。"

"你想躲在你丈夫的身后，"珀什上尉说，"为什么不问问他，承认你是个酒鬼是否会让他感到难堪呢？"

我哭了起来，接着杰瑞握住我的手，坚定地说："这并不会让我感到难堪，你觉得该说什么就说什么吧。"

听了他的话，我哭得更厉害了。等到杰瑞把我带回房间，我依然在哭，哭得几乎要喘不上气。我希望我再也不要哭成那样了，太可怕了。但哭完后，我如释重负。

那天晚上，我倚在床上，潦草地写下另一份公开声明："我发现自己不仅对治疗关节炎的药物上瘾，也对酒精上瘾。我希望这种治疗和团体互助能解决我的问题，我接受它，不仅是为了自己，也是为了所有参与者。"写下这封声明对我来说已经是迈出了巨大的一步，但这只是我接下来漫长旅途中的第一步。

战场

我拒绝承认自己是个酒鬼，因为我的酒瘾并没有引发戏剧化的后果。虽然，我说话开始变得含糊，有些电话我打完就忘记了，我在浴室里摔断了三根肋骨，可毕竟我从来没有靠喝酒来缓解宿醉，从来不会背着人偷偷喝酒，从来不会把酒瓶藏到吊灯或马桶水箱里，从来没有违背承诺（杰瑞可从来没有和我说过"把酒戒了吧"），从来不会酒后驾驶，也从来没有醉醺醺地和一群水手去到陌生的地方。

不过来到长滩后，我确实有和水手一起到陌生的地方去。

我喜欢长滩的水手。我们都直呼彼此的名字，无论到哪里，大家都会喊："嗨，贝蒂！"当我们与依赖和恐惧抗争时，每个人都向彼此伸出援手。

每天早上六点闹钟就响了。我起来整理床铺，为自己泡一杯茶，接着回应"集合！"的喊声——这意味着要点名了。（毕竟是在海军里）接下来是搞卫生时间，我们每个人都被分配了一项清理任务。通常，早上八点时会举行"医生会议"。这是一个病人与来访医生互动的时段，来访医生大多是海军军官。这些医生接受的培训是识别成瘾，而不是使用药物来解决人们的问题。

生命航线

在没有医生会议的早晨，我会在8点45分接受一次小组治疗，在午餐前接受第二次小组治疗。午餐后会有一场演讲或电影，接着上另一节课。每个小组由六到七名病人和一位咨询师组成。这些小组中满是支持、温暖和友情，它们会成为引导你清醒过来的生命航线。我的小组里有一位二十岁的水手（一位自八岁起就开始饮酒的飞机修理师）、一位年轻的军官（结过两次婚，离过两次婚）、一名牧师（沉迷于毒品和酒精，精神濒临崩溃）。

起初，我讨厌这些小组治疗会。我感到很不自在，不愿意说出我的故事。后来有一天，当听到另一位女士说她不认为自己酗酒是个问题时，我非常激动地站了起来。"我是贝蒂。"我说，"我是个酒鬼，并且我知道，我的酗酒问题伤害了我的家人。"听到自己的声音，我简直不敢相信。我浑身发抖，又一道防线被攻破了。

大家在小组内说的一切都不会传出去。你可以坦然承认你毁了你的车、你的肝脏、你的牙齿、你的婚姻和你的梦想。你的小组同伴会点头赞同，但你并不孤单，毕竟其他人可能会有更糟糕的情况。你依然可以选择自我欺骗，咒骂你的基因或你的医生。

归根结底，你必须为自己负责。不要怪你的妻子把房间搞得乱糟糟，你的母亲不喜欢你，又或者是你的丈夫不记得结婚纪念日。每个人都有过失望，每个人都能为自己的行为找理由，但这些都不重要，把病情归咎于他人完全是在浪费时间。

我进医院后，祝福者送来鲜花和成包的信件。这么多善良的人都在为我加油。《华盛顿邮报》发表了一篇社论，回顾我在讨论乳房切割术时的坦率，称赞我鼓舞了"无数乳腺癌患者和潜在患者"。我公开对药物和酒精的成瘾，这一点也受到报纸的称赞："情绪、压力和肉体的疼痛一同向她袭来，但她决心要克服这一切。她的话语中没有恐惧，也没有尴尬。"

我很感激《华盛顿邮报》，但我自认不配获得这份荣誉。我既害怕又尴尬。我经历过孤独、沮丧、愤怒和气馁。例如，这是4月21日我在长滩写下的日记：

> 现在去睡觉吧。这些令人刺痒的羊毛毯真该死。登记入住时，我并不知道事情会如此艰难，艰难的还不仅仅是毯子。这是一个很好的项目，但对于一个几周前刚满六十岁的人来说太过困难。我到底在这做什么？我甚至开始像水手一样说话了。我可以退出，但我不会让自己这么做。我太想把酒戒掉了。我猜我只能哭了。

不回头

在最意想不到的时候，在并未努力的时候，在情绪低落的时候，在咖啡机旁和两个打牌的水手闲聊的时候，你或许就会变得更好。在日常生活中，我与这些人并没有交集，但在这里，我们互相帮助，彼此治愈。

在长滩的那个月末，在我们自称为"六人帮"的团队面前，我试图告诉团队成员，他们对我来说意味着什么，但我根本无法用语言来描述。我哭了起来，团队中的一个人递给我一沓纸巾，说："现在我们都知道，你会越来越好的。"

心灵的宁静来之不易，但我一天天在进步。我再也不想喝酒了，把酒戒掉对我来说是一种解脱。位于棕榈泉市的艾森豪威尔医院正在积极筹划一项面向化学物质成瘾者的计划，我希望能参与其中，不仅仅是为了帮助他人，也是为了治愈我自己。

像我这样的化学物质成瘾者大有人在。不少女性都有酗酒问题，但直到被迫面对成瘾所带来的问题或精神崩溃才被发现。我听说过一些女性的故事，她们是职场精英、社群领袖，但手中的冰红茶或办公桌上的咖啡里都掺了伏特加，以此帮助自己继续前进。最重要的是，不仅要认识到药物或酒精有多容易成瘾，还要认识到承认这种依赖又有多么艰难。

我感谢珀什上尉和长滩的其他信众，感谢他们奉献的技能和付出的关心，感谢成千上万陌生人的善意和鼓励。

我更深入地认识了自己。我深入学习和了解，为未来有意识地持续努力。我相信，将来会有更多的东西展现在我面前，并对此充满期待。我会做到的！

> 自从来到长滩,贝蒂·福特所做的不仅仅是"想要做到"。她与药物和酒精抗争的日常不仅激励着人们与成瘾做斗争,还激励着妇女战胜乳腺癌,她也因此广获赞誉。在她所取得的成就中,尤为重要的一点是她领悟到了"归根结底,你必须对自己负责"。如今,因为她的坦率和真诚,因为她的榜样力量,成千上万的人追随着她,也取得了成功。

当玛雅·安吉罗尚处在蹒跚学步的年龄时,就离开了父母。八岁时,她遭到暴力虐待,处于一个不公正的教育体系之中,她有充分的理由放弃自己的梦想,并归咎于逆境。阅读《玛雅的回顾之旅》时,请留意毕业那天的转折。正是那一天,玛雅认识到,只要对自己的生活负责,就可以摆脱受害者的身份,成为胜利者。

玛雅的回顾之旅

玛雅·安吉罗

1940年,毕业前几天,斯坦普斯的黑人孩子们激动得简直要颤抖起来了。文法学校和高中都将有大批学生毕业。即将升为学校最高年级的学生坐到毕业班空出的椅子上,在学校里大摇大摆,给低年级学生施加了不少压力。毕业班本身就是贵族。就连老师也对这些安静的高年级学生予以充分尊重。

与斯坦普斯的白人高中不同,拉斐特县培训学校既没有草坪,也没有树篱,更没有网球场。学校的两座建筑坐落在一座土坡上,其中设有主教室、小学部和家政课教室。学校左侧的一大片空地既是棒球场,又是篮球场。摇摇晃晃的电线杆上挂着一个锈迹斑斑的篮筐,这就是这所学校万年不变的娱乐设备。

几棵柿子树在这片遍布岩石的区域投下了一片荫凉,几个高中高年级的学生在树荫下散步。看上去,他们还没准备好离开母校,离开熟悉的小路和教室。他们当中只有一小部分人会升学,进入南方的一所农业和机械学校。这所学校将黑人青年培养成木匠、农民、勤杂工、泥瓦匠、女佣、厨师和保姆。未来沉重地压在他们的肩膀上,让他们对文法学校毕业生在毕业前夕的欢乐没法感同身受。

那时我正在过生日,是全家的焦点。同班的女孩都穿着黄色珠地布的毕业礼服,茉玛(我的祖母)在我的礼服上打出交错的小细褶,又把上衣的其余部分打出褶来。在毕业典礼上,我会打扮得很可爱,而且我并不担心自己的未来。因为当时我只有十二岁,只是一个从文法学校毕业的八年级学生。

我的学习成绩为我赢得了最高名次,我将成为毕业典礼上第一个上台的人。但代表班级发表告别演说的人却是亨利·里德,一个眼皮内双的小个子男孩。每学期我们都会争夺第一名。大多数时候他都击败了我,但我并没有失望,反而很高兴我们能一起名列前茅。他在长辈面前彬彬有礼,但在操场上,他也能玩那些粗鲁至极的游戏。我很钦佩他。我认为,在大人和小孩面前都游刃有余的人是很令人钦佩的。

毕业前几周满是激动人心的活动。一群小孩子将要表演一出关于毛茛、雏菊和小兔子的戏剧。整栋大楼里都能听到他们练习舞步和歌曲的声音。年纪大一些的女孩受命为联欢晚会制作茶点。家政教室里弥漫着生姜、肉桂、肉豆蔻和巧克力的浓郁香味。在工坊里,男孩们操着斧头和锯子劈开木材,制作道具和舞台布景。

期待已久的大日子终于到来,我从床上跳起来,打开后门,想要更清晰地感受这一天。阳光生机勃勃地照耀着大地,时间尚早,这一天的影响和启迪还要等几小时才会出现。我穿着长袍,光着脚站在后院里,沉浸在温柔的暖意之中,感谢上帝饶恕了我曾做过的错事,让我有机会迎来这美好的一天。

我的哥哥贝利从屋里走出来,递给我一个用圣诞节包装纸包着的盒子。他说,为了买这份礼物,他存了好几个月的钱。那是一本软皮装订的埃德加·爱伦·坡诗集。我翻到《安娜贝尔·李》,和哥哥在花园的一排排花草间走来走去,脚踩冰凉的泥土,背诵着那美丽而又悲伤的诗句。

虽然今天是星期五,祖母还是做了原本星期天才有的早餐。祷告结束后,我睁开眼睛,发现盘子里有一块米老鼠手表。那可真是梦幻般的一天,一切都很顺利。傍晚时分,我穿上裙子。裙子非常合身,大家都说我穿上它就像一束阳光。

在学校门口,我加入了骄傲的毕业班行列。我将头发梳到脑后,腿上涂了油,新衣服熨得如军装般光滑,还拿着手工缝制的新手帕和小手袋。我们整装待发,一切都非常完美。

学校乐队奏起进行曲,所有班级都按彩排好的方式进入拥挤的礼堂。我们站在指定座位前唱国歌，朗诵效忠誓词。

然后，我们继续站着，唱那首被黑人称为"黑人国歌"的歌。突然，唱诗班指挥和校长示意我们就座，他们的神情中透露出某种大事不妙的意味。我们在一片黑暗中摸索着找到椅子，我有预感，或许会发生什么糟糕的事情。

校长致辞欢迎学生家长和各方友人，并请浸信会牧师带领我们做祷告。当校长回到台上时，他的声音变了。他含糊地说了几句感谢良善者对不幸者的友爱之类的话。他越说越小声，到最后声音几乎消失了。但他又清了清嗓子，说道："我们今晚毕业典礼的演讲人来自特克萨卡纳州，但由于火车时刻表不规律，演讲人说几句就得走了。接下来，舞台交给爱德华·唐利维先生。"

从后台的门进来的不是一个人，而是两个白人。矮的那个是爱德华·唐利维先生，他走到了台上。高个子没得到介绍，他走到台中央校长的座位上坐下。校长在台上走来走去，似乎有些不知所措。最后，浸信会牧师把椅子让给了校长，自己礼貌得体地走下了舞台，没有和不速之客产生冲突。

唐利维告诉我们，我们斯坦普斯镇即将迎来美好的变化。中心学校（不用说，白人学校就是中心学校）将迎来一位来自小石城的著名艺术家做他们的美术老师。他们将会拥有最新的显微镜和化学实验室设备。对于究竟是谁推动了中心学校的这些变化，唐利维先生没有卖关子。我们也是他所设想的总体改善计划中的一部分。

他说，他曾向高层指出，出身于阿肯色州农业、机械和师范学院的一名一线足球截球手就毕业于古老的拉斐特县培训学校。他接着说，自己曾吹嘘"菲斯克大学有一位顶尖篮球运动员当年就是在拉斐特县培训学校投进了第一个球"。

就是这些。白人孩子未来有机会成为伽利略、居里夫人、爱迪生和高更,而黑人男孩则努力成为杰西·欧文斯①和乔·路易斯②,黑人女孩甚至连这个机会都没有。欧文斯和"褐色轰炸机"是黑人世界的伟大英雄不假,但在小石城这个白人天堂里,哪位学校领导有权决定这两个人必须是我们唯一的英雄?亨利·里德要想成为科学家,就必须像擦鞋匠乔治·华盛顿·卡佛一样,靠自己努力工作才买得起一台劣质的显微镜,这是谁决定的?

唐利维正在为竞选奔走,他向我们的父母承诺,如果他赢了选举,我们就会迎来阿肯色州这一地区为有色人种铺设的首个运动场。另外,家政课教室和工坊会迎来一些新设备。

这个男人的废话像砖头一样砸在礼堂里。在我的左右两侧,骄傲的 1940 届毕业生已经低下了头。在我这一排,每个女孩都把手帕玩出了新花样,有些人把方块小手帕折成爱情结,有些人折成三角形,还有不少人把手帕揉成一团,然后平铺在膝盖黄色的布料上。

我们的校长僵硬地坐在台上,像雕刻家手下的残次品。他庞大而沉重的身体似乎丧失了意志,他的眼神表明他的心已经不在这里了。

毕业典礼,这个满是装饰、礼物、祝贺和文凭的庆典,这个充满魔力的神秘时刻,在我的名字被叫到之前就已经结束了。我的成就微不足道。用三色墨水精心绘制的地图,努力学会的十音节单词,通篇背诵的《卢克雷西的强奸案》,种种努力都化为乌有。唐利维揭露了

---

① 杰西·欧文斯:黑人田径运动员。在 1936 年柏林奥运会上,一举夺得 100 米、200 米、400 米接力和跳远四枚金牌。
② 乔·路易斯:美国职业拳击手,被称为"褐色轰炸机"。

这个事实——我们是女佣、农夫、勤杂工和洗衣女工,我们要是渴望任何更高的目标,就是滑稽可笑的自不量力。

身边响起一阵沙沙声,然后,我听到亨利·里德发表他的告别演说《生存,还是毁灭》。英语老师帮助他创作了一篇以《哈姆雷特》独白为主题的演讲稿。成为一个人、一个实干家、一个建设者、一个领导者,还是成为一个工具、一个无趣的笑话、一个消灭恶臭毒菌的机器。亨利说得就好像我们有选择一样,这让我很惊讶。

我闭着眼睛听着,默默地反驳着每句话。演讲结束,全场鸦雀无声。我抬起头,看见亨利背对着观众,转向我们这些骄傲的1940届毕业生,用近乎说话的语调唱起歌来:

众生扬声歌颂,
直到天地间响彻自由的和声。

那是黑人国歌。习惯使然,我们毕业班也开始唱歌了。

我们的父母站起来,加入鼓舞人心的圣歌中来。随后,那些扮演毛茛、雏菊和小兔子的小孩子也加入进来了:

我们走过崎岖的路,
挨过毒杖之苦,
感受未生的和已死的希望,
但我们脚步沉稳。
我们疲惫的脚步,是否已至父辈叹息之处?

我认识的每个孩子都在学字母的时候就学会了这首歌。但尽管唱过数千遍,我自己从未仔细听过这些歌词,从未想过歌词和我有什么关系。而现在我听到了,第一次听进心里:

> 我们来了,走过一条以泪水浇灌的路,
> 我们来了,踏着被屠杀者的血迹走来。

歌声颤抖地回响在空气之中,亨利·里德回到了队伍中。许多人脸上滑落下泪水,却没人在意,更没人抹去。

我们又重拾信心。一如既往,再一次挺了过来。曾经,我们陷落于冰冷黑暗的深渊,但现在,一个明亮的太阳正在与我们的灵魂对话。

后来的安吉罗博士在以色列和意大利教授现代舞,她参与了《波吉与贝丝》的二十二国巡回演出,并在伦敦执导了话剧《彩虹上的月亮》。她是埃及的一名杂志编辑,也是加纳大学音乐学院的行政人员。她精通六种语言,偶尔会担任管弦乐队指挥,并在亚历克斯·哈利的电视剧《根》中担任主演。她的作品获得了普利策奖提名,而她的百老汇首演获得了托尼奖提名。

毋庸置疑,玛雅的诸多成就,在某种程度都可以归功于

> 她从毕业典礼上的黑人颂歌中获得的鼓舞。这首歌让她回顾先祖的历程——他们踏着崎岖的道路，最终实现了梦想。歌词点燃了玛雅的决心和斗志，她决心要为自己的生活负责，并在日常生活中获得成功——不管环境和唐利维会给她带来什么。
>
> 成功的关键在于决心，而不是条件。

电影明星查克·诺里斯以其精湛的武打动作成为掌控人生的典范。但他也承认，年轻时的他并不总是那么大胆——至少在他做杂货打包工作前还不是。

机会是自己创造的

查克·诺里斯

十六岁那年，我在洛杉矶郊区加迪纳的一家博伊斯市场找到了一份打包杂货的工作。那是20世纪50年代，在那时候，杂货店用箱子来装重物。

我还以为自己做得很好，直到第一天结束时，经理告诉我不用再来了，理由是我打包的速度不够快。

我是一个非常腼腆的孩子，当我脱口而出"让我明天再试一次吧，我会做得更好的"时，连我自己都吓了一跳。大声说出自己的想法违背了我的本性，但却十分有效。我得到了第二次机会，这次我的打包速度快了很多。在接下来的一年半里，我在工作日的四点到十点打包杂货，时薪 1.25 美元，有时周六或周日一整天都在打包。

脱口而出争取机会的那一刻铭刻在我的记忆中，所获得的领悟也铭刻在我的记忆中。要想在生活中达成任何目标，都不能守株待兔。你必须努力把它变成现实。

在空手道的学习上，我没有天赋，但我比任何人都刻苦，因而连续六年蝉联世界中量级空手道冠军。后来，我决定成为一名演员。那时我已经三十六岁了，没有任何演艺经验。好莱坞大概有一万六千名待业演员，而我要和那些已经演过电影或电视剧的人竞争。如果我说"不可能得到机会的"，那么有一件事显而易见：我不会得到任何机会。

人们抱怨说："我没能取得成功，是因为我没有得到机会。"机会是自己创造的。

> 不可否认，环境影响着机遇，但归根结底，正如查克·诺里斯所指出的，为自己的生活负责，才能创造机会，努力工作是这样，为自己争取机会也同理。

总结

在我为企业提供咨询服务、在公众面前演讲的这些年里,没有什么话题比对生活负责更能激发人们的兴趣或更多的讨论了。"对生活负责"这个概念指出,无论发生什么,我们都有能力选择自己的回应,即态度、想法和行动。这个概念表明,攀登成功的阶梯时,没有余地坐下来守株待兔、等待运气来临或悲观地等待环境变得更有利。预测未来最好的方法就是创造未来。因此,责任原则是我们所拥有的最强大、最能改善生活的原则之一,只要我们学会如何掌握它,并将它用于有价值的目标。

思考

- 对贝蒂·福特而言,把自身问题归咎于他人或找借口没有任何好处。那你呢,你曾经把自身问题或局限归咎于他人、基因或环境吗?
- 玛雅·安吉罗从不让逆境左右自己的生活和态度。你的生活是被环境推着走吗?你会创造自己的环境吗?
- 查克·诺里斯主动争取自己想要的一切,坚持自己的想法,决心做得更好,从而为自己创造了机会。遇到困难时,你会表现出多大程度的主动性?

深入认识
责任

掌控

越是为自己和自己的未来承担责任，进步和贡献就越大。

我一点也不相信个人遭遇都是个人所作所为的后果。但我相信，个人的生活质量和幸福程度是由个人的勇气、道德选择以及整体态度所决定的。你可能会收到一些劣质的砖头和钢材，但你仍然是总承包商。

——劳拉·施莱辛格，《你怎么能这么做？》

可悲的事实在于，"受害"的言论是真正的加害者——是年轻人思想和精神的重度残疾。教导年轻人说，主宰生活的不是自身行为，而是社会经济力量、政府预算或其他个人无法控制的邪恶神秘力量，就是把他们教得消极被动、听天由命、绝望。

——路易斯·W.沙利文

我要把某句话称为新型脏话。这不是某个四个字母的单词，而是一个司空见惯的说法，它触及了人性的核心。这句话是："我控制不了我自己。"

这种哲学将人视为受生物和社会力量作用的有机体，而不是拥有自由意志的主体。它认为罪犯不是有罪，而是"有病"。它忽视了人可以也应该抵制诱惑，从而否认了将人与动物区分开来的特质。

——威廉·李·威尔班克斯，法学教授，《当代重要演说》

停止指责

出现问题时，最简单的方法就是推卸责任或找借口。但成功者不会找替罪羊，而会选择承担属于自己的责任。

人们总是把自己的现状归咎于环境。我不相信环境。在这个世界上有所成就者，都会努力寻找想要的机会，如果找不到，就自己创造机会。

——乔治·萧伯纳

寻找外部原因来解释不快乐或挫败感时，责备唯一的作用就是帮助你把注意力从自己身上转移出去。责备别人可以成功地使别人对某件事感到内疚，但无法改变任何让你不快乐的事。

——韦恩·W. 戴尔，《你的误区》

这错误并非上天注定，而是我们自己造成的。

——莎士比亚

只有弱者才会责怪父母、种族、时代、运气不好或命运的恶趣味。每个人都有能力说：今天的我是这样的，而明天的我就会是那样的。

——路易斯·拉穆尔，《行走的鼓》

不会跳舞的人怪罪地板。

——印地语谚语

寻找替罪羊是最容易的狩猎。

——德怀特·D. 艾森豪威尔

幸福源于内心

生活中的幸福源于内心。坐等外界幸福源泉的到来，对我们没有什么好处。

幸福取决于人的内心，而非外在条件。

——戴尔·卡耐基，《人性的弱点》

收音机里的许多流行歌曲都传递着这样的信息："你让我变得快乐；没有你我会迷失自我；你就是我的全世界。"这种思想将让自己快乐的全部责任都交给了另一个人，对另一个人来说是巨大的压力。

——理查德·卡尔森和克瑞丝·卡尔森，《别再为小事抓狂：爱情篇》

在阴郁的一天开始时：首先，你必须认识到是天阴沉，而不是你自己阴郁。如果你也想变得阴郁，那也可以，但这不是强制性的。

——诺拉·加拉格尔

如果我们认定宇宙死气沉沉而毫无意义，它就会如此，不会再有别的什么。但如果相信世界属于我们，日月悬空是为了给我们带来快乐，那就会快乐，因为灵魂中的艺术家会美化创造。

——海伦·凯勒，《个性》

虽然我们走遍世界去寻找美，但美这东西若不在于我们内心，便无从寻起。

——拉尔夫·沃尔多·爱默生

态度问题

是否愿意承担责任并展现主动性，取决于思想和态度。

经历过集中营岁月的我们对那些穿过棚屋安慰别人、分享最后一片面包的人尚记忆犹新。这样的人也许不多，但却充分证明，人的一切都可以被剥夺，只有一样东西除外：人类最宝贵的自由，即在任何环境下都能选择自己的态度和行为方式。

——维克多·弗兰克尔，《活出生命的意义》

好思想结好果,坏思想结坏果——人是自己的园丁。

——詹姆斯·艾伦

我们这一代最伟大的发现是,人可以通过改变态度来改变人生。

——威廉·詹姆斯

潜意识是一台大型发电机,也是一台需要正确编程的计算机。如果恐惧、担忧、失败的想法不断进入潜意识,那就不会有任何建设性的想法被传递出来。但如果有意识的思维之中存在一个明确而又坚定的目标,潜意识最终会接受它,并开始为有意识的思维提供实现目标所需的计划、想法、见解和能量。

——诺曼·文森特·皮尔

在保持年轻上,改善精神永远胜过整形美容。

——马蒂·布塞拉

为迎接好运做好准备

有时机遇或好运会降临到我们身上。但大多数情况下,机遇和好运只会出现在稳妥的准备之后。

能否获得好运,取决于是否为迎接机遇做好了准备。

——奥普拉·温弗瑞

机会青睐有准备的头脑。

——路易斯·巴斯德

曾经有人问我,审判法中是否存在运气这回事。"有。"我回答道,"但运气只会在凌晨三点出现在图书馆。"直到今天,对我来说仍然是这样。凌晨三点,你若是来到图书馆,仍然能够遇到正在碰运气的我。

——路易斯·尼泽,律师兼作家,现年八十二岁

没有人的聪明才智得于偶然。

——塞内卡

如今,有些人妄图用遥控器打开机会之门。

——M.查尔斯·惠勒

十五岁时,我有一件幸运内衣。等到幸运内衣失效了,我又有了一个幸运发型,后来是一个比赛幸运号码,甚至是比赛幸运日。十五年后,我终于发现,成功的秘诀很简单,那就是艰苦奋斗。

——玛格丽特·格鲁斯,马拉松运动员,《跑者世界》杂志

采取行动

正如玛雅·安吉罗在毕业典礼那天所领悟的那样,你不能坐等世界把成功送上门来,必须采取行动,走出去,追寻成功,每一步都积极主动。

责任是一件非常私人的事情。它源于知道自己需要采取行动,而不仅仅是需要敦促别人做某事。

——特蕾莎修女

我不等待好状态。等待只会让你一事无成。你的大脑得知道,它必须开始工作。

——赛珍珠

人们问我:"你取得了巨大的成功,是怎么做到的呢?"我把父母教给我的东

西加以应用,并且尽可能多地接受教育。然后呢?上帝啊,做点什么吧!不要只是站在那里,要促成事情的发生。

——李·艾柯卡,《艾柯卡》

如果你想在时间的沙滩上留下清晰的脚印,就不要拖着脚走路。

——阿诺特·L.谢波德

成功不是自燃的结果,你必须先点燃自己。

——阿诺德·H.格拉索

要想让烤野鸡飞进嘴里,那就张着嘴一直一直等着吧。

——爱尔兰谚语

如果时局不好,那么正好,你的存在是为了把时局变好。

——托马斯·卡莱尔

如果船没有进来,那就游出去找船吧!

——乔纳森·温特斯

为了到达天堂之港,我们必须时而顺风航行,时而逆风航行——我们必须航行,不能随波逐流,更不能停泊。

——奥利弗·温德尔·霍姆斯,《早餐桌上的独裁者》

上帝给每只鸟都准备了虫子,但不会把虫子扔进巢里。

——瑞典谚语

（五）

勇气

勇敢就是被吓得半死，但无论如何还是坐上马鞍。

——约翰·韦恩

倘若熟悉演员约翰·韦恩，脑海中或许会浮现他在说出上面那番话时坚定的眼神、气宇轩昂的姿态以及拖长的语气。对约翰·韦恩来说，直面恐惧是坐上马鞍，而对于我们来说，直面恐惧通常是走出去——走出舒适区，走出疑虑，步入未知。

勇敢不是让你不害怕，而是让你明白要克服恐惧，去做更重要的事情。勇气可以在令人瞩目的英勇中展现出来，也可以在克服内心恐惧的无声战斗中展现出来。以下三个故事展示了不同的勇气。卢芭·格尔卡克对抗穷凶极恶的纳粹，保护儿童。李·梅纳德从母亲那里学会了不要逃避恐惧。瑞芭·麦肯泰尔树立了勇敢做自己的自信。阅读这些故事，想一想，日常生活中，你在克服疑虑和恐惧上表现出多大的勇气？你在坚持原则上有多大决心？

地狱里的女英雄

劳伦斯·埃利奥特

在贝尔根-贝尔森集中营的空地上，一群衣衫褴褛的儿童站在寒风中瑟瑟发抖。那是1944年12月的第一周。经历了四年半的战争和数月的监禁后，这几十名来自荷兰的犹太孩子如今失去了家人，陷入了绝望之中。

他们默默地看着父兄被装上党卫军卡车车队，看着车队驶离。没有人告诉这些孩子他们的父兄将要去哪里，但有些孩子在窃窃私语中听到了死亡集中营的名字：奥斯威辛、特雷布林卡、海乌姆诺。

男人们消失后，卡车来接母亲和姐姐们。母亲和姐姐们被带走后，孩子们被带到女子营区，在那里被命令下车。卡车启动时，十一岁的杰拉德·拉克梅克就发现，自己包裹在黄色毯子里的最后几样东西不翼而飞。

下车后，大孩子们挤在一片黑暗中，笨拙地哄着哭泣的婴儿。

在附近一个黑暗的营房里，一个名叫卢芭·格尔卡克的女人摇醒了她边上的人。"你听到了吗？有孩子的哭声？"

"什么也没听到，"对方回答，"你又做噩梦了吧。"卢芭紧紧地闭上眼睛，试图把可怕的回忆驱逐出脑海。

她在波兰的一个犹太小镇长大。十几岁时，她嫁给了一位橱柜制造商赫希·格尔卡克，生下了儿子艾萨克。他们期待着迎来更多的孩子，期待着能够一直过着平静的生活。但战争爆发了，他们被卷入了致命的浪潮中。纳粹把该地区几乎所有的犹太人都装上车，送往遥远的奥斯威辛－比克瑙——德国最残暴的集中营。

那时，卢芭将艾萨克紧紧抱在怀里，一起迈过集中营的大门。但几分钟后，党卫军警卫就把这个三岁的孩子带走了。他的哭声在她耳边回响："妈妈！妈妈！"党卫军警卫把艾萨克等干不了活的老人和幼童扔到一辆卡车上。很快卡车就开进了毒气室。对于卢芭而言，接下来的日子模糊而又黑暗。

直到有一天，她看到一辆卡车拖着丈夫毫无生气的尸体，顿时觉得生无可恋。但卢芭内心坚强，终究还是没有屈服。她想，也许上帝对她有安排。她剃光了头发，手臂上纹了编号 32967，凭借自己的努力得到了一份奥斯维辛医院的工作。病人都被留在这医院里等死。

无数个漫长的白天和幻觉重重的夜晚过去了。卢芭学会了德语，并时刻注意着周围的动静。有一天，她听说许多护士被送到德国的一个集中营。卢芭自愿报名前往。1944 年 12 月，她被送往贝尔根－贝尔森。这个集中营没有毒气室，但营养不良、疾病和肆意处决使之成了一个效率惊人的灭绝中心。

随着盟军的逼近和秩序的崩溃，本就糟糕的情况越发恶化。没完没了的运输把越来越多饥饿的灵魂塞进了偷工减料、害虫肆虐的营房。

这天夜里，卢芭不安地辗转反侧，又听到了孩子的哭声。这一次，她跳下床，向门口跑去，然后看到了一群吓得瑟瑟发抖的孩子。卢芭示意他们靠近一点，有几个孩子小心翼翼地走近她。

"发生了什么事？"她低声问道，"是谁把你们留在这里的？"

一个名叫杰克·罗德里的大男孩用德语磕磕绊绊地解释说，党卫军警卫把他们带到了那里，但没有告诉他们要去哪里。五十四个孩子中最大的是十四岁的海蒂·韦尔肯丹,她抱着两岁半的斯特拉·德根。其中甚至还有比斯特拉更小的孩子。卢芭拉着杰克的手,并示意其他人跟上。

一些女人试图阻止她把孩子带进营房。因为她们知道,要是激怒了党卫军,后脑勺就会挨一枪。

但是某种意志驱使着卢芭帮助这些孩子,卢芭确信,这是她命中注定的使命。她的话让这些女人感到羞愧:"如果这些是你们的孩子,你们会让我把他们赶走吗?听我说,这些也是某些人的孩子啊。"她带领这群衣衫褴褛的孩子走了进去。

第二天早上,杰克·罗德里给卢芭讲述了他们这群孩子的故事。最初,他们躲过了纳粹最残酷的暴行,因为他们的父亲是阿姆斯特丹钻石工业的支柱,而德国人需要钻石切割技术。切割工及其家人被送往贝尔根-贝尔森。在那里,卢芭遇到的这群被遗弃的孩子最终被迫和父母分开。

卢芭如同死水一般的心振奋起来,她感谢上帝把这群孩子带到了她身边,这让她的生命再次变得有意义了。她的儿子被谋杀了,但她要把这些孩子从死亡的命运中拯救出来。

她知道自己无法将这几十个孩子藏起来,于是将事情告诉了集中营的一名党卫军军官。"让我来照顾他们。"说着,她把手放在他的手臂上,"他们绝对不会带来麻烦,我保证。"

"你是个护士,你管这群犹太废物干什么?"他回应道。

"因为我也是一位母亲。"她说,"因为我在奥斯威辛失去了自己的孩子。"

听了这话,党卫军军官才发现,她的手还放在他的胳膊上。这群囚犯没资格碰触德国人。他一拳打在她脸上,把她打倒在地。

卢芭站了起来,嘴唇流出鲜血。但她并没有退缩。"你年纪大得可以当爷爷了,"她说,"为什么要伤害无辜的婴孩?没人照顾的话,他们都会死。"

也许他被感动了,也许他只是不想把这群孩子的处理问题揽上身。"留着吧,"他低声说道,"让他们见鬼去吧。"

但是卢芭并没有就此罢休。"他们需要吃东西。让我去拿点面包吧。"他给她开了一张字条,授权她取走两块面包。

食物问题成为每天的重中之重,给她带来了无休止的焦虑。规定的口粮是一片黑面包和半碗稀汤,只能勉强果腹。因此每天早上,卢芭都要到仓库、厨房、面包房去,四处乞讨、交换和偷窃食物。孩子们远远地看见她,就纷纷涌到门口。"她来了!她还给我们带了吃的!"

他们珍惜她,就像珍惜已然失去的母亲一样,因为是卢芭为他们找吃的,在他们生病时照顾他们,并在漫长而黑暗的夜晚为他们唱摇篮曲。说荷兰语的孩子们听不懂她的话,但他们感受得到她的爱。

几个星期过去了,几个月过去了。贝尔根-贝尔森集中营的囚犯知道盟军正在逼近。可怕的冬天逐渐过去,1945年的春天要来了,德国人试图处理掉集中营里散落的尸体。但这太难了,是一场必败之战。痢疾蔓延,孩子们纷纷脱水、疲惫不堪,容易出现斑疹、伤寒引起的高烧和头痛。

在附近一个营房里,一个来自阿姆斯特丹的孩子安妮·弗兰克夭折了。卢芭所在的营房里,一些孩子生病了。她一个接着一个地照料,给能吃下东西的孩子喂食,用嘴唇触碰额头来测量体温,给病得最严重的孩子分发珍贵的阿司匹林。她祈祷出现奇迹,救救这些孩子。

1945年4月15日,星期日,英国坦克纵队开进贝尔根-贝尔森。大喇叭用六种语言大喊着:"你们自由了!你们自由了!"

盟军带来了药品和医生,但对许多人来说为时已晚。集中营里堆着成千上万的尸体,幸存的六万名囚犯中,近四分之一在获得自由后死亡。

但卢芭照料了十八周的五十二个孩子中只夭折了两个,其余都活了下来。等到孩子们的体力恢复得足以出行时,一架英国军用飞机将他们送回了家。卢芭也在飞机上,一路照顾他们。一位荷兰官员后来写道:"多亏了她,这些孩子才得以幸存。作为荷兰人,我们对她所做的一切深表感激。"

他们住在临时住所里,等待着孩子们的母亲前来团聚,几乎所有母亲都幸存下来了。随后,应国际红十字会的请求,卢芭陪同其他多个难民营的四十名战争孤儿前往瑞典开启新的生活。

卢芭也开启了新的生活。在瑞典,她遇到了另一位大屠杀幸存者索尔·弗雷德里克。他们结了婚,移居美国,并且育有两个孩子。

尽管又有了自己的孩子,但卢芭从未忘记其他孩子。

卢芭的"孩子"遍天下。杰克·罗德里最终来到了洛杉矶,成为一位事业有成的商人。海蒂·韦尔肯丹进军澳大利亚的房地产行业,并被评为澳大利亚最成功的移民。杰拉德·拉克梅克创办了一家制造厂,并以此发家致富。斯特拉·德根-费蒂格对贝尔根-贝尔森集中营完全没有任何印象。但长大后,母亲告诉她,一个叫卢芭的女人是她的大恩人。斯特拉很想知道曾经保护自己的卢芭如今身在何方。

其他人决定寻找卢芭。杰克·罗德里设法在电视上讲述了卢芭的故事。"如果有人知道她身在何方，"杰克恳求道，"请给电视台来电。"

"我知道她在哪里。"一位华盛顿特区来电者说，"她就住在我这个城市。"

杰克当场给卢芭打电话。不到一星期，他就来到了卢芭的公寓里，把卢芭抱在怀里。两人都顾不上仪态，痛哭了起来。

一段时间后，居于伦敦的杰拉德·拉克梅克开始组织一场向卢芭致敬的活动。已取得联系的几个人开始努力寻找其他人。

1995年4月，一个阳光明媚的下午，在获得自由五十周年之际，大约三十名男女汇聚于阿姆斯特丹市政厅，向卢芭致敬。回想上一次见面，他们都还是孩子。

副市长代表贝娅特丽克丝女王，满含感激地向卢芭颁发了荷兰人道主义服务银质荣誉勋章，卢芭激动不已。

仪式结束后，斯特拉·德根－费蒂格走到卢芭面前。"我一直挂念着您。"斯特拉努力让声音保持平稳，"我的母亲总是告诉我，她生下了我，但我能活下来，归功于一个名叫卢芭的女人。她告诫我永远都不能忘记您的恩情。"她放声大哭，将卢芭揽入怀中，低声说道："我永远不会忘记的。"

卢芭回抱她，泪眼模糊地看着其他人。这是她真正的回报：与她的"孩子们"重聚，再次感受到爱——将孩子们和她自己从死亡集中营的阴影中拯救出来的爱。

> 当年那晚，卢芭看到了孩子们眼中的恐惧，孩子们则在她勇敢的眼睛里找到了希望和庇护。卢芭清楚自己的价值观和原则，即使面临生命危险，也能够坚守本心，勇敢地采取行动。

需要冒着生命危险勇往直前的情况毕竟是少数，勇气其实更常见于日常生活中的小事之中。究竟是逃避恐惧，还是勇敢追求美好事物？选择权掌握在我们自己手中。

逃离和奔赴

李·梅纳德

我下了飞机，穿过潮湿而荒凉的街道，直奔医院。现在母亲躺在无尘病房里，而我坐在她的床边。她那灰白色的头发梳得整整齐齐，呼吸轻柔且细微。她闭着眼睛，但眼睛时不时微微颤动，就像是在想心事一样。我不知道母亲是否知道我在这里，也不知道她是否知道我是她的儿子。

我有很多话想要倾诉，却无人可说。我已经等得太久了，现在又要接着等。

她的肩膀抽搐了一下，我握住她的手，把脸贴在她的胳膊上，闻着那股香味。那香味告诉我,尽管时隔多年,但母亲始终没变。我感觉到她被我握住的手指在动。

我把手伸到派克大衣里,摸了摸心脏上方的那颗扁平的棕色旧纽扣。我把这粒纽扣缝在了我拥有过的每一件派克大衣上,让它一直陪伴着我。

拿到这纽扣的那天还恍如昨日。

我们这个勉强糊口的小家庭住在阿巴拉契亚山脉深处。我父亲在另一个县工作,一个人打两份工。

我是一个知识贫乏但想象力却很丰富的孩子,我觉得我不属于这里,一有机会就想要逃离。但我无处可逃——只能逃进阴森幽寂的山中,或沿着浑浊的河水走一走。但这阻止不了我。

有一次,我又离家出走了。因为过度解读,我觉得自己受到了冒犯,跑到树林里去。那时的我非常天真,认为一切事情非对即错。

我企图用这种方式证明给母亲看,让她后悔。但不久,我又冷又饿,只好跌跌撞撞地从树林里跑出来,穿过寒意袭人的夜色,奔向河岸上那座摇摇欲坠的板房——但是母亲不见了。

母亲们都应该待在家里的呀。

我走进小屋,炉子里没有火,屋子里很冷。我跑到外面,绕着板房转了一圈,脚步沉重地踩在硬邦邦的泥地上。我沿着河岸前往四百米外的邻居家,坚硬的小灌木抽打着我的脸。

"不,孩子,你妈妈不在这里。她天一亮就来了,把你妹妹留在这儿,说……呃,我记得她没说什么。她把你妹妹留在这里就走了,好像有什么急事。"

走了?为什么?她怎么能这样对我?

也许她早就想走了。说到底,她留在我们这个小地方做什么?这里没有钢琴可弹、没有人唱歌、没有人听她轻快的歌声,她留下来做什么?但她为什么把我留在这里?

我慢慢走回去,坐在河岸边,把土块摔进水里,砸到柳树上。然后,我看到一棵柳树上挂着母亲那件破旧的外套。

我跟跟跄跄地穿过地里的甘蔗残茬,来到了外套旁边。一个想法像闪电一样击中了我:母亲真的离开了,她过了河,往肯塔基州去了。

我推开柳枝,冲进河中大喊"妈妈",一直喊到嗓子哑了。我筋疲力尽地爬上泥泞的河岸,再次找到那件外套。现在在我眼中,这件外套是她抛弃我的标志。我把它撕扯成破布,用力摔打在灌木上,踩进泥里。一个扁平的棕色大纽扣被我扯了下来。最后,我把外套扔进了河里。

我不想进屋。于是我在棚子里找出一条破破烂烂的马毯,裹在身上,坐在湿冷的黑暗中,试图融化堵塞在我心头的坚冰。

清晨,当暗淡的光线从山脊上渗入山谷时,我还在那里待着。

母亲沿着泥泞的小路朝我走来,她的步态优雅得无人能及,她的红发熠熠生辉,她的肩上披着一条披肩。

看到我,她什么也没说。我能看出她还在生气,气我昨天离家出走。

炉子里生了火,屋子暖和起来了。我溜进厨房,坐在角落里的木箱上。她在说话,像是在自言自语,但我知道她是在跟我说话。"住在上游的一位女士病了。"她说她去帮忙了。

"但我看到你的外套掉在河岸上了。"

"你看到了我的外套?我把它给了邻居家的女孩子。我有一条披肩，而她没有外套。你也知道她的精神有点……不正常，我估计她根本就没带着外套回家。"

母亲看着我，知道我以为她走了。

"坚强的人不会逃避。"她说，"逃避困难不是应有的生活方式。不过，如果是为了追求更美好的事物，坚强的人也可以选择奔赴。"

她给我做了早餐：饼干、培根和手摇黄油。我知道她原谅我了，我从来没有告诉她我对她的外套做了什么。

岁月匆匆，转眼间，我坐在无尘病房里，握着妈妈的手。我抚摸着派克大衣内扁平的旧纽扣。在过往人生中，我曾千百次想要逃避，但这枚纽扣时时警醒着我，帮助我选择方向。

我用手指抚着纽扣，它提醒着我，无论在哪，母亲都是在奔赴某个方向……

> 我们内心深处燃烧着一种更高的价值观，它让我们能够勇敢面对恐惧，奔赴"更好的事物"——梦想和原则。

最微妙但最具挑战性的勇气，就是自信的勇气。事实上，对于是否为自己感到自豪，许多人内心都会经过一番天人交战。乡村音乐明星瑞芭·麦肯泰尔就经历过这样的斗争，直到她创造出了鲜明的个人风格。

我的独家风格

瑞芭·麦肯泰尔讲述，阿兰娜·纳什记录

1977年9月17日，我站在纳什维尔大奥普里剧院的上场口，预备要献唱两首歌曲。那时我二十二岁，那是我在乡村音乐圣堂的首秀。

早在我还没离开俄克拉荷马州基奥瓦县，还在读一年级时，成为明星就是我的梦想。我从小生活在牧场里，曾参加过牛仔竞技比赛，也曾与哥哥帕克和妹妹苏西一同表演三重唱。

成长中的每一天似乎都在一步步将我推向纳什维尔大奥普里剧院里的这一刻。

我穿着拼布裙子和牛仔衬衫，脖子上系着一条手帕。尽管我紧张得像细皮嫩肉的牛犊要被抓去烙印一样，但我已经准备好了。突然，一个男人走到我面前说："瑞芭，我们得把你的表演缩减成一首歌了。"

我问："为什么？"

他说："因为多莉刚刚突然来到了现场。"

我膝盖一软，问道："多莉·帕顿在这里？"就在这时，多莉飘然而至，她穿着漂亮的黑色雪纺长裤套装，上面点缀着水钻蝴蝶，头发蓬松得不得了。我的天啊，这就是一个明星该有的样子。在那之后，我已经不在意自己能不能表演了。我刚刚亲眼见到了多莉·帕顿。

多莉不仅仅是纳什维尔的当红女王，还是我的偶像。1967年，我在《波特·瓦格纳秀》上第一次听到她的歌，自那以后我就成了她的粉丝。她写的许多歌曲,如《彩虹外套》《我的蓝岭山男孩》和《吉卜赛、乔和我》,是许多人的童年回忆。我在篮球训练营给孩子们表演的时候,经常会唱那些歌。

人们常说模仿是最高的赞美方式,而我对多莉·帕顿所做的比模仿更加厚颜无耻。我研究她。她会非常温柔感性,然后铿锵有力地发出宣言。我试着模仿她的颤音,还有她弹吉他的方式!多莉也是一位涉足影视领域的商人。回首过往,我发现,就连在这一方面,她也是我的榜样。

她是一位坚强的女性,幼时在田纳西州东部度过了一段艰苦岁月。她家境贫寒,但她始终努力克服困难,改善生活。她想看看自己努力拼搏能够走到哪一步——我也是这样。

几乎可以说,我靠模仿着多莉·帕顿而活。但我迟早必须摆脱对她的模仿,学会成为瑞芭。这是一件非常困难的事。

在高中时,我们组建了一个乡村西部乐队,妈妈总是追在我后面说:"瑞芭,世界上只有一个多莉·帕顿。你必须找到自己的唱歌风格。多莉要是知道你模仿她,她头一个就会对你这么说。"

妈妈是对的。在我最初的唱片中,你仍然可以听到很多多莉的影子,但我一直在努力让自己的歌声摆脱她的影响。然而,要让她完全从脑子里消失实在办不到,特别是穿衣打扮上。我总是听多莉说她喜欢亮闪闪的东西,所以我也想要亮闪闪的东西。我甚至聘请了她的设计师托尼·蔡斯为我设计服装。托尼·蔡斯为我做了一些从上到下缀满水钻和亮片的连衣裙。你猜怎么着?这样的衣服不适合我,我穿上后就完全不是我自己了。我妈妈说得对,多莉本人也不会穿让自己不舒服的衣服。

说到底，我更像安妮·奥克利，而不是多莉·帕顿。而要想找到适合自己的穿着风格，需要时间，需要试错。

多年来，总有人一直告诉我该穿什么。我会听从他们的建议，但如果穿得不舒服，我在人前就会感到拘束。如果穿上让自己精神焕发的衣服，我就会变得自在而又自信。这时，我才会处于最佳状态。

所以，如今我有了自己的风格，知道自己喜欢什么。我喜欢鲜艳的色彩，不喜欢容易显小肚子的衣服，也不喜欢裙子和夹克上那些热烈奔放的大印花图案。

不过，在一定程度上，我仍追随着多莉的脚步。我将自己的衣着风格转化为一门生意——"瑞芭"系列服饰。我致力于让这一系列的服装设计得不会太勒或者太束缚，而且，每一款我都会亲自试穿。我希望，有朝一日表演时，如果前排观众站起来说"嘿，我穿的是'瑞芭'"，我不会感到不自在。

回到多莉的话题上来。多莉有时候简直是个活宝。第一次给她打电话时，我听到她问道："你真的是瑞芭·麦肯泰尔？还是某只自认为是瑞芭·麦肯泰尔的松鼠？"当然，我就是真正的瑞芭。虽然花费了一点时间，但我终究还是知道了真正的瑞芭是什么样的。不过，在多莉面前，我仍然是最忠实的粉丝。

> 我曾问过多莉，倘若她突然失去了超级巨星的地位，她会怎么做？多莉说："我身边永远不会缺少掌声和关注。如果我开了一家酒吧，我就会是《荒野大镖客》中的凯蒂小姐；如果我是咖啡馆服务员，我就会是《美女餐厅》中的弗洛。我将会是人群中的焦点，以自己的力量为他人带来欢乐。我会做饼干，做礼物，会让人们开怀大笑。我可能会从基层做起，但只要我想，我很快就会掌控一切。"多莉无疑拥有我们称之为自信的勇气。发展出个人风格后，瑞芭终究在自己身上抹去了多莉的影子，树立了不可撼动的自信。

总结

无论遇到的是卢芭那样危及生命的重大抉择，还是扰乱安宁的日常小事，我们都应当走出舒适区，携自尊和勇气行动起来，奔赴信念之所在。这种培养勇气和自信的尝试是生命必经的日常旅程，没人能够幸免。但随着日渐成熟，我们应当越来越自信，越来越深入地认识自己，成为自己，不再模仿别人。这样一来，我们就会像瑞芭一样，逐渐提升克服内心疑虑的能力，无论观众如何，我们都能坦然地面对真实的自己。

别忘了，勇敢并非不害怕，而是明白要克服恐惧，去做更重要的事情。

思考

- 思考一下，在你目前的生活中，有哪些情况需要勇敢面对呢？在设想的情况中，你会说什么样的话、做什么样的事呢？
- 你最常见的恐惧是什么？这样的恐惧多久会出现一次呢？就克服恐惧而言，你从卢芭、李或瑞芭的故事中学到了什么呢？
- 成熟的本质是在勇敢和谨慎之间取得平衡的能力。你的勇敢中是否融入了机敏和智慧？他人是否会反感你的大胆？
- 我们太容易纠结于自身弱点，太容易以自身弱点来自我打击。你更关注自己的弱点还是优势、失败还是成功？

深入认识
勇气

显而易见的联系

  勇敢与"平凡伟大"中其他原则相伴相随。即使在最为稀松平常的时刻,勇敢也不会缺席。

勇敢并不只是一种美德,而是每一种美德在面临考验时的表现形式。

——C.S. 刘易斯

人生的充实或贫乏取决于一个人勇气的多少。

——阿奈丝·尼恩的日记

无论能做什么抑或梦想着什么,行动起来吧:胆魄中蕴含着天赋、力量和魔力。

——歌德

勇敢是一众美德的基石。

——克莱尔·布思·卢斯

勇敢和愚蠢仅仅一线之隔。可惜隔的不是栅栏,不能将二者区分得泾渭分明。

——吉姆·菲比格

勇敢是会传染的,如果有一个勇士挺身而出,余者的脊梁骨也会硬起来。

——葛培理牧师

无风险的风险

勇敢面临着一定程度的合理风险。想想看,倘若卢芭没有直面风险,会有多少人失去生命,她本人也无法体验之后的精彩人生。

过分谨慎对你来说并不是好事。明智的做法往往是冒着承受挫折或打击的风险,勇敢地直面令人望而生畏的事情。或许你会发现,事情实际上并没有想象中那么困难,也或许虽有难度,但你有能力处理好。

——诺曼·文森特·皮尔,《积极思考》

船只停泊于港湾之中固然安全,但这并非造船的初衷。

——约翰·A.谢德

敢于挑战伟大的事业,去赢取辉煌的胜利,即使屡受挫折,也远胜于与无缘苦乐和胜败滋味的庸碌之辈为伍。

——西奥多·罗斯福

拥抱风险,你会走得远比想象中的更远。风险会把生活变成激动人心的冒险,让你不断迎接挑战、取得回报,并因而焕发活力。

——罗伯特·J.克里格尔和路易斯·帕特勒,《如果没坏,就动手打破》

不闻不问,便失之交臂。

——英语谚语

战胜恐惧

勇气最强劲的敌手是恐惧——对未知的恐惧,对失败的恐惧,对他人的恐惧。成功者承认恐惧，但努力战胜恐惧。

自己的恐惧有时是世界上最可怕的骗子。

——拉德亚德·吉卜林

勇敢是控制恐惧，而不是不感到恐惧。

——鲁迪·朱利安尼

我依然感到恐惧，但恐惧已经不能够控制我了。我已经接受恐惧是生活的一部分——尤其是对变化和未知的恐惧；即使心怦怦直跳，呐喊着："回头，回头，走得太远你会死的！"我也勇往直前。

——埃丽卡·容，摘自 VOGUE

不要被恐惧感说服，从而相信自己太软弱了，没有勇气。恐惧是展现勇气的机会，而不是懦弱的证明。

——约翰·麦凯恩，《勇气为何如此重要》

倘若勇敢是一种无所畏惧的品质，那么，我从未见过勇士。所有人都会感到恐惧。越有智慧，就越恐惧。而勇士是再恐惧也要逼自己前进的人。

——小乔治·S.巴顿将军

我们必须筑牢勇气之堤，阻挡恐惧的洪流。

——马丁·路德·金

内在自信

通常，我们面临的最大灾难是内心的质疑，是自我怀疑。

奴役我们的并不总是别人，有时是环境，有时是惯例，有时是某些事物，有时是意志薄弱的自己。

——理查德·L.埃文斯

胜人者有力,自胜者强。

——老子

不要让你不能做的事妨碍到你能做的事。

——约翰·伍森

我很少想起自身局限,也不因之而悲伤。也许有时会有一些浅淡的向往,但这种向往模糊得像花间拂过微风。风来过,花便知足。

——海伦·凯勒,《个性》

我们中的许多人最需要的是踹翻"我不行"的想法。

——阿梅·巴布科克

相信你自己。

——拉尔夫·沃尔多·爱默生的信条

我们中有些人相对更胆怯一些,但所有人都必须提防自身的恐惧。

——约翰·麦凯恩,《勇气为何如此重要》

即使是在孤儿院,在街头流浪,想方设法地果腹,我也始终认为自己是世界上最伟大的演员。我必须感受到极致的自信所带来的活力,否则就会走向失败。

——查理·卓别林

没有你的许可,谁也无法将你看低一等。

——埃莉诺·罗斯福

（六）

自律

生活是由无数纪律组成的。

——罗伯特·弗罗斯特

掌控生活需要高度自律。但是自律既不容易做到，也不容易维持。因为自律不仅需要心理耐力来战胜空虚的激情和错误的习惯，还需要坚韧不拔的毅力来抵制数不胜数的诱惑，否则可能会空有形式而无成果。但最重要的是，它要求我们持之以恒地关注要点。

在下面几个故事中，每个人都有自己孜孜以求的目标。他们面临的障碍是相互对立的选择——在他们看来，新选择的真正价值较小，但却很诱人。第一个生动事例是乔·帕特诺的故事——《对百万美元说"不"的人》。作为大学体育界颇有成就的教练，乔·帕特诺的成功很大程度上可以归功于对运动员在场上和场下纪律方面的要求。但熟悉他的人都知道，他的自律才是促使他成功的更大因素。

对百万美元说"不"的人

乔·帕特诺与伯纳德·阿斯贝尔

我曾面临抉择,选择自己究竟要成为什么样的人。直到今天,当时情形尚历历在目。那时,我彻夜未眠,与过去搏斗,试图看清楚未来。那是1972年12月。自打在宾夕法尼亚州立大学担任橄榄球总教练以来,已有将近七年的光阴,我对自己的现状心满意足。

然后,那个意想不到的电话来了——如果我离开自己所热爱的学校,他就会让我成为一个富人。来电者是新英格兰爱国者队前主席兼大老板比尔·沙利文。"我想和你见面谈谈执教我们球队的相关事宜。"他说。

我告诉沙利文,我已经收到了其他工作邀请,对于培训职业球员不太感兴趣。然后他给出了薪酬待遇——130万美元,外加部分特许经营权和10万美元的签约奖金。

在宾夕法尼亚州立大学,我的薪水只有3.5万美元。虽然我的收入一直以来都能满足家庭的生活所需,但沙利文的报价让我目眩神迷。最后,我对妻子说:"我必须接受这份工作。"

"乔,不管你想做什么,我都没意见。"苏回答。

我打电话给沙利文,告诉他我接受了。晚上我和苏睡觉时,我感叹道:"这下好了,今晚你将和一个百万富翁一起入睡。"

凌晨两点,苏坐在摇椅上给我们的孩子喂奶。她肯定以为我睡着了。她从来没说过她不想去波士顿,但现在泪水从她的脸上滑落了下来。

我躺在那里，想着自己即将失去的生活。眼前浮现出宾夕法尼亚州立大学的模样，正是在这所学校中，我遇见了妻子，这也是我们五个孩子唯一熟悉的家园。我的眼前浮现出学生们、吉祥物尼塔尼狮子的花岗岩雕像，以及我那些粗脖子玻璃心的足球运动员。

是什么让我做出了接受沙利文邀请的决定？没错，波士顿是一座伟大的城市。新工作是一项新的挑战。但真相是——这笔钱。

突然间，我明白了自己要做什么、想做什么。

第二天早上，我对苏说："昨天晚上和你一起入睡的是一位百万富翁，但和你一起醒来的还是我。我不去了。"后来她告诉我，当时她的第一个想法是"噢，感谢上帝"。

那一夜我茅塞顿开，明白了大学橄榄球对我而言意味着什么，那是职业橄榄球永远也给不了我的。没有教练不喜欢赢得比赛，我也不例外，但我知道有些东西比胜败更重要。我想要看着球员成长——在个人自律、学业发展以及为人处世方面的成长。这种奖励深刻而持久，是我在职业橄榄球领域中永远得不到的。

自打1972年乔·帕特诺做出这一选择，已经过去了许多年。许多球员来了又走，球队摘得了不少桂冠，教练的薪水飙升。如今，乔·帕特诺仍然是宾夕法尼亚州立大学尼塔尼雄狮队的掌门人，从事着自己热爱的事业——帮助球员赢得场上和场下的成功。这一切不仅让他成为大学橄榄球史上胜率最高的教练之一，而且他麾下的大学生球员毕业率一直

> 是最高的。他的一些球员加入了职业橄榄球队，但更多球员在商业、教育等领域取得了成就，同时他们也将自身成就的大部分功劳归于乔及其所授的人生经验。所有这一切，都源于乔和苏为实现目标所保持的非凡自律。这种自律不仅仅体现于那个宁静的月夜，更是贯穿于随后的每一天。

《换一种生活》的主题与乔·帕特诺的故事类似，只不过，这一次进退两难的是一位单亲母亲。她的挣扎不在于是否要为了更高的薪水而跳槽，而在于是否要为了追求更有意义的生活而降低工资和社会地位。

换一种生活

莎拉·马奥尼

第一次出现逃离生活的冲动时，我和孩子们正坐在山顶上。天气晴朗，但凉风习习。当时，九岁的玛吉和八岁的埃文正追逐打闹，攀爬巨石，在草地上打滚。

远离了电子邮件和电话，我感受到了多年来未曾有过的平静。我感觉和孩子们很亲近，也很有安全感。我知道孩子们过去八天里每一顿都吃了些什么。

然后，我听到一个声音问道：莎拉，如果只能在一年一度的假期里享受这样的亲子时光，你确定还想要现在的生活吗？

这个念头突如其来，随之而来的还有一些问题，比如工作、笔记本电脑、平板电脑、手机、家里和办公室各两部电话、小型货车、401k养老金计划、大学储蓄计划和一小时通勤。

我很快恢复了理智。我在一家大型女性杂志社担任编辑，失去这份工作简直难以想象。我在忙碌中快速成长，每个月都有新的空白画布让我充满活力——撰写标题和封面语，通读手稿，努力让千篇一律的名人听起来引人入胜。

那是一份很棒的工作，离职无异于自杀。务实的我对自己说："你再也找不到这样一份工作了。"所以我做了成年人应该做的事——我对那个声音说："闭嘴，像我这样的人可不能辞职。"

我带着孩子们下山回家。

忙碌的春天过去后，迎来了同样忙碌的夏天，我和孩子们去了几次海滩，吃了几次烧烤，还参加了夏令营。到了九月，一向暴躁的纽约人兴高采烈地歌颂着好天气。九月初阳光灿烂，一日比一日更美丽。

9月11日早上，空手道课结束后，我坐上了出租车。当时所思所想尚记忆犹新：这真是美好的一天，晴空万里，微风徐徐，明媚又凉爽，就像那天在山上一样。我闭上了眼睛。

埃文喊道："妈妈！"他看到不远处有几只山羊。

"世贸中心发生了一起事故。"司机边说边把收音机的音量调大。我们和全世界一起关注着这起事故。

第二天早上，八岁的儿子在床上玩人偶，把它们一个个叠在一起，堆成一摞。我问道："你在做什么呢？"昨晚我熬夜看了美国有线电视新闻网的报道，早上起来仍然非常困倦，那些燃烧的建筑物烙在了我的脑海里。

"玩墓地游戏。"他说。我吻了吻他的头顶，又哭了起来。我在空手道班级中的一个朋友，3号梯队的帕特里克·布朗队长，肯定已经受派前往双子塔了。

我和孩子们一起祈祷，我们平时一般不会一起做这件事。那几个星期，我们在门廊上整夜都点着蜡烛。我们谈论和平与战争、复仇与宽恕、悲伤与恐惧。

日子一天天过去，人们曾经希望仍有人在崩塌中幸存下来，得到救援，但这一希望逐渐破灭了。帕特里克、3号梯队的半数队员等等，都不在了。

我们这些幸免于难的人又逐渐重新步入正常的生活轨道。但是，9月11日的悲剧将那时山顶上微弱的劝导声滋养得更加坚定了。

有一天，在一个杂志会议上，我喃喃自语道："你究竟为什么还在这里？"（我希望没被人听到。）

不论是坐巴士通勤，还是晚上试着入睡，都有两个声音在我的脑海里展开辩论：要不要辞职。

"不能辞职。"职业道路的声音说道，"你要怎么生活？保姆、房、车、吃饭，哪一样不花钱？谁来负担？"

劝导的声音温和地回答道："你不是作家吗？这不就是你能在杂志社工作的原因吗？几年前你就开始写作了，而且写得很开心。这样你就不需要保姆了。"

"现在还不是时候。"职业道路的声音说，"这是人们在退休前想过悠闲生活才会做的事情。"

"当然是现在。"劝导声回答道,"时间不多了,很快,你的孩子就会变成青少年,到时候他们对商场会比和你待在一起更感兴趣。"

"现在不辞职,更待何时?"

"纽约太贵了。"

"所以离开吧。去缅因州吧。"

"那患有老年痴呆症的妈妈呢?(我刚把我母亲安置在纽约的一家辅助护理机构。)你怎么能离开她呢?"

劝导声悲伤地答道:"她很快就要离开你了——何况,缅因州也有辅助护理机构。"

在我四十一岁生日之前,十二月初的一天,我告诉孩子们要搬家了。我向老板坦白我的打算,并给房地产经纪人打了电话。

现在,我定居于离缅因州波特兰市不远的一个乡村小镇,作为一名全职作家居家工作。沿着家门口的路走,就会看到美丽的州立公园。公园里有一座长满常青树的小山,山上有野生火鸡和鹿,偶尔还有驼鹿出没。

只要愿意,我和孩子们随时都可以带着狗狗爬到山顶,坐在一块巨石上,眺望美丽的世界。感谢上帝能听到我内心的声音。

和乔·帕特莫一样,莎拉·马奥尼首先确定了生活中最重要的东西,然后自律地抛开所有其他诱惑,以便能够自由地追求更珍贵的情感。

前两个故事讲的都是职业选择的自律。其实，生活的各个方面都需要自律，如运动训练、上学，甚至包括每天爬楼梯。有时候，朋友的一点帮助就能够促进个人自律。

布莱恩教练

彼得·米歇尔莫尔

在那个寒冷的春日午后，阵阵寒风刮过高中的足球场。查理·凯恩把他那件旧军大衣的扣子扣得更高，眼睛牢牢盯着跑道上正在奔跑的男孩。他穿着红短裤，看起来瘦骨嶙峋，对于他的体型来说，他跑步时的步子迈得太大了。

"布莱恩喜欢跑步。"站在他旁边的女人说。她叫苏·博耶特，正在跑步的男孩布莱恩是她的儿子，此时，苏·博耶特的声音里略有一丝恳求的意味。离婚九年来，她一直想要寻找一个强壮的男教练来指导自己十一岁的儿子。一位朋友向她介绍了凯恩。这个矮胖的男人已经年近花甲，沙灰色的头发扎在脖子后面，看起来一点也不像教练，就像布莱恩看起来不像在跑步方面有天赋一样。事实上，如今的凯恩只是一家印刷厂的校对员，已经很多年没训练过赛跑运动员了。

跑完一圈后，布莱恩慢悠悠地走向妈妈，用余光瞥了一眼凯恩。

"你妈妈说你喜欢跑步。但你真的想接受训练吗？"凯恩问道。

"我想，是的吧。"布莱恩回答，避开了他的目光。但凯恩并不满足于半心半意的承诺。他不断地追问，直到布莱恩直视他的眼睛，答道："是的！"

"那么，我来训练你。"凯恩说。

那是1994年春天的一个下午。那时查理·凯恩五十八岁，已经失去了生活的目标。两个年长的孩子都已长成离巢，最小的孩子也叫布莱恩，即将离开家，加入海军陆战队。

凯恩自己也在五十年代末服过军役。然而，他的志向是成为一名高中教师和田径教练。最终，他获得了硕士学位，并在新泽西州的学校里度过了十三年的时光，从事热爱的事业——教年轻人阅读和跑步。

但凯恩于七十年代经历了一场痛苦的离婚风波，他获得了孩子的监护权，之后便搬到加利福尼亚州开启新生活。他在一所社区大学担任了两年教练。然而，出于对更高的薪水的需求，随后他签约成为技术手册的编辑。凯恩思念东部地区的生活，最终于1994年回到新泽西，做起校对的工作。这份工作给了他付账单的钱，但没有给他任何深层次的满足感。所以，不仅仅是布莱恩需要他来当教练，他自己也需要。

然而，或许因为是离异家庭的孩子，起初布莱恩并不愿意接受新教练的方法。

没训练多久，布莱恩的家乡帕西帕尼山举办了休闲比赛，布莱恩参加了其中两场长跑赛。

"我希望你能轻松起跑，"凯恩告诉他，"慢慢加快速度，在最后一圈冲刺。"

枪声在八百米跑道上空响起时，布莱恩像冲刺一样猛冲出去。

然而，等到最后一百米，他已经耗尽了力气，被击败了。凯恩怒不可遏。

"你究竟是要听我的,还是打算按自己的方式跑?"凯恩问。布莱恩没有回答。

在接下来的 1600 米比赛中,布莱恩再度在起跑时猛冲向前,一马当先,但后来,不知是因为疲惫还是放松,他落于人后。在最后一圈,他体力充沛地超越了对手,赢得了比赛。

他气喘吁吁地跑到凯恩跟前,微笑地宣布:"听你的!"

每天下班和放学后,他们都会在赛道上见面。日复一日,年复一年。

十三岁时,布莱恩以迅猛的冲刺摘下了青少年越野赛的桂冠。凯恩称之为"一锤定音"。"终有一天,"他对男孩说,"你会成为美国奥运代表队的候选人。"凯恩送给布莱恩一件印有"锤子"粗体字样的运动衫,以此告诉布莱恩,自己为他感到骄傲。

布莱恩的自信日益增长,但他的母亲苏·博耶特仍然忧愁于没能给孩子们提供优渥的条件。她有两个孩子,除了布莱恩,还有一个女儿詹妮弗,大布莱恩一岁。离婚后,苏·博耶特手头拮据。她在一家园林绿化公司当会计,但公司每年冬天歇业俩月,在此期间她等同于失业。

凯恩也无甚积蓄,于是,他和苏达成一致,他搬去和布莱恩一家同住,共享资源。"成交,"苏说,"不管怎样,你是这个家的一分子。"

1997 年 1 月,凯恩搬进了布莱恩家地下室的卧室。同年,布莱恩长高了约十八厘米,进入了高中。现在他看起来像个赛跑运动员了——精瘦、肌肉发达、步伐平稳、步幅规律。然而,作为一个学生,他不太称职。

新生必须读《伊利亚特》,但布莱恩不觉得有这个必要。凯恩觉得有必要。一天晚上,凯恩拿着一本讲述特洛伊战争的荷马史诗译本,在厨房的餐桌旁等着开饭。

"教练,这是讲什么的?"布莱恩问道。

"讲的是人生。"凯恩说道,示意布莱恩坐下。

在苏和詹妮弗做肉饼时,凯恩用自己最戏剧性的声音朗读了这一古老的诗篇。布莱恩惊讶地听着,直到凯恩坚持让他试着读一下。

布莱恩感到窘迫,但终究还是读了起来。很快,他就被这个描述英雄主义、懦弱、忠诚和欺骗的故事所吸引。

一连几个星期,他们夜复一夜地朗读这一诗篇。清晨和下午的时间属于跑道,晚餐后的时间属于《伊利亚特》。凯恩在潜移默化地教布莱恩做人的道理。

两人读到了特洛伊英雄赫克托耳与更强壮的希腊战士阿喀琉斯打肉搏战的段落。听说有强大的神眷顾阿喀琉斯,赫克托耳起初落荒而逃。但是,凯恩告诉布莱恩,勇者并不是不受恐惧的影响,而是即便感到恐惧,也要面对——就像赫克托耳那样。他停下了逃跑的脚步,虽然觉得自己必败无疑,但还是转身面对敌人,捍卫自己的荣耀。

白天练习田径,晚上阅读,日复一日,两种练习都逐渐初有成效。布莱恩卧室的书架上堆满了书籍和县赛奖杯。

但在1998年的秋天,布莱恩的大腿骨出现应力性骨折,因而被迫退赛。

凯恩一直饱受肌无力之苦,一年前曾因此住院治疗。医生们对他的症状没有头绪,但怀疑他患有轻微中风。起初他不得不使用拐杖,后来又换成了助行器。

不久，布莱恩的双腿恢复了力量，但凯恩却没有恢复。他寸步难行，甚至站立困难。布莱恩掏空积蓄给他买了一辆三轮助动车，这样一来，凯恩就可以继续到跑道上去。

2000年3月，在纽约市第168街军械库举办了全国学术室内田径运动会，布莱恩参加了两英里比赛。全国最优秀的长跑运动员汇聚一堂。凯恩坐在轮椅上，由苏推着来到比赛现场。

发令枪响时，布莱恩一跃领先，随即策略性地落后。比赛进行到一半时，他处于中间位置，和领先者相距甚远。进入最后一圈时，欢呼声、跺脚声和脑海中回荡的"锤子"一词激励着他继续向前冲。

凯恩坐在终点线附近的座位上，看着布莱恩发挥出有史以来最佳的状态，一举越过所有人，赢得了比赛。

一个月后，凯恩开始失声，吃东西会被噎住。

最终医生做出了新的诊断：肌萎缩侧索硬化症（ALS），即卢伽雷氏病。凯恩，一个培养运动员的壮汉，正逐渐失去所有肌肉功能。他的脊髓正在退化。他很快就会知道自己只剩下几个月的生命了。

"别难过，"凯恩颤声对布莱恩说道，"我这一生已经过得很好了，我还能指导你一段时间。"

苏接管了所有照料凯恩的工作。她开车送他去跑道，给他刮脸、剪头发，把食物切成丁，帮助他保持个人卫生。但他每天最大的挑战是爬楼梯。

从他的地下室到厨房，有九级铺着蓝色地毯的台阶。

每天他都奋力靠自己爬楼梯。很快他就做不到了。即使有苏的帮助，他们还是得花上十分钟时间，才能痛苦地爬完楼梯，而且一天比一天困难。

八月，詹妮弗要去亚利桑那州立大学。苏要帮助她在大学安顿下来，因此不得不离开一段时间。

"去吧，妈妈，"布莱恩告诉她，"我可以照顾查理。"布莱恩在暑期夏令营中担任辅导员。在苏离开后的第一天，他提前两小时下班，飞奔回家。他发现凯恩还穿着睡衣，坐在小黑屋里的椅子上哭泣。

布莱恩试图把他扶起来，叫他穿好衣服一起到跑道上去。凯恩拒绝了。

那天下午晚些时候，凯恩的儿子，那位也叫布莱恩的年轻人，从弗吉尼亚州海军基地回来了。

两个布莱恩联手，催促、诱哄、激励，十八般武艺齐上，终于让凯恩把衣服穿好，走出了房间。

走到楼梯边上，布莱恩看到凯恩面露恐惧。仅仅九级台阶，对于这个曾经的强者来说，本来可以毫不费力地攀爬上去，现在却成了一座难以逾越的高山。两个布莱恩想把凯恩架起来走上去，但凯恩发出了抗议的叫声。他恳求孩子们放他回床上，他想放弃了。

"你能做到的。"布莱恩不断鼓舞和催促，终于看到教练的眼中凝聚起了决心。

查理·凯恩靠在孩子们的胳膊上，脚跟跄着，腿抽动着，奋力前行。凯恩被他深爱的两个儿子撑着，一次一步，一共走了九步，直到气喘吁吁地站在厨房地板上。

那天晚上从跑道回来，三个人一起坐在厨房的桌子旁，凯恩和布莱恩大声朗读希腊史诗。然后布莱恩伸出手，握住了教练的手，"查理，我能成为今天的我，都要归功于你。"

6月6日新泽西州冠军赛，布莱恩赢得了3200米赛跑冠军。凯恩坐在轮椅上观赛，手里松松地握着秒表。第二天早上，他完全瘫痪了。苏和布莱恩一直在家里照顾他，直到他离开人世。2001年6月23日，查理·凯恩逝世。

> 找到真正渴求的目标时，光有一半的决心是不够的。迈向成功，需要稳定步调和日常努力，日复一日，稳步向前。而且，正如布莱恩和凯恩所发现的那样，有时朋友的持续支持，能够极大地促进自律。

总结

正如罗伯特·弗罗斯特在这一原则的开头所指出的那样，"生活是由无数纪律组成的。"无论你是谁，无论你追求什么，只要是想过上有意义的生活，都需要自律。关键是，当我们内心深处燃烧着信念的火焰时，我们更容易对诱惑和无意义的选择说"不"。乔·帕特诺和莎拉·马奥尼都有更深层次的信念，以及对干扰说"不"的毅力。布莱恩和凯恩也有更深层次的目标，他们还彼此帮助，共克难关。没有自律，心心念念的崇高目标不过是空洞的白日梦罢了。

思考

- 乔·帕特诺心心念念的是比一百万美元更为珍贵的东西。你也有千金不换的目标和价值观吗?
- 莎拉·马奥尼问自己:"现在不辞职,更待何时?"思考着要不要去追求梦想时,你是否问过自己这个问题?
- 布莱恩和凯恩帮助彼此自律。追求目标时,你是否有可以帮助自己自律的朋友?你是否有朋友在自律方面需要帮助呢?

深入认识
自律

～

自律的自由

许多人认为自律是自由的缺失，而实际上，自律是自由的源泉。

有些人认为自律是苦差事。在我看来，这是一种助我自由翱翔的秩序。
——朱莉·安德鲁斯

自律就是记住自己想要什么。
——大卫·坎贝尔

蒸汽或气体驱动不了任何物体，除非被限制在某个范围内。尼亚加拉瀑布不会变成光和能量，除非被引导到通道中。生命无法成长，除非专注、奉献并且自律。
——哈里·爱默生·福斯迪克

生而无纪，死则无光。
——冰岛谚语

主宰自我，方得自由。
——爱比克泰德

自尊是自律的果实：尊严感随着对自己说"不"的能力的提升而增强。
——亚伯拉罕·约书亚·赫舍尔

诺贝尔奖得主、诗人泰戈尔爵士曾言："我的桌子上有一根小提琴弦。它无拘无束，却无法完成小提琴弦的奏乐使命。所以我将它固定在小提琴上，拧紧直至绷紧。只有这样，它才能自由地成为真正的小提琴弦。"同理，不受约束的生活是自由的，但无法帮助我们实现自己想要成为的样子。真正的自由不是源于幸免，而是源于获得。

——罗伯特·W.扬斯，《日复一日重建信念》

没有自由的纪律是暴政，没有纪律的自由是混乱。

——卡伦·海塔尔

有能力成为最好的自己毫无意义，除非你愿意尽力去做到最好。

——科林·鲍威尔

真正的自由不是通过自我表达获得的，而是通过自我管理赢得的。

——罗伊·L.史密斯

保持专注

正如乔·帕特诺的故事所证明的那样，自律要求高度专注，直至越过终点线，实现目标。

当思绪飘向未来，你便会失去专注。

达拉斯牛仔队的前锋莱昂·莱特经历了惨痛的教训，才终于明白这一点。莱特是一名防守截锋，从十岁起就没有取得过触地得分。但在1993年的超级碗比赛中，布法罗比尔队的四分卫在他面前失误，给了他机会。他拿起球，向着64码[①]外的球门线奔去。在他面前没有任何球员挡住进攻路线。越过10码线时，莱特一只手拿着球，激动地高举双臂想要欢呼。然而，他没有注意到对方球员唐·毕比迫近的声音。在1码线处，毕比从他手中抢走了球。莱特的得分机会破

---

① 1 码约合 0.91 米。

灭了。

关注未来而不是当下，对任何活动都会产生负面影响。

——小埃德温·基斯特和莎莉·瓦伦特·基斯特

当我还是个孩子的时候，我做事经常是三分钟热度。一个晴朗的夏日，父亲用放大镜和报纸给我做了一个实验。他拿着放大镜在报纸上方来回挪移时，什么也没发生，但停在一处一段时间，将阳光聚焦起来，一个洞就出现了。

我被迷住了，但没有理解父亲为我展示这一过程的意图。父亲解释说，同样的原则适用于我们所做的一切：要想拥有成功的人生，我们必须学会把所有精力集中在手头的事业上，直到达成目标。

——约翰·路易斯·费利西罗

习惯的力量

习惯可能有利，也可能不利。大多数成功人士都是艰苦卓绝地用好习惯来取代坏习惯，才实现了目标。

坏习惯不会奇迹般地消失，需要自己动手消除。

——阿比盖尔·范布伦

习惯就是习惯，不能将它从窗外扔出去，只能一步一步地哄下楼。

——马克·吐温

打破习惯的最好方法就是戒掉它。

——里奥·艾克曼

习惯就像老式胶带——很容易粘上，但粘得越久就越难撕下来，直到最后被撕掉时，它会把皮肤一起扯下来。

——悉尼·J. 哈里斯

习惯要么是最好的仆人，要么是最糟的主人。

——纳撒尼尔·埃蒙斯

道德高尚是习惯的结果。我们通过正义的行为而变得正义，通过节制的行为而变得节制，通过勇敢的行为而变得勇敢。

——亚里士多德

有一天等着过马路的时候，我看到一辆旧摩托车驶来。停在红绿灯处时，那位骑手和旧摩托车都慢慢向一侧翻倒，重重地落在人行道上。

摩托车手爬了起来。他看起来很尴尬，转身对我说："自从我把挎斗卸下来，就老是出现这样的情况。"

——由 P. 刘易斯供稿

有个人厌倦了从机场到乡村的车程，于是为自己的小型飞机配备了浮筒，以便直接降落在乡间别墅前的湖上。

在下一次飞行中，他习惯性地像往常一样沿着跑道行进。妻子惊恐地大声喊道："你疯了吗？这架飞机没有轮子，不能降落在这里！"丈夫闻言大惊失色，猛地拉起飞机的机头，逃过一劫。接着，他将飞机安全降落在湖上，没有发生任何事故。他坐在座位上，浑身发颤地对妻子说："我不知道我是怎么了。我从来没干过这么蠢的事！"说完，他打开门，走了出去，掉进了水里。

——由 C. 克拉克-约翰逊供稿

"嘿，伙计。"出租车乘客拍拍司机的肩膀说道。司机尖叫起来，出租车失控，差点儿撞上一辆公共汽车。车开到了路缘带上，停下来的时候，距一扇巨大的玻璃窗仅有几英寸。有那么一会儿，四周鸦雀无声。然后司机说："老兄，你吓死我了！"

"抱歉，"乘客说，"我没想到拍一下肩膀会让你这么害怕。"

"这不是你的错，"司机回答道，"今天是我头一天开出租车。之前二十五年里，我一直在开灵车。"

——由帕特里夏·里德帕斯供稿

诱惑的拉力

成功之路上有许多诱惑,而自律则是抵挡诱惑的原则。

机会只会敲一次门,但诱惑会扑在门铃上。

——《西部畜牧杂志》

大多数人都希望摆脱诱惑的控制,但又希望诱惑能常伴身旁。

——罗伯特·奥本

在一个提供晚餐的航班上,我旁边坐着一位来自瑞士的女士。晚餐送来后,我注意到她在一块看起来很美味的巧克力蛋糕上撒了很多盐和胡椒粉。空乘人员有些惊讶,解释说蛋糕上不用撒这些。"哦,但是这样做对我来说很有用,"女士微笑着回答道,"这样我就不会吃了。"

——由杰基·特洛塔供稿

一束突如其来的月光,一声过耳的画眉啼鸣,一个方才吻过的女孩,一幕透过书房窗户见到的美景,这些美好的事物很少催生出提笔付诸纸上的冲动,反而很可能阻碍作家的工作,让人拖延。

——奥斯卡·汉默斯坦二世

生活的艺术在于知道哪些冲动应该听从,哪些冲动必须控制。

——悉尼·J.哈里斯

第三章　始于内心

只有和自己和解，才能真正满足于所拥有的一切。

——多丽丝·莫特曼

　　一些深刻的人生教训表明，若想在社区、工作场所、家庭等周遭世界中获得成功，必须先在内心取得成功。对于任何目标或关系而言，最重要的元素不是说的话、做的事或拥有的东西，而是我们的为人。

强化内在力量的原则有：
- 正义
- 谦逊
- 感恩

（七）
正义

真正的正义，是即使别人都看不到，也会做正确的事情。

——奥普拉·温弗瑞

正义是"平凡伟大"中一众品质的共性。例如，勇士若无正义，就会被人惧怕和回避，奸邪者即使行善，也会被视作有所图谋，因此，正义是一切的基石，若无正义，所有其他品质都将大打折扣。

正义者是言行一致，行为与价值观相契合的人。人们可以无条件信任其诚实和道德。他们信守承诺，非常可靠。他们在正确的时间，出于正确的理由，做正确的事情，这是他们广为人知的特点。不少正义的故事发生在公众场合，在人们可见之处，但最有力的事迹往往发生在安静的私人时刻——在没人瞧见的时候。《一生的收获》就是这样一个故事。

一生的收获

詹姆斯·P. 勒菲斯特

男孩十一岁那年,一有机会,就会到自家在新罕布什尔州的湖心岛小屋去,到码头去钓鱼。

在鲈鱼渔期前一天,他和父亲在傍晚时分就来了,用虫子钓太阳鱼和鲈鱼。他系上一个银色的小鱼饵,开始练习抛饵。鱼饵击打在水面上,在夕阳中漾起一片金色的涟漪,夜晚月亮升出湖面时,涟漪便染上了银色。

鱼竿往下弯时,他知道,线的另一端一定钓到了一条大鱼。父亲看着他在码头边沿娴熟地和鱼周旋,眼中满是赞赏。

最后,男孩小心翼翼地将已然力竭的鱼提出水面。他从没见过这么大的鱼,还是一条鲈鱼。

男孩和父亲看着这条漂亮的鱼,看着鱼鳃在月光下一张一翕。父亲点燃一根火柴,看了看表。那是晚上十点,距离渔期还有两小时。父亲看了看鱼,又看了看男孩,说:"你得把它放回去,儿子。"

"爸爸!"男孩喊道。

"你还会钓到其他鱼的。"父亲说。

"不会再钓到这么大的了。"男孩喊道。

男孩环顾四周,只见月光下没有其他渔民或船只。他又看了看父亲。

尽管没人看见他们钓鱼,也不会有人知道他是什么时候钓到这条鱼的,但父亲清晰明确的话语让他明白,这个决定没有商量的余地。

他慢慢地将鱼钩从大鲈鱼的唇上取下,把鱼儿放回黑漆漆的水中。

鱼儿强有力地摆动着鱼身,消失在水中。男孩想,他可能再也看不到这么大的鱼了。

那是三十四年前的事了。如今,男孩已成为纽约一名成功的建筑师。他父亲的小屋仍然在湖心岛上,他也时常带着自己的儿女在当年那个码头钓鱼。

他当年的推测是对的。自那夜以后,男孩再也没有钓到过那么大的鱼了。但每当面临道德难题而举棋不定时,他的眼前总是浮现出那条鱼。

正如父亲的教诲那样,道德问题是简单的对错问题,只不过付诸实践颇有难度。在没人看见的时候,是否仍能做出正确选择?为了按时完成设计工作,是否会偷工减料?如果从不正当的渠道得到了市场消息,是否会依此买卖股票?

倘若小时候有人教我们把渔期外钓到的鱼放回去,我们就会做出正确的选择。因为我们会学到真理,做正确之事的理念会扎根在我们的记忆中。这是一个我们会自豪地告诉朋友和孙辈的故事。

这个故事说的,不是如何钻空子破坏规则,而是如何做正确之事并因此获得恒久的强大。

如果这对父子一致决定对钓到的鱼保密,或者只是稍微调整一下手表上的时间,就不会有人知道这条鱼的事。事实上,如果这件事被人知道了,很可能几乎没有人会关心钓到

> 鱼的具体时间。所以在那晚,他们真正的压力只有一个,那就是内心的谴责。内心的压力让他们忠于价值观,忠于道德准则,忠于彼此之间的信任。他们选择了更加高尚的正义之路,这才是个人安全和自信的真正源泉。

这位父亲放鱼的决定是在安静的私密环境下做出的,而接下来这位母亲坚持自己认为正确的决定,则是在承受着巨大公众压力的情况下。

一位母亲与类固醇的对抗

林·罗塞利尼

洛里·刘易斯从未想过要成为一名改革者。

在2004年9月的那天,她在儿子布莱恩的衣柜里翻找,只是想找到一条要退回商场的牛仔裤。但是她翻到了一个陌生的旅行袋。刘易斯好奇地打开一看,发现里面是一瓶液体和几支注射器。那一瞬间,她如遭重锤。她以为儿子在吸食海洛因。

刘易斯打电话给当地的一家沃尔格林连锁药店。得知这种药物是一种合成代谢类固醇,她松了一口气。但随后又怒火中烧。

布莱恩为什么要注射类固醇?

"哥们儿,你妈妈来找你了。"布莱恩·戴尔就读于得克萨斯州达拉斯富裕郊区的科利维尔传统高中,下午放学后,他听到朋友这样喊道,便朝朋友所指的地方看去。他的母亲坐在路边,驾驶着她的白色林肯领航员,看起来怒气冲冲。

"现在回家吧。"她说。

布莱恩快十七岁了,高高瘦瘦,身高一米八三,前一年曾在初级校队橄榄球队担任四分卫。他是一个外向的孩子,学习成绩通常不是A就是B。和科利维尔的大多数男孩一样,布莱恩喜欢穿牛仔裤、运动鞋、T恤,喜欢戴那种能拉下来遮住脸的棒球帽。亲生父母在他还是婴儿的时候就离婚了,他和母亲、继父、哥哥和妹妹一起生活。尽管如此,他的父亲,附近阿灵顿高中的一位前橄榄球明星,仍然存在于布莱恩的橄榄球生活中——从儿童橄榄球、少年橄榄球联盟、"小联盟"到高中体育。至于母亲,父母离婚后,他和母亲的关系一直很亲密。但在那一刻,他宁愿面对一排线卫,也不愿面对母亲的怒火。

走进家中宽敞的起居室,他看到母亲手里拿着小瓶和注射器,正等着他。

"你为什么要注射类固醇?"她问道。

布莱恩默不作声地凝视着母亲手里的东西。"妈妈,"他终究还是回答道,"团队里大部分人都在用这个。"布莱恩解释道,他之前想进入学校代表队。教练和他父亲都在敦促他增肌,但肌酸和蛋白质奶昔都没有效果。所以,他去苹果蜂餐厅打工,用赚来的两百美元从团队前辈那里买了一瓶癸酸诺龙。他一直给自己做臀部注射,已经注射五个星期了。

刘易斯打断他说:"你们怎么会选择用这种方式来增肌?"

"妈妈，"他说，"教练告诉我们要变得更壮、更强、更快，但却没告诉我们该怎么做，只是要我们去做。"

和许多青少年的家长一样，刘易斯非常清楚酒精、吸入剂、大麻乃至摇头丸的危害。但对于合成代谢类固醇，她只知道那是非法的。随后她上网查询，很快了解到，经常使用合成代谢类固醇会导致肝损伤、癌症、心脏病等身体问题，引发抑郁症和路怒症等情感效应。

发现背部长痘这一常见副作用后，布莱恩就停止了注射。药瓶被母亲发现时，他已经停用类固醇数月了。但是，刘易斯很想知道，还有多少孩子使用这种药物？

"我要给学校打电话说这件事！"她说。

"不可以！"布莱恩坚持反对，"要是被人知道，我就完蛋了！"

"别担心，"母亲向他保证，"我不会让人知道你用了这药。"

要想理解接下来发生的事情，我们需要意识到，在得克萨斯州，高中橄榄球扮演着重要的角色。该州的橄榄球队常年名列全国榜首。每周五晚都会有两万人挤满体育场，电视摄像机也会全程记录。其中有些竞技场甚至能与大学体育场相媲美，造价高达两千万美元，赞助者主要是希望自己喜欢的球队得胜的球迷。战绩丰硕的教练可以获得六位数的薪水，因此教练职位十分受人垂涎，竞争非常激烈。

从奥德萨这样的穷乡僻壤到令人难忘的高中体育电视剧《胜利之光》的拍摄地点，再到达拉斯郊区这样的富庶之地，青少年橄榄球英雄都拥有摇滚巨星般的地位。像科利维尔这样的学校参加的比赛竞争最激烈，因此压力也最大。两年前，竞争对手南湖卡罗尔不仅获得了得克萨斯州第一，还获得了全国第一。该队的许多球员获得了名牌大学奖学金，得以进入名牌大学继续打橄榄球。

所以，有些运动员会为了取得竞争优势而不择手段，这毫不稀奇。在美国各地，从1991年到2003年，高中生使用类固醇的比例增加了一倍以上。在2004年的得克萨斯州学校药物滥用调查中，逾41 000名七至十二年级的学生表示曾使用此类药物。不少青少年可以通过当地毒贩或在线渠道轻易买到此类药物。

由于很少有学校检测类固醇，孩子们不必担心被发现用药。宾夕法尼亚州立大学教授查尔斯·耶萨利斯研究类固醇使用已有二十八年，他表示："除恋童癖外，我还没见过像使用类固醇这么隐秘的行为。"他说，就连学校领导也不承认。"如果每次教练或校长告诉我'这是个问题，但我们学校没这种问题'，我就能拿到一百美元，那我的车道上就会停着一辆法拉利了。"

发现儿子使用类固醇的次日，刘易斯给科利维尔的副校长泰德·比尔打了电话。她向比尔讲述了布莱恩的故事，比尔说他会调查一下。几小时后，比尔回电话表示，橄榄球教练克里斯·坎宁安向他保证没有问题。

刘易斯问道："就这样？"

比尔告诉她，如果没有进一步的证据，他也无能为力。

刘易斯脸色铁青，她明白，校方不想让她插手。作为一位四十岁的母亲，刘易斯并不激进。她参与过的政治活动，不过是任职于小学家庭教师协会的董事会，以及为科利维尔市长和乔治·W.布什做过一些竞选工作。

她想，天知道，我真的非常支持高中体育的发展，但我不能看着孩子们置于危险之中。这根本不值得！次日，她给当地报业《科利维尔速递》(*Colleyville Courier*)打了电话。

之后一周，记者斯科特·普莱斯和编辑查尔斯·D.杨从学生、教练和学校领导那里收集信息。10月1日，该报在头版刊登了相关报道。普莱斯在不点明刘易斯身份的情况下写道："没过多久，这位母亲的担忧就得到了证实。《科利维尔速递》在各地高中均发现了使用类固醇的情况。"

几天后，《达拉斯新闻晨报》（*Dallas Morning News*）打来了电话。此时的布莱恩发自内心地希望自己从未听说过类固醇。"这不关别人的事！"他喊道，"你为什么一定要公开这件事？"但洛里·刘易斯一旦下定决心，就很少退缩，她告诉儿子，"我们的行动将会挽救某个人的生命。"

二月初，《达拉斯新闻晨报》在头版头条刊登了一系列报道，题为《隐秘的边缘：高中的类固醇》。记者证实北得克萨斯州高中大量使用类固醇，并专门写了一篇长文来讲述橄榄球运动员"帕特里克"（布莱恩的化名）的故事。

布莱恩疯了般地给母亲打电话，"妈妈，他们都叫我'帕特里克'。"他的身份暴露了。他听说当地一个毒贩在追杀他，而校橄榄球队的队员们正计划要揍他一顿。有人给他发恐吓信息："我要揍你一顿！"

九月份，该学区行政执行主任史蒂夫·特蕾切尔给高中领导发了一封电子邮件，称刘易斯的指控是"无稽之谈"。坎宁安教练说刘易斯是"骗子"，并在接受《晨间新闻》采访时表示"一个疯疯癫癫的母亲正在为自己的问题寻找替罪羊。"（后来，他为自己的言论公开道歉。）

晚上，刘易斯躺在床上，思索着自己所做的一切。

丈夫杰克是她最大的支持者，但他一直躲在幕后，以此保护八岁的女儿麦肯娜，避免她被媒体曝光。现在，就连杰克也感到沮丧，因为科利维尔在背后中伤刘易斯，将之称为"科利朽木"。"人们批判你，但你做的是正确的事，"他告诉她，"你现在不能放弃！"

九名运动员，其中大多数是橄榄球运动员，最终承认使用类固醇，证明教练的说法有误。（没有证据表明坎宁安等教练对运动员使用药物的情况知情。）然而，刘易斯的支持者寥寥无几。邻居们不再和她说话了。她认识布莱恩同学的母亲们，自孩子们四岁起就认识，现在这些人在超市里遇到她却躲得远远的。

最后一击是什么呢？她和布莱恩的母子关系恶化了。布莱恩说："这下你满意了吧，妈妈，你毁了我的生活！"当那些威胁持续出现时，刘易斯和丈夫一致同意让布莱恩转到私立学校去。

在30英里外的得克萨斯州普莱诺，有两个人默默地为刘易斯鼓掌。唐·胡顿和格温·胡顿夫妇对《晨间新闻》的报道特别感兴趣。胡顿夫妇十七岁的儿子泰勒于2003年自杀身亡。泰勒是一个开朗又合群的男孩，曾服用类固醇来提升自己的棒球水平。但戒掉类固醇后，他陷入了抑郁。胡顿夫妇将他的死归咎于类固醇。此后，唐·胡顿成为反类固醇运动的全国发言人。他在全国各地奔走，向家长、教练和孩子们发出警告。

"你做得对，"唐·胡顿对刘易斯说，"坚持自己的立场，但别指望能交到朋友。"唐·胡顿所居住的社区与达拉斯牛仔队传奇人物特洛伊·艾克曼为邻，批评者给编辑写信攻击胡顿，并散布谣言，称他的儿子曾吸食冰毒和摇头丸等毒品。

刘易斯意识到，不用在意别人怎么想，她不是在参加人气竞赛，而是在和一种流行病战斗。四月下旬,她提起诉讼,指控坎宁安教练诽谤。几天后,她在立法小组委员会作证,支持一项要求对高中运动员做药物检测的法案。

五月,刘易斯出现在科利维尔学校董事会面前。然后,一件非同寻常的事情发生了:董事会一致同意对参加课外活动的学生进行随机药物检测。学校发言人表示:"这不仅能起到威慑作用,还能强化一种理念,让大家明白我们不容忍任何形式的毒品。"

到目前为止,该地区还没有其他学校效仿这种行为。但刘易斯并不打算就此罢手。

至于布莱恩,他在新学校参加了橄榄球比赛,并很快成为球队的明星外接手。他还担任防守角卫,最近引起了俄亥俄州一所大学招生办的注意。

而这一切,是他在未使用类固醇的情况下完成的。

> 在内心深处,这位母亲知道有问题存在,可一旦站出来发声,就可能会给她本人、家庭,尤其是儿子带来考验和风险。但她坚信自己所做的是正义的事,其他母亲和儿子将会受益于她的坚持。

下面这位年轻女性也坚信自己需要做一件正确的事——承担责任,保护弟弟妹妹。为此她愿意付出生命的代价。

抗击暴风雪的女孩

海伦·雷扎托

3月15日的早晨，阳光明媚，北达科他州中部附近的农民威廉·迈纳做完了杂务。积雪开始解冻了，零星散布在田野上。

中午回来时，他乐观地对妻子说："到晚上，雪应该就化了。"夫妻俩悠闲地吃完饭后，迈纳朝厨房窗外看了一眼。"天哪！"他惊呼道。

一朵翻腾的黑云在西北方地平线上逐渐显现出来。它移动得悄无声息，却又势不可挡。深蓝色的边缘在天空中延展开来，向毫无防备的太阳靠近。

妻子凭借农人的直觉判断："春天的强北风要来了！"

他们注视着这个没有固定形状、没有面孔的怪物前进。突然，迈纳说："你把牲畜赶进来，我去学校接孩子们。我有种不祥的预感。"

他穿上雨衣，给他那匹叫作基特的好马套上鞍，然后沿着泥泞的道路前往四公里外的学校。此时，天上幽灵般的云扭动着，膨胀着，遮蔽了太阳。整个自然界都煎熬地屏息着，等待着风暴前的平静过去。接着，一阵令人头晕目眩的大雪和狂风袭来，猛烈地砸向马和骑手。迈纳奋力穿越暴风雪，来到学校的马棚，把基特系在一群踢腾不安的马儿中间，匆忙赶往教室。

教室里的师生已经注意到暴风雪的来临，但仍然假装专心上课。虽然不少孩子都有自己的马和雪橇，就放在学校马棚里，但根据规定，除非家长来领，否则任何孩子都不应离开学校。

"嘿,爸爸!"十五岁的黑泽尔·迈纳兴奋地喊道。她转向十一岁的弟弟埃米特和八岁的妹妹米尔迪斯。"我猜有人不相信我们能自己驾着老马茉德回家!"

迈纳闻言微微一笑。

"快点!拿上你们的外套——这里还有几条围巾。"黑泽尔弯腰系好妹妹的套鞋,对埃米特说,"别忘了你的历史书。"

黑泽尔非常可靠,迈纳想。她所做的一切总是远远超出父母的期望。

迈纳把米尔迪斯抱到外面,登上自家做的带有圆形帆布罩的雪橇,把两个孩子安顿在底部的垫着稻草的底面上,给他们盖上两条毯子和一件旧毛皮长袍。黑泽尔坐在驾驶座上,迈纳把那匹叫作茉德的老马拴在雪橇上。他顶着狂风向黑泽尔喊道:"待在这儿!我去把基特牵过来,我们来带路。"

那匹叫茉德的马面向北门,朝家的方向走去。它向来温和,容易驾驭,但一道惊雷把它吓了一跳,它窜出了南门。黑泽尔失去了平衡,在纷飞的雪中几乎无法看清任何东西,她起初并没有发现茉德走错了方向。小孩子们惊恐地睁大眼睛,黑泽尔喊道:"别担心,我们会比爸爸和基特先回家的!茉德认识路。"

黑泽尔无法控制马匹,因为缰绳在马具下方,她够不着。最后,茉德放慢脚步,停了下来,身体上下起伏。

埃米特喊道:"我们到家了吗?我们打败爸爸了吗?"

黑泽尔走到雪地里。透过黑暗中令人眼花缭乱的风雪,她分辨不出他们是在路上还是在田野里。整个世界变成了翻腾着白沫的海洋,眼看就要将他们尽数吞噬。黑泽尔气喘吁吁地爬回驾驶座,拿起了缰绳。"不,我们还没有回家,但我觉得应该离家很近了。现在茉德冷静下来了,它会找到路的。"

茉德对自己脱轨的行为感到懊悔,在越发昏暗的环境中继续前进。某一次,它冲进了满是春季融雪水、冰块以及新雪的低洼地。一根缰绳松开了,黑泽尔走下雪橇,踏入冰冷的泥水,徒手摸索着。她找到了那根缰绳并将它系好。等到拉着茉德走出水域时,她的腰部以下全都湿透了,衣服沉重如铠甲。

黑泽尔看到附近有一根篱笆的顶端露出了雪面。她挖开雪,找到铁丝网。他们顺着这道围栏,找到了一个农场,获得了一个安全的庇护所。

埃米特下车看姐姐在做什么。他们一起打破了凝结在茉德脸上的冰雪面具。他们抓住茉德的马笼头,让它靠着围栏走,但一个巨大的雪堆挡住了路,他们不得不改变路线。埃米特和黑泽尔拼命地找,想要找到指引方向的铁丝或另一根围栏柱,但却什么也没找到。(门埋藏在大雪堆里,距离农场只有约六十一米。)

在风雪的猛烈袭击下,两人几乎喘不上气来,只好爬回雪橇中。固执的茉德继续前行,直到雪橇突然翻过一个隐蔽的障碍物,侧翻了。孩子们都被抛到了雪橇的帆布顶棚里。

黑泽尔和埃米特再次下车。他们在黑暗中推、拉、拖。沉重的雪橇陷在雪地里,他们没法将它扶正。

在黑暗中,黑泽尔意识到她必须想办法——大家都在等着她的主意,她是年龄最大的那个。她在帆布内摸索着。"你们看,"她说,"我们在一个小洞穴里。我们会把它修理得既漂亮又舒适。"

由于雪橇侧翻,狭窄的底座木板成了东面的低墙,帆布顶棚则形成了一个没有帘子的隧道式帐篷。在黑暗中,黑泽尔找到了毯子和长袍。她的手受了伤,但她顾不上疼,在帆布"地板"上铺了两条毯子。埃米特和米尔迪斯依照她的指挥躺了下来,紧紧地蜷缩在一起。风从北面的开口呼啸而过,黑泽尔试图用毛皮长袍临时搭一个窗帘。但临时窗帘一次又一次地被吹落,最后她把长袍盖在弟弟妹妹身上。

风仿佛来自地狱,撕扯着帆布顶棚。黑泽尔抓住纷飞的碎片,把能抢救出来的所有东西都堆在长袍上。此时,黑泽尔只能用一种方法让它们保持在原位——那就是扑到它们上面。现在,除了从光秃秃的木架上吹来的一些悬挂着的带子外,三个孩子与暴风雪之间再也没有任何障碍物了。

雪下个不停。白茫茫的雪域大地之上,三个属于人类的小黑点一动不动地躺在那里,身心皆为大自然这脉动的恐怖力量所震慑。黑泽尔从茫然中惊醒过来,喊道:"埃米特!米尔迪斯!不许闭上眼睛,来相互踢打吧!我数到一百,像跑步一样上下摆腿。开始!一、二、三……"她能感觉到她身下的小胳膊小腿在动。她试图动弹,大脑努力指挥着双腿,但她不确定双腿到底动了没有。

"好累啊,我们不能停下来吗?"米尔迪斯低声央求。

"不行!"黑泽尔严厉的回答声传来,"我们才数到七十一。"

接下来,黑泽尔命令道:"在手套内张合手指一百次。"

埃米特从长袍下探出头来。"来吧,黑泽尔,到下面来。我们会腾出空间的。"

"不行。"黑泽尔的衣服上满覆冰雪,无法给弟弟妹妹带来温暖,"我得按住这些东西,不然都被吹走了。再说,我也不是很冷。来唱歌吧,像今天早上的开场练习一样,唱《美丽的美国》。"

长袍下传来了稚嫩的歌声和那天早上才唱过的歌词——但那似乎已经是一百年前的事了。"紫色山川庄严屹立于硕果累累的平原之上。"他们唱完了全部四节。

"我们向上帝祈求帮助吧，"米尔迪斯建议，并开始念诵，"现在我要躺下来睡觉——"

黑泽尔打断道："不，别念那首。我们来念《主祷文》吧。"他们庄严地念诵这篇祷文。

在这永夜之中，黑泽尔带着弟弟妹妹活动身体、讲故事、唱歌和祈祷。有好几次，她在永无休止的雪中坐起来，强行用自己那麻木不堪的手指敲碎米尔迪思和埃米特腿上凝结的坚冰，又不停擦拭着，试图除去逐渐成形的威胁。

她一遍又一遍地对两个孩子说："记住，即使我睡着了，你们也不能睡。答应我，无论多困，都不能睡着。帮助对方保持清醒！答应我！"

他们答应了。

米尔迪斯不止一次地问："爸爸怎么还没找到我们？"

当威廉·迈纳发现孩子们从操场上消失了，他以为茉德已经回家了，于是毫不留情地催促着基特穿过那些迅速成形的雪堆。妻子在门口迎接他。他们惊愕地对视。

迈纳立即通过农村共享电话线发出警报。很快，近四十名男子冒着生命危险在迈纳农场和学校之间的田地和道路上举步维艰地展开搜寻。他们在农场停下来换队，处理冻伤，喝杯咖啡，制定新计划。其他所有孩子都安全地待在家里。大家什么也没找到。

风变成了时速六十英里的大风，气温降至零度，天色从灰蒙蒙转变为一片漆黑。令人发狂的雪不停地下着。搜寻者只得放弃，直到天亮。

第二天早晨，一组搜寻者报告说，一辆小雪橇和一匹马从学校南门驶出，留下了脚印——后来被落雪掩盖了。搜寻队很快再度出发。大家或是坐雪橇，或是骑马，或是靠双腿步行，分散开来，覆盖了半英里的范围。他们来来回回地艰难地穿行于这片被雪覆盖的土地。

星期二下午两点钟，也就是迈纳家的孩子失踪二十五小时后，搜寻者在学校以南三公里的一片牧场上发现了踪迹。那是一辆翻倒的雪橇。雪橇旁站着一匹幽灵般的马，它像哨兵一样一动不动，但仍然活着。裸露的雪橇只剩下架子，架子下面有一个被雪覆盖的大土堆。

女孩的身体已然僵硬，她脸朝下躺着，外套敞开着。她张开双臂拥抱着弟弟和妹妹，死后也像生前一样拥抱着他们，庇护着他们。

男人们小心翼翼地把她抱起来，慢慢地移开她用身体压住的蓬乱外衣和破烂的帆布碎片。底下是米尔迪斯和埃米特，他们处于神志不清的半冻僵状态，但还活着。他们答应决不会睡过去。黑泽尔知道，一旦闭上眼睛，就永远无法从睡眠中醒来了。

如今，在中心镇的法院大楼内矗立着一座花岗岩纪念碑，上面刻着这样的文字：

纪念

黑泽尔·迈纳

1904 年 4 月 11 日—1920 年 3 月 16 日

向死者致敬

为生者留回忆

给后人以启迪

第三章　始于内心　　151

她一生的故事

沉痛的死亡

均记录于奥利弗县档案馆

陌生人，读一下吧

> 不论生死，黑泽尔始终倾尽全力地保护弟弟和妹妹。即使在冰冷至极的情况下，她也未曾动摇。她的英勇让我们所有人都不禁扪心自问：在坚持落实价值观上，我们究竟能走多远？

总结

"正义"一词是各种品质的集成，它意味着完整性、统一性、无缝性。即使是拉丁语中的"真诚"一词，也意味着"无蜡"，即没有接缝或隔断，浑然一体。因此，正义既不可以视情况而定，也不可以反复无常。正义是日复一日的选择，是日复一日的生活方式。

阅读钓鱼的故事时，你是否发现，故事中的父亲在任何情况下都正直真诚？阅读母亲与类固醇的故事时，你是否了悟，在生命中的每时每刻，这位母亲都会为天下母亲和儿子的利益而战？阅读黑泽尔的故事时，你是否明白，不论是死后还是活着的每一天，她都会关爱自己的弟弟妹妹？在这些故事中，不论是钓鱼的父亲、与类固醇抗争的母亲，还是年轻的黑泽尔，身上都闪耀着平凡的正义光辉。

思考

- 钓鱼的父子放走了鱼，却收获了任何战利品和大鱼都给不了的内心满足感。在那天晚上，在那场孤独的行动中，品格、良心、尊严和诚实大获全胜。在那种无人知晓的环境下，你会如何捍卫自身的正义呢？

- 钓友常常因夸大收获而遭人诟病，尤其是空手而归却夸耀自己险些获得的收获时。你呢？你会美化自己的故事吗？你对别人百分百诚实吗？你对自己百分百诚实吗？

- 为了做正确的事，与类固醇抗争的母亲承担了巨大的风险，年轻的黑泽尔更是付出了自己的生命。你能为捍卫心中的正义走多远呢？

深入认识
正 义

坚不可摧的正义

正义意味着对价值观和信念的贯彻始终和坚定遵守。

正义意味着做正确的事,而不仅仅是跟风或讲究政治正确。坚持原则,不屈服于舒适而浅薄的道德立场,将永远获得胜利。

——丹尼斯·韦特利,《优先事项》

在数学中,整数是指不能分出小数的数字。同样地,正义之人的内心不会分裂,不会想一套做一套,因此不会与个人原则发生冲突。

——阿瑟·戈登

获得名望的途径是努力成为理想中的自己。

——苏格拉底

如果信念和行为不一致,我们就不会快乐。

——芙蕾雅·史塔克

永远不要为了"清静"而否认自己的经历或信念。

——达格·哈马舍尔德

鹤立鸡群者往往拥有自己的一套价值观,拥有强烈的自我价值感。别人在各种思想风尚和时尚潮流的影响下随波逐流,而他们会坚守立场。

——大卫·J. 马奥尼,《一位管理者的街头智慧》

对于做正确的事情而言,任何时候都是合适的时机。

——马丁·路德·金

雕刻在纪念碑上、书写在彩绘手稿上的价值观已经太多了,这样的东西我们不需要更多。价值观必须体现在行动中。

——约翰·W.加德纳,《信心的恢复》

伟人的荣耀始终应当以其取得荣耀的手段来衡量。

——拉罗什福科

品格

品格几乎可以说是正义的同义词。品格是随时间建立起来的声誉,不过它会瞬间消失。

品格是日常抉择的总和。

——玛格丽特·詹森

一时之行径,千年之声誉。

——日本谚语

没有荣誉的成功是一道未经调味的菜肴,可以充饥,却无甚滋味。

——乔·帕特诺

我在军队里见过不少有能力的领导人,但他们没有品格。他们把工作做好,是为了各种形式的奖励:晋升、报酬和勋章。牺牲别人的利益来达成自己的发展,追求一张又一张纸质学位证书——这些是他们通往巅峰的必经之路。你看,这些都是很有能力的人,但他们没有品格。

我也遇到过很多人品出众但能力不足的领袖。他们不愿意付出成为合格领袖的代价,不愿意付出成为伟大领袖所需的额外努力,而这些大致就是领导力的全部意义所在。在21世纪,带领士兵、海员、飞行员上战场,需要兼备品格和能力。

——H. 诺曼·施瓦茨科普夫将军

坚守原则

坚持原则意味着坚持认为正确的事情。你的双脚有多牢?

在原则问题上坚定不移;在品味上追逐潮流。

——托马斯·杰斐逊

立足正确之处,然后站稳脚跟。

——亚伯拉罕·林肯

衡量一个人的终极标准,不是看舒适便利时的立场,而是看面临挑战和争议时的立场。

——马丁·路德·金,《爱的力量》

据海外通讯社报道,二战期间,丹麦国王克里斯蒂安注意到丹麦一座官方建筑上方飘扬着一面纳粹旗帜,他要求德国军官将这面旗帜撤下。军官回答说,这面旗帜是按照柏林的指示升起的。"这面旗帜必须在十二点之前撤下,"国王声明,"否则我将派兵去撤。"

在距离十二点仅剩五分钟时,纳粹旗帜仍然飘扬着,国王宣布要派兵去撤下旗帜。

"我们将击毙撤旗的士兵。"纳粹军官警告说。

"我亲自去撤。"国王平静地回答。纳粹旗帜被降下。

为原则而斗争容易,遵循原则而活却很难。

——阿尔弗雷德·阿德勒

沉默的冷漠

正直的对立面是冷漠——无法表达或坚持信念时表现出的冷漠。

历史将会证明,这一社会转型时期最大的悲剧不是恶人的刺耳喧嚣,而是好人可怕的沉默。

——马丁·路德·金,《迈向自由》

邪恶之所以取胜,是因为好人无所作为。

——埃德蒙·伯克

知而弗为,莫如勿知。

——《孔子家语·子路初见》

错失美好的事物,往往是因为漠不关心,而非因为对抗和敌意。

——罗伯特·戈登·孟席斯

在重要时刻保持沉默,等同于撒谎。

——A.M. 罗森塔尔

我们需要对每一句轻率的言辞负责,也需要对每一次轻率的沉默负责。

——本杰明·富兰克林

地狱里最炽热之处是为身处道德危机之中却保持中立的人所保留的。

——但丁

诚实

欺骗滋生冲突,而诚实建立信任。正义者不会有欺骗的意图,不会有欺骗性的言行。

一天,听完一位潜在客户的陈述后,林肯突然在椅子上转过身来,大声说道:"你这个案子在技术法规方面很有优势,但在公平和正义上却站不住脚。你得找别人替你打赢,我做不到。站在陪审团面前发言时,我会想到'林肯,你是个骗子',我相信我会忘我地大声说出来。"

——《林肯谈话》,伊曼纽尔·赫兹编辑

偷十分钱和偷一美元一样,都丧失了诚实。

——伦纳德·E.里德

大约五岁的时候,有一天我对祖父撒了个无伤大雅的谎。祖父让园丁拿来一架长梯,并将它靠在屋檐前。放好梯子后,他对园丁说道:"我们家孩子要从屋顶上跳下来了,这架梯子是给他用的。"我立刻明白了祖父的用意,因为我们这里有一句谚语:"说谎就像从屋顶上跳下来。"

我沉思起来。梯子放在门前,让我感到羞窘。我担心如果不做些什么,梯子会永远摆在那里。

我找到正在看书的祖父,悄悄地走到他面前,把脸埋在他的膝上。"爷爷,"我说,"我们再也不需要那个梯子了。"他看起来很高兴。他叫来园丁,对他说:"立刻把梯子拿走,我们家孩子不会从屋顶上跳下来。"这件事让我终生难忘。

——LI YUNG KU 向曼努埃尔·康罗夫讲述

私下时刻

正义最伟大的胜利是在无人知晓的私下时刻赢得的。

近两个世纪以来，老本的家族素以砌筑干墙的技艺著称。年轻时，我帮老本在一座农场的斜坡上修墙。我们把沟挖得又宽又深，这样大基石就会深入地下，低于霜线。老本对每一块石头和填缝材料都一丝不苟。对于一个没有耐心的年轻人来说，在土壤表面以下填充石块尤为烦人。"谁会知道这些缝隙有没有填好呢？"我嘀咕道。老本透过眼镜费力地看向我，真诚而又惊讶地说："为什么这么说？我会知道，你也会知道。"

——海顿·皮尔森，摘自《佛蒙特州人生宝库》

完美无瑕的勇敢是在无见证时做会在全世界面前做的事。

——拉罗什福科

1982年1月，一场举办于纽约市麦迪逊广场花园的网球锦标赛上，排名第一的选手维塔斯·格鲁莱蒂斯和埃利奥特·特尔切尔在半决赛中对上了。他们在前两盘中各赢一盘。在决胜第三盘的第八局，格鲁莱蒂斯一路猛击，拿下赛点。

在最激烈的回合后，格鲁莱蒂斯击出一球，球打在网的顶部，然后越过了网，大家以为他赢定了。然而，特尔切尔跑向网前，跃起扑球，奇迹般地将球高高抛过了格鲁莱蒂斯的头顶。格鲁莱蒂斯始料不及，因而没能及时退后，击球出界。观众们疯狂欢呼起来。特尔切尔似乎成功挽救了赛点。等欢呼声平息下来，特尔切尔表示，自己在向最后一球扑去时碰到了网——这是个违规动作。不管裁判有没有看到，也不管现场下了多少钱的注，对特尔切尔来说，这些都不能动摇游戏规则及作为其基本的绅士精神。他与格鲁莱蒂斯握手，向观众点头致意，然后离开球场——在失败中成为胜者。

——劳伦斯·西姆斯，《时尚先生》

良知

成为一个正直的人，通常只需尊重和信任自己的良知。

正直意味着有良知并听从良知。马丁·路德面临死亡威胁时对敌人说："做任何违背良心的事,既不安全,也不谨慎。我站在这里,上帝会保佑我,我别无选择。"

——阿瑟·戈登

在这个世界上,我唯一能接受的暴君就是我内心的那个"微小的声音"。

——圣雄甘地

马丁·路德·金在《伯明翰狱中来信》中,讲述了一位七十二岁的黑人妇女在抵制公共汽车运动中每日长途步行的故事。她疲惫不堪,身体虚弱,有人问她为什么坚持支持非暴力抗议,她的回答将被历史珍藏——"脚很累,"她说,"但我的灵魂得到了休憩。"

——贝亚德·鲁斯汀,摘自《洛杉矶先驱观察家报》

我希望自己处理本届政府事务的方式能够取得这样的结果:即使最后放下权力的缰绳时,我失去了世界上所有的朋友,但我至少还有一个朋友,那就是我内心深处的良知。

——亚伯拉罕·林肯

问心无愧是最柔软的枕头。

——法国谚语

几年前,在我们南加州的农村地区,一位墨西哥母亲去世,留下了八个孩子。其中最大的女孩还不到十七岁,照顾家庭的重担落在她单薄的肩膀上。她勇敢地承担起这项任务,帮助弟弟妹妹们保持整洁干净,让他们吃饱饭,有学上。

有天我称赞她的成就,她回答说:"我不能为我必须做的事情邀功。"

"但是,亲爱的,这不是你的义务,你原本可以摆脱这种责任的。"

她顿了一下,答道:"是的,确实如此。但那样一来,我该如何面对自己的内心呢?"

——维娜·拉林斯

（八）

谦逊

> 真正伟大的女人和男人永远不会令人恐惧。他们的谦逊会让你感到轻松。
>
> ——伊丽莎白·古吉

喜剧演员格劳乔·马克斯曾说，他的一位护士对自己的美貌非常自傲，以至于给男人量脉搏时，她总是要减去十个百分点——减去她的容貌对男人心跳的影响。

尽管强烈的自信和高度的自尊是健康的人格特质，但到了某个程度，人就会以为自己比他人更重要，以为自己高高在上、无可指摘、无须学习，到那时，这些特质就不再是美德了。自大甚至可以"降低"他人的脉搏频率，而谦逊孕育成长和友谊。也许有人会说，学习谦卑的最好的途径之一就是为人父母，正如下面《迈克、我以及蛋糕》中的父亲所说的那样。

迈克、我以及蛋糕

迈克尔·A.安德鲁斯

九岁的儿子迈克参加完童子军会议回到家后,告诉我们,他们团队将举办一场宴会和蛋糕义卖活动。蛋糕将由童子军及其父亲烘烤。

我从来没有烤过蛋糕。但是,在看到妻子使用速溶蛋糕粉后,我对烤蛋糕充满期待,并没有手足无措。

到了那天,迈克和我选了一种黄色的速溶蛋糕粉。按照说明,我们将配料混合在一起,并将面糊倒入两个圆锅中。我们满怀信心地将圆锅放入烤箱。三十分钟后,我严格按照说明把圆锅取出来,令我惊讶的是,成品并不是广告上那种又高又松软的蛋糕。事实上,成品只将圆锅填充了一半。迈克似乎没有注意到这一点,而且我告诉他,像这种比较扁的蛋糕最好吃了。

我们把两个蛋糕叠在一起,然后我才了解到需要用糖粉来制作糖霜。我们没有糖粉,也没有时间。距离宴会只剩下一小时了。

我甚至不确定什么是糖粉。我推断,糖粉就是糖。妻子委婉地提醒我,普通的砂糖是完全用不了的。我向超市狂奔而去,回来时带着一罐现成的糖霜。

当我们抹平蛋糕上的糖霜时,宴会已经开始了。我们把糖霜涂抹得很平滑,尽管有些地方可能有点薄。作为点睛之笔,我在顶部做了一些装饰性的小点,我想,灵感源于家里厨房天花板上纹理粗糙的油漆。迈克和我交换了一个大功告成的笑容。我们认为它看起来不错。

我妻子笑了。她说看起来卖相不错,也很香甜。我没有注意到蛋糕的一侧向下塌。我们匆匆赶到宴会现场，迈克才漫不经心地提到，我们实际上要参加的是一场蛋糕拍卖会。有那么一刻，我希望我们能有更多时间来完成最后的美化。

大厅里挤满了人。晚宴正在进行中，所以我们带着蛋糕去了拍卖厅。

我惊呆了。一张长桌上摆满了各种精美的杰作——天使蛋糕、魔鬼蛋糕、香料蛋糕、胡萝卜蛋糕、磅蛋糕——所有的蛋糕都带有奇异的糖霜装饰和富有想象力的点缀。也许迈克误会了，这说不定其实是世界蛋糕大赛。也许父子们可以得到母亲、专业糕点师和工程师的协助。也许我们来错地方了。

蛋糕各式各样，有的形状像印第安帐篷，有的像火箭，还有像童子军徽章、帽子、美国地图、人和动物的蛋糕，上面覆盖着樱桃和糖霜，还有棉花糖和糖果闪粉。琳琅满目的蛋糕陈列在精美的蛋糕烤盘和瓷盘上，点缀各种装饰品——微型旗帜、童子军人物、星球大战的战斗场景和风景。

我们的蛋糕还放在抹糖霜的纸盘上，迈克郑重地端着它往前走。看到没有地方放了，他就将蛋糕放在桌子后面的暖气片上。他打开蛋糕上的铝箔，小心翼翼得近乎虔诚。铝箔上有几处粘着糖霜，露出黄色的蛋糕胚来。看着迈克做这些，我感到脸红了，但他似乎并不为我们的作品感到羞耻。

我想说，也许我们不应该参加这次拍卖，也许……但是，我的思绪被一阵震耳欲聋的轰鸣声打断了，一股穿着小蓝制服的洪流涌入了房间。

我听不清规则。某位童子军稳重的母亲让她的蹒跚学步的孩子拉住我的右腿，向我转述部分规则。只有童子军才能进入拍卖区出价。我赶紧给了迈克八美元，一边看着他冲回蛋糕所在处，一边大声叫他出价低一些，以便用这些钱多买一些蛋糕。

小男孩们互相喊叫着让大家安静下来，五分钟后，苦难开始了。拍卖师举起了第一块蛋糕。他描述了设计、复杂的装饰、异国情调的馅料、鲜艳的色彩和点缀的樱桃。他认为这些特色值得大家开出高价。"七十五美分！八十美分！一美元！一美元一次，一美元两次，一美元成交。"拍卖师描述起下一个蛋糕来，最终以五十美分的价格成交。我预料到大家对我们的蛋糕会有什么反应，心中一阵钝痛。

儿子可能会假装不知道轮到我们的蛋糕了。我几乎已经听到一片嘘声和哼声了。

我试着向拍卖厅另一头的儿子发出信号。我拼命地思考着如何往前挤，计划着要怎么"不小心"撞到我们的蛋糕，把它毁掉，免得迈克要遭受即将到来的羞辱。儿子，买个蛋糕吧，随便什么蛋糕都行，然后我们就离开这里吧，我想着。然后，我身边的女人开始怀疑地打量起我来。我放弃了。

拍卖师好像巧妙地避开了我们的蛋糕，这是我的错觉吗？我无意中听到有人在议论那个有"黄色斑点"的蛋糕。我身后的一些青少年连声嘲笑，称它为麻风病蛋糕。想到迈克的心情，我的心就又痛了起来。

这一刻终究还是到来了。拍卖师抬高了我们的蛋糕，纸盘子在他手上耷拉下去，蛋糕屑掉了下来，糖霜上的无数洞在头顶明亮的灯光下闪闪发光。拍卖师张开嘴要说话，但还没等他发出声音，迈克就站了起来，扯着嗓子大喊："八美元！"

一阵惊愕的沉默蔓延开来。没有人跟着出价。几番犹豫后,拍卖师低声说道:"好吧……"迈克向前跑去,咧着嘴笑。我听到他边走边对朋友说:"那是我的蛋糕!是我和爸爸一起做的!"

他把八美元递过去,对着蛋糕微笑,好像它是一件珍宝。他微笑着从人群中挤过去,中途还停了下来,用食指掐了一点糖霜尝了尝。当看到我时,他喊道:"爸爸,我拿到了!"

我们高兴地开车回家,迈克把蛋糕放在腿上。我问他为什么要拿出所有的钱来竞标,他回答说:"我不想我们的蛋糕让别人拿去了!"

"这是我们的蛋糕。"这的确是我们的蛋糕,但我只是通过自己的眼睛看到的,而没有透过儿子这个小男孩的眼睛来看。一回到家,我们就赶在迈克睡觉前每人吃了一块蛋糕。味道很不错。而且,天哪,卖相也相当不错。

> 在父亲担心别人的目光、担心儿子的自尊心时,小迈克却为自己的艺术作品感到自豪,为自己与父亲的协作感到骄傲。你的自尊是否曾阻碍你发现生活中的潜在快乐,发现重要的情感联结?

无论在世界的哪个角落,当我要求观众选出一位伟大的领导人时,亚伯拉罕·林肯几乎都是首选。他通常被称为"诚实的亚伯",也许"谦逊的亚伯"对他来说同样名副其实。

亚伯拉罕·林肯的第一笔巨额律师费

米切尔·威尔逊

1855年的一个下午,一位衣着考究的费城律师来到了伊利诺伊州的草原小镇斯普林菲尔德,向人们询问亚伯拉罕·林肯先生的住所地址。

他来到了一栋不起眼的木屋前,一个穿着衬衫的瘦高男人给他开了门。这个男人看起来高得令人难以置信。他的腿和胳膊长得出奇,肩膀又窄又弯,手脚大得出奇。他那头粗硬的黑发看起来好像从来没有梳过。唯一让来访者留下印象的是那人的眼睛:深沉、忧伤而睿智。

这位来访的费城律师说:"我是 P.H. 沃森。一群制造商聘请我当法律顾问,他们设立了一个联合基金来帮助一个你可能认识的人,伊利诺伊州罗克福德的 J.H. 曼尼。"

林肯的脸上立即展露出兴趣。"麦考密克和曼尼的案子?"他问。沃森点点头。

麦考密克-曼尼案是当时备受瞩目的法律纠纷之一。看到赛勒斯·麦考密克的巨大成功,许多小工厂都开始生产收割机,但没有一家向麦考密克支付专利费——所有人都声称自己的机器与麦考密克的不同。麦考密克聘请了全国最知名的律师,选出了最可能胜诉的对象——曼尼父子公司。这让其他制造商意识到,如果曼尼破产,他们就都完蛋了。[①]

[①] 美国判例法中有遵循先例原则,即遵循先前案例,不破坏已有定论。

沃森曾建议客户："此案将在伊利诺伊州北部地区由德拉蒙德法官审判，地点可能在斯普林菲尔德。明智的做法是获得民众的支持——挑选一些当地法官的好友来打这个官司。"

这就是为什么沃森坐在了斯普林菲尔德的房子里，和那位相貌平平的高个子律师谈话。他给了林肯一个最有诱惑力的条件——预付五百美元，并承诺给林肯开出有史以来最高的费用。林肯从来没有处理过涉案金额高达数百美元的案件，当时他在该县以外尚且籍籍无名。

然而，沃森对林肯隐瞒了该案的部分事实。

当沃森离开时，林肯目瞪口呆地坐在那里。他四十六岁，债台高筑，因挫败而满面愁容。现在，突然间有了作为律师在全国扬名的机会。他对专利法和收割机的机械原理一无所知，但他还是吃力地开始学习必须了解的知识。但他仍然很担心：在法庭上，他将不得不与彬彬有礼的东部人斗智斗勇，与他们相比，他不仅没有丰富的经验，还缺乏相关的教育。

在紧锣密鼓的准备期间，林肯只收到了沃森的寥寥几封信，但从这些信件中，他感觉自己得到了放手去做的自由。他的信心更加坚定了。有一天他获悉，经双方同意，审判将从斯普林菲尔德转移到辛辛那提，由一位林肯不认识的法官主持。林肯觉得这件事应该征求自己的意见，但他耸耸肩，相信沃森毫无保留地把所有细节都告诉了自己。

因此，林肯前往辛辛那提与客户会面，确信客户尊重并指望着自己的能力。他的口袋里装着他努力工作取得的辩护状，这都是他未来要倚仗的资料。

他为这个场合精心打扮,努力表现得举止端庄。然而,他的东部同事却是这样看他的:他看起来像个笨拙的伐木人,衣着粗陋又不合身。他的裤子有点短,还不到脚踝,身上披着一件汗渍斑斑的亚麻抹布。

林肯的幻灭开始了。他发现另一位律师埃德温·M.斯坦顿也在为这个官司工作——事实上,这位律师从一开始就在,从未离开。

曼尼把林肯带到斯坦顿的酒店房间外,门开着,林肯在外面等着。斯坦顿身材矮小,脾气暴躁,他看着林肯大声说:"他在这儿干什么?把他赶走。我可不想和这样一个笨手笨脚的猴子扯上关系!要是找不到一个体面人跟我合作,我就不打这场官司了。"

林肯一言不发。他知道斯坦顿是故意羞辱自己,但他决定假装什么也没听见。尽管很难为情,但他还是昂着头走下了楼。这时有人把另一位律师乔治·哈丁介绍给他。随后一行人前往法院。

双方律师在现场互致问候。他们以前都见过面。但是林肯没有被人介绍,他独自尴尬地站在被告席上。

按照惯例,双方只各发言两次。从路上的谈话中,林肯得知自己比斯坦顿早几天接到这个案子的委托。因此林肯认为,既然自己占据了先机,就应当由自己发表曼尼一方的法律论点总结。

麦考密克的律师雷维迪·约翰逊起身温和地说:"我们注意到被告方有三名律师代表。我们愿意充分听取三名律师代表的意见,如果一方有两个以上的论点,我们同意放弃对一方进行超过两次辩论的异议。我们只是请求允许我的合作伙伴爱德华·迪克森先生发言两次,如果有需要的话。"

林肯看到斯坦顿和哈丁交换了一个眼神,似乎达成了某种共识。

林肯现在觉得自己是个局外人。

斯坦顿说:"我方无须对方包涵。我方不打算提出两个以上的论点,也不会违反法庭的惯例。"

斯坦顿准备提出的论点是什么?林肯皱起了眉头。那么人们对他的期望是什么呢?林肯平静地说:"我已经准备好辩护状了。"

斯坦顿看着他,轻蔑地耸了耸肩。"嗯,你当然有权先发表意见。"他说。林肯出于本能的礼貌回答说:"斯坦顿先生,也许您更愿意代替我发言。"

斯坦顿迅速接受了林肯的提议,就好像他接受林肯完全退出此案一样。哈丁坐在旁边,一言不发。林肯意识到自己除了退出别无他法,于是默默地离开了法庭。

他独自站在法院的台阶上,伤心、愤怒、羞愧席卷了他。然而,他是被雇来准备辩护状的,有责任为付费客户提供所需服务,因此他又回到法庭,坐在旁听席中。

林肯向沃森提交了他的辩护状,他说:"我花了很多时间在这上面,也许哈丁用得上它。"沃森把辩护状交给哈丁,哈丁看都不看就把它扔在了桌子上。第二天,林肯的辩护状仍然躺在桌子上。

在审判的那一周里,双方律师经常一起吃饭,有一次还受邀到法官家中聚餐。只有一个人没有受到邀请:来自斯普林菲尔德那个相貌平平的高个子男人。

审判进入了高潮阶段。著名律师约翰逊为伟大发明家麦考密克的权益进行了精彩的辩护,能够成功地驳倒他的人将名扬天下。林肯本应在此发言,然而斯坦顿取代了他,将他推到一边。

斯坦顿并未贬低麦考密克的成就,而是提出了一个又一个观点来反驳约翰逊。林肯忘记了受伤的自尊心，着迷于斯坦顿出色的逻辑。

那天晚上，林肯和一位朋友一起散步。林肯说："斯坦顿的辩论让我受益匪浅。我从未听过表现得如此精彩且准备得如此精心的辩护。"他突然情绪爆发了："我比不上他们中的任何一个人。不管是他们说话的样子还是看起来的样子，我都学不来！"但他有着不肯服输的决心，他说："我要回家重新研习法律。我们那也越来越多从东部来的家伙，所以我必须准备好以他们的方式来应对他们。"

斯坦顿的精彩演讲为曼尼赢得了胜利。沃森给林肯寄来一张两千美元的支票。这笔钱对林肯来说相当不菲，但他把支票退了回去，说认为自己不应得到报酬，因为自己并未参与此案。

显然，那时沃森心中对自己将林肯推到一边的行为感到愧疚，他再次寄来支票。第二次的支票是在林肯陷入绝境时到来的。林肯接受了这笔钱，并将其中一半给了他的合伙人赫恩登。

林肯无法抹除自己受到的伤害，这一记忆将永远伴随着他——但他可以改变自己，以免因为同样的原因再次受伤。他的举止变得更加得体，他的谈吐更加文雅、更加言之有物。

然后，他全身心投入挚爱的政治追求中去了。讽刺的是，林肯收到的那笔钱给他带来了财务自由，让他得以参与政治竞选，而政治竞选为他赢得了在麦考密克-曼尼案中未能获得的声誉。

之后，他当选美国总统。斯坦顿是他最尖锐刻薄的批评者之一。但林肯从未忘记斯坦顿兼具言辞上的残酷和思想上的卓越。当他面临战争部长这一关键职位的任命时，他选择了埃德温·M.斯坦顿。

只有像林肯那样品格高尚的人才能忍受斯坦顿的侮辱，只有像林肯那样仁爱的人才不会心怀怨恨。

在林肯手下工作多年后，斯坦顿逐渐认识到，林肯是一个杰出的人物。在林肯弥留之际，斯坦顿站在他身边，悲痛得难以自抑。当林肯最终合上双眼时，这个曾经深深伤害过他的人向他致以不朽的敬意："现在他属于一个时代了！"

> 许多人会彻底被得罪，而亚伯拉罕·林肯却虚怀若谷，承认自己的不足之处，并坚韧不拔地努力克服。抵达政治顶峰时，他将斯坦顿提拔到一个显赫而又权威的位置上，更是尽显谦逊。谦逊是促成有效领导的关键要素，但在众多执法者的履历中却显然并不存在。

有些人从事法律是为了赚大钱，为了通过代理备受瞩目的案件而扬名，但下面这位谦逊的律师一心只想帮助他人。

法律援助前线

威廉·M. 亨德里克斯

一天，迈克尔·陶布步行前往办公室。在费城历史悠久的闹市区里，他看到一位衣衫不整的乞讨者坐在轮椅上，停在一家老电影院的遮阳篷下。那个男人身材魁梧，却只有一条腿。他手里拿着一块破旧的纸板，上面写着"越战老兵"。

陶布并没有像大部分人那样避开那个男人的目光，而是径直走到他面前，对他微笑。他把一张名片塞到男人手里，"感谢您在战场上做出的贡献。您可以到我办公室来一趟，也许我能帮上忙。"

几周后，这位老兵坐着轮椅来到了无家可归者倡导项目的总部。陶布是这里的专职律师，专为无家可归的退伍军人争取残疾保障。

"看起来您穿上了自己最好的衣服，"陶布注意到老兵熨得服服帖帖的衣服，"您不必为了见我而这么做。"

老兵说自己叫克蒂斯·丹尼尔斯。陶布推着他进入狭窄的办公室，推开一摞约四十六厘米厚的案件卷宗，以便丹尼尔斯可以自己推着轮椅进去。

丹尼尔斯解释说，他去乞讨不是为了自己的生活，而是为了供女儿罗宾上大学。因为每月从退伍军人事务部获得的845美元根本不够。丹尼尔斯住在二楼的公寓里。由于公寓楼没有电梯和无障碍通道，他只好穿过一条小巷进去，将轮椅搁在后门附近。接下来，他得靠他唯一的那条腿，一阶阶跳上楼梯，才能回到公寓。

会面结束时，陶布的待办事项中又多了一个案子。通常一年中，他会向退伍军人事务部提出约八十项福利申请。所有这些都是面向退伍军人提供的免费服务。除此之外，陶布将为退伍军人争取到每个人应得的额外福利。

如今，克蒂斯·丹尼尔斯住进了一套设有无障碍通道的地下室公寓里。因为女儿罗宾就读于宾州爱丁博罗大学刑事司法专业四年级，他还能额外领取每月250美元的抚养费。

迈克尔·陶布从小学起就立志要帮助处于困境之中无法自救的

人。2003年，维拉诺瓦大学法学院的一项课堂作业坚定了他抗争不公的决心。那时陶布被指派为一位从脚手架上摔下来的移民工人的代理律师，尽管工人的老板最初不肯给赔偿金，但经过陶布的努力，这位工人还是得到了应得的赔偿。

陶布解释道："那位工人不会说英语，面对复杂的法律制度感到非常无助，如今许多退伍军人也是一样。那时我就知道，我的法律学位将被用来改善他人的生活，尽管尚且不确定该怎么做。"

毕业数月后，得知无家可归者倡导项目有一个职位空缺时，陶布就知道自己该怎么做了。他觉得自己找到了人生的道路和使命。他当时在一家私人律师事务所工作，跳槽使他的薪水大幅降低，减少了6.5万美元，为此他一度感到苦恼。

尽管还欠着7.5万美元的学生贷款，开的是一辆行驶了约18万公里的旧斯巴鲁①，和未婚妻住在只有一间卧室的小公寓里，但他终究还是义无反顾地做出了选择。

对于新工作的薪水，陶布说："这已经够用了。我把钱花在对我来说重要的事情上，而不是追求物质上。"

陶布的客户大多来自一个为无家可归的退伍军人设立的日间收容所（费城地区估计有超过2000人），这一公共设施被称为"周边阵地"——这是一个军事术语，意思是免受外界威胁的安全地带。

对于这个收容所里的人而言，陶布年轻到可以做他们的儿子。在他最近的一次经历中，他和大约20名退伍军人坐在一起，一个接一

---

① 斯巴鲁：富士重工业株式会社（FHI）旗下专业从事汽车制造的一家分公司，成立于1953年，最初主要生产汽车，同时也制造飞机和各种发动机，是生产多种类型、多用途运输设备的制造商。

个地倾听他们的故事。那天结束时,他又发现了六个新的援助案子。

陶布最令人瞩目的成功案例是对五十六岁退伍军人约翰·拉弗里的援助,拉弗里于1977年起四次申请残疾补贴,均遭到拒绝。由于未确诊的双相情感障碍,拉弗里容易暴怒,因此除了领取药物和邮件外,他几乎被禁止进入"周边阵地"。

三十年来,拉弗里一直睡在门廊下、医院急诊室里和废弃汽车里。他吃垃圾桶里的东西,抽街上捡来的烟头。这位功勋卓著的前陆军专家饱受抑郁症的困扰,曾八次试图自杀。在与迈克尔·陶布的初次会面中,拉弗里几十年来第一次看到了希望。

拉弗里说:"看着迈克尔的眼睛,听着他真诚的声音,你就知道他是认真的。"

陶布花费数月时间,理清了这个饱受风霜的老兵混乱不堪的生活。下班后,他到越战老兵的聊天室去,最终找到了曾与拉弗里一起服役的老兵,他们可以证实拉弗里的故事。

被认定为完全残疾的拉弗里得到了4万美元的补贴金,每月还有津贴。

现在,他在自己的公寓里过着有尊严的生活,每天都去酗酒者和瘾君子康复中心做志愿者。

拉弗里如今经常送其他老兵到陶布那里去。他说:"迈克尔·陶布不爱邀功。他说那些补贴金和津贴是我应得的,他太谦虚了。"

陶布谦逊至极,对自己的成就总是轻描淡写。他解释道:"我们很少赢得那么大的胜利,而且我们也不是每一项索赔都能赢。但即使输了,这些老兵也会走出糟糕的生活,因为我们给予了他们多年未曾体验的东西——公平对待、友善,以及为艰难生活画上的句号。"每个人离开这里时，都会觉得自己是一个有价值的人。

> 迈克尔·陶布放弃了变得光鲜亮丽、取得瞩目成功的机会，将目光投放在需要帮助的人身上——这无疑是"平凡伟大"的标志。他谦逊地做着自己热爱的事业，从不夸耀自己的功劳。

总结

无论作为父母、领导者还是追随者，谦逊都是走向卓越的显著特征。因为真正卓越的人不自夸，不势利，不汲汲于名利，也不会去问"魔镜魔镜，谁是世界上最伟大的人？"因此，如果你的动机或愿望是赢得掌声、美化自我或争夺荣耀，那么可能还并不具备变得卓越的特质。

思考

- 第一个故事中的父亲担心儿子会因为自己的疏忽而丢脸,因此感到痛苦。今天你有没有影响别人的心情?昨天呢?你是否会以一颗谦逊的心去道歉,去改变呢?

- 谦卑是打开心扉、向他人学习的钥匙。你会觉得自己无所不知吗?会觉得自己是人群中最聪明的人吗?还是会虚心接受别人的意见呢?

- 林肯以谦逊闻名。你认为谦逊的领袖还有哪些特质?你身上也有这些特质吗?哪些事情上可以体现出来呢?

- 一些领导人热衷于把工作进展顺利虚荣地归功于自己。你呢?你会把功劳归到应得的人身上,还是喜欢把所有的荣耀都归到自己身上?

深入认识
谦逊

一切谦逊

　　谦逊不是一种有形的商品,但当我们看到它、听到它时,我们就能够感觉到它。

自吹自擂永远不会把你引向任何地方。

——苏珊·L.维纳

人皆有所不足,应当保持谦逊。

——爱尔兰谚语

沉湎于已获得的成就于成长无益。

——萨姆·沃尔顿

　　我渴望完成一项伟大而崇高的任务,但我的主要职责是把渺小的事业当作伟大而崇高的事业来完成。

——海伦·凯勒

　　要记住,做大事的机会可能永远不会来临,但做好事的机会却每天都有。我们所渴望的是美好,而不是荣耀。

——F.W.法伯尔

　　谦逊是一种奇怪的东西,当你以为你得到了它的那一刻,你立即就失去了它。

——E.D.赫尔斯,摘自《巴什福德卫理公会信使》

自满的人是最空虚的人。

——本杰明·维奇科特

偶尔把骄傲咽进肚子里吧,它不会让你发胖。

——弗兰克·泰格

美国前总统西奥多·罗斯福喜欢晚上带贵客去散步。他总会指着天空详细地讲道:

"那是仙女座螺旋星系,它和我们的银河系一样庞大,是一亿个星系中的一个,距离我们 250 万光年远,由一千亿个太阳组成,那里的每个太阳比我们的太阳大得多。"

然后,在短暂的沉默之后,他会笑着说:"现在,我认为我们已经足够渺小了。我们进去吧。"

——哈罗德·E.科恩,《远方的思考》

平等

一旦我们认为自己高人一等,或者觉得自己的需求凌驾于他人需求之上,谦逊就会消失。

己所不欲,勿施于人。

——孔子

永远不要在别人面前炫耀自己的学识。像佩戴怀表一样把你的学识藏进衣服里,不要总是把它拿出来,而是在别人问你的时候再展示出来。

——切斯特菲尔德勋爵

我们常说人们以自己富有、聪明或美丽为荣,但事实并非如此。人们以自己比别人更富有、更聪明或更美丽为荣。几乎所有那些被人们归咎于贪婪或自私的罪恶，实际上都是傲慢造成的。

——C.S. 刘易斯，《返璞归真》

在我们与生俱来的自然激情中，也许没有比傲慢更难以克制的了。你可以对它肆意打压、扼杀、折磨，它仍然活着。即使我认为我已经完全克服了它，我也会为自己的谦逊感到骄傲。

——本杰明·富兰克林，摘自其自传

一天，在特蕾莎修女创办的首个不治之症疗养院中，一个被癌症折磨得半死不活的人被送了进来。一名男护理人员被恶臭熏得反胃而转过身去。特蕾莎修女亲自接手了这项工作。

那个可怜的病人咒骂她，问道："你怎么忍受得了这种味道？"

她回答说："和你不得不承受的痛苦相比，这算不了什么。"

——《纽约时报》

吹嘘

据说有些人认为拍拍自己的背就能推动自己前进，但吹嘘只会放大自我。

歌颂自己时，调子总会起得太高。

——玛丽·H.沃尔德里普

英雄是那些挺身而出又悄然离去的人。

——汤姆·布罗考

智慧就像一条河流：越深，噪音就越小。

——《密尔沃基哨兵报》

我们每个人都是演员,都想给观众留下深刻印象,成为舞台上的焦点。但是,如果你想要密切关注另一个人,你必须训练自己渴望关注的自我,停止争夺聚光灯,让另一个人成为焦点。

——唐纳德·E.史密斯

如果你的工作表现不言自明,那就不要多说,让它证明自己。

——亨利·J.恺撒

噪音证明不了什么。一只刚下了蛋的母鸡常会咯咯直叫,就好像它下了颗小行星似的。

——马克·吐温

真正懂的人无须叫嚷。

——列奥纳多·达·芬奇

分享荣誉

谦逊的成功人士明白,他们不是完全靠自己的力量到达顶峰的,他们会愿意将自己的成就归功于一路上帮助过他们的人。

我每天都要提醒自己一百次,我的精神生活和物质生活都依赖于别人的劳动,生者也好死者也罢,我必须努力以同样的力度来回报我所得到的和正在得到的。

——阿尔伯特·爱因斯坦

《根》的作者亚历克斯·海利的办公室里挂着一张照片,照片上有一只乌龟坐在篱笆上。每当海利看到它,就会想起朋友约翰·盖恩斯给他上的一课。"要是看到一只乌龟站在篱笆桩子上,你知道它肯定得到了帮助。"

海利说:"每当我开始想'哇,我做到的一切也太了不起了吧!'我就会看看那张照片,想想这只乌龟——也就是我,是如何爬上那根桩子的。"

——美联社

如果说我看得更远,那是因为我站在巨人的肩膀上。

——艾萨克·牛顿爵士

（九）

感恩

及时的感恩是最甜蜜的。

——希腊谚语

感恩是正义和谦逊的亲密伴侣，无正义的感恩是毫无诚意的奉承，而有了谦逊才能说出"谢谢，没有你我不可能做到"。因此，在我们的一系列原则中，感恩排在正义和谦逊之后。

感恩可以用多种方式表达：就像《迪托先生的遗产》中展示的那样，以微小而具体的方式表达谢意；也可以是每时每刻的日常体验，就像《重获感官》中所描述的那样；还可以采取赞美的形式——认可他人及他人所做的事情，就像《投手丘上的教诲》所展示的那样。但无论形式如何，给予和接受感恩都是一种珍贵的品质，它存在于每一段有意义的关系中，也是从平凡走向卓越的必经过程。

迪托先生的遗产

多丽丝·切尼·怀特豪斯

迪托先生临终之际,我就站在他的床边。在雪白枕头的衬托下,他看起来像一个黑色的小人偶,他那苍老的头颅几乎被枕头深深的褶皱所掩埋。他的脉搏微弱得几乎难以察觉,我感觉到一种怪异的变化正在发生,仿佛只要仔细观察,我就能看到他的灵魂像飞蛾破茧一样,从面前的枯壳里飞出来。

终于,我听到他呼出了微弱的最后一口气。即使面临死亡,他也不挣扎,而是温柔且从容,就连这最后的气息也像是一声满足的喟叹。

黑人牧师威廉·霍华德坐在床边,他的大手松松地握着一本打开的《圣经》。他轻轻合上《圣经》,低下头,低声说:"仁慈的救世主啊,我们将您仆人的灵魂交到您手中。"

过了一会儿,他拍了拍我的肩膀,仿佛了解我内心的沉重。"耶稣说,你们应当欢欣喜悦。"话毕,他转身离开房间,关上了身后的门。

迪托先生死后,我做了护士在病人死后必须做的事情。我打开床头柜的抽屉,开始收拾他的物品———副老旧的眼镜,歪扭得无可救药;刀刃生锈的剃须刀;一本饱经风霜而破旧不堪的《圣经》。在抽屉里,我还找到了那枚给他带来无数欢乐的五分硬币。这是他一生的全部财富,我把它握在手里,回忆起过往的种种……

1947年冬天,我在肯塔基州路易斯维尔的退伍军人管理医院肺结核病房工作,那时的我是一个年轻的护士,迪托先生是我接手的第一批病人之一。迪托是他的真名,除此之外他别无他名。他是一个美国黑人,出生于内战时期的新奥尔良,父母都是奴隶,而且在他很小的时候就去世了。奴隶解放后,迪托便被抛入了外面的世界。除了在美西战争中服役之外,他一直过着自己的日子,为任何愿意雇用他的人打零工,独自住在一间前主人给的小屋里。几年前,他来到路易斯维尔。他病了很长一段时间,入院时病情已经发展成盆腔结核晚期了。一个巨大的脓肿破裂,留下一个引流窦道。

第一天,当我走进他的病房时,一股恶臭扑面而来。我真想转身逃跑,要不是迪托先生眼中的某种力量拉住了我,也许我真的会这么做。

"早上好,迪托先生,"我说,"你准备好参加上午的活动了吗?"

"俺不知道什么活动,小姐。"他说,"不过,你要是觉得俺得参加,俺随时可以去。"

我给他洗了个澡,换了床单。我小心翼翼地给他翻身,发现他小小的身体瘦弱极了,简直像是没有重量一样。他痛得双目圆睁,但却没发出半点声音。

我还记得,揭开敷料时,我感到非常恶心,但此时,我耳边传来了迪托先生微弱的声音。

"真不知道你怎么受得了,小姐!俺自个儿都快受不了了!"他皱起脸做了一个滑稽的鬼脸,逗得我哈哈大笑。

听到我的笑声,他也笑了。我们无可奈何地看着对方,又发出了一连串荒诞的笑声。突然间,空气似乎清新了不少,伤口也没那么恶心了。我再也不会因为看到恶心的伤口而苦恼。

当我最终把干净的白床单拉过来，交叉折叠在他胸前时，他的脸上仍然闪耀着愉快的笑意。"可太谢谢你了，小姐，"他说，"俺好多了，真的。"然后他伸出一只瘦骨嶙峋的手，虚弱而颤抖地在床头柜的抽屉里摸索起来。他从中取出一枚亮闪闪的五分硬币递给我。

他说："这点钱对你来说算不上什么。不过今天很冷，俺就是觉得喝点热咖啡也许会让你高兴。"

抽屉是开着的，我看见一堆五分硬币，估计有二十多枚，散落在他的私人物品中。这就是他所有的积蓄了。我本该立刻接受他的好意，但我却慌乱地拒绝了。"噢，不了，迪托先生，"我说，"我不能收！你留着以备不时之需吧。"

我看到他眼中的光芒消失了，他的脸蒙上了一层阴霾。"再也不会下这么大的雨了。"他说。

察觉到他声音里的绝望，我立刻意识到自己做错了。我刚才的话，似乎让他感觉到自己只是一个老去的、无能为力的、只能走向死亡的人。我赶紧说："迪托先生，我突然发现你说得对。我想不出还有什么比一杯热腾腾的咖啡更好的了。"我从他手里拿过五分硬币，看到他的脸上重现光彩。

在接下来的日子里，迪托先生的身体越来越虚弱。每天早上，当我例行公事地让他做那些一成不变的、令人筋疲力尽的事情时，他会耐心地照做。不知何故，我们总能聊上几句，聊得开心，笑得温柔，所以我很期待和他共度的时光。每天早晨，在我离开房间之前，他都会伸出那只苍老的手，摸索着掏出一枚五分硬币，然后说："和你的善心比起来，这钱算不上什么。"

我看着那一小堆硬币逐渐减少，祈祷迪托先生的财宝不会在他活着的时候耗尽。他现在几乎一点力气也使不上,但即使没我帮忙他连手都举不起来,他也从未忘记给我的礼物。

一天,我看到他伸手去拿抽屉里的最后一枚五分硬币。我握着他的手,强忍住夺眶而出的泪水。我仔细端详他的脸庞,发现他并没有意识到这是最后一枚五分硬币。他把硬币递给我,面带和蔼的微笑,咕哝着熟悉的感谢词。这时我才知道,他正包裹在一种温柔的半意识垂死状态之中,他只感受得到给予的快乐。我突然欣喜地发现,他已经记不住自己有多少钱了。我悄悄地把那枚五分硬币放回抽屉的角落里。

在那之后,他又活了两个星期。每天我给他做完晨间护理,让他躺在干净舒适的白床单上,他就会一遍又一遍地喃喃自语:"你真是个天使,小姐,你是个真正的天使。"这样我就知道,是时候把他的手握在我的手里,把它引向抽屉的一角了。他每天都给我五分硬币,每天我都会把它再放回去。

最后一天,我派人去找牧师霍华德先生。他来了,轻声念颂着,就像哄一个快睡着的孩子一样,轻柔的声音在优美的诗句中流淌……"耶稣看见众人,就上了山,一坐定,门徒就来到他跟前。耶稣开口教诲门徒道:'可怜之人有福,因其必入天国。哀恸之人有福,因其必得安慰。温顺之人有福,因其必承地土。'"

我想,迪托先生的确是最可怜、最温顺的人,他毫无怨言地忍受了可怕的苦难。但是现在,在他生命的最后时刻,他再也听不到永恒喜乐的承诺了。我的心里突然升起了一股逆反情绪。迪托,在英语里是"同上"的意思。他人如其名,就好像上帝创造了一个人类世界,然后停顿了一下,说了句"同上"——他就出现了。上帝创造他的目的是什么？他隐忍而琐碎的一生又有什么意义呢？

牧师走后，我拿着最后一枚珍贵的五分硬币，伫立良久。最后，我把它和迪托先生的其他东西放在一起，把它们打包成一个小得可怜的包袱，在上面标上他的名字。然后我把它们带到办公室，建议把它移交给霍华德先生。

那天下午晚些时候，就在下班前，霍华德先生出现在病房里。他看着我微笑。"迪托先生留下了一笔小遗产，"他说，"我想他会希望由你来继承。"他从口袋里掏出五分硬币，塞到我手里。

这一次我毫不犹豫地接受了。因为，回忆起迪托先生眼中的光芒，我突然明白了他这些礼物的意义。我一次又一次哀伤地接受它，认为这是他贫穷的标志。现在，我第一次看清了它的真面目——它是某种超乎我想象的无限财富的闪亮象征。在这光明笼罩的一刻，所有的悲伤都消散了，所有的怜悯都消失了。可怜的迪托先生曾经富有得令人难以置信。在他的巨额财富里，蕴藏着人类心灵所能容纳的所有耐心、信念和爱。

我去医院食堂买了一杯咖啡。窗边有张空桌，我坐了下来。天快黑了，一颗小晚星早早地闪耀在天空之中。我把热腾腾的咖啡端到唇边，举杯默哀。"为得以安息的迪托先生干杯。"我喝下了一大口咖啡。

> 阅读这个故事的你我几乎可以感受到迪托先生的病房里日复一日的寂静。房门紧闭，身边没有亲友，只有护士偶尔

> 的到来才会打破寂静。但即便如此,我们也不会听到怨言,唯一的声音只有护士和迪托先生互相表达和接受的感激之音。而就连这些感恩都表达得平静如水。因为最诚挚的感激之情往往诉诸轻声细语——没有喧天锣鼓,没有张灯结彩,有的只是温柔而真诚的"谢谢",带着微笑诉诸于口,或付与纸上。

即使在残酷的世界里,值得感恩的人、事、物也数不胜数。然而,人们很容易把生活中的美好事物视为理所当然。下面这位女性就是如此,直到有一天,"天"塌了下来。

重获感官

莎拉·班·布雷斯纳克

20 世纪 80 年代中期,我在一家餐馆吃饭时,就像电影《四眼天鸡》里那样,天突然塌了下来——一块巨大的天花板砸在我的头上,把我砸倒在桌子上。餐厅里没有其他人受伤。

我没有失去意识,但头部受伤,卧床数月,始终神志不清,方向感缺失,并在一年半的时间里部分残疾。在休养的最初几个月里,我的感官都是扭曲的。我的视力很模糊,对光非常敏感,所以卧室里的窗帘必须一直拉着。甚至看到被子上不同的图案都会扰乱我的平衡感，我不得不把被子翻过来，让平纹棉衬底的那一面朝上。

我不能听音乐，因为音乐让我头晕目眩。我没法跟人打电话，因为我的大脑没法处理声音并将其重新组织成有意义的语句。我尝不出食物的味道，也闻不到小女儿刚洗完的头发散发的芬芳。

有一段时间，就连最轻微的碰触都会让我感到疼痛。轻盈的床单盖在我光裸的腿上会给我带来难以忍受的沉重负担。在我的感受中，把毛衣套在手肘上引起的震颤，和指甲划过黑板如出一辙。

我前半生中认为理所当然的各种感官变得陌生无比，我非常想念它们。我就像一只被剪掉胡须的猫，失去了平衡感，也失去了对纵深和距离的感知。一想到要起床去泡杯茶，我就感到很痛苦，因为我知道自己会绊倒，会摔跤。

我一直在为《华盛顿邮报》撰稿，是一名生活类记者，因为这次事故，我也没法感受到热心友人在言语和文字上的安慰，更不用提生计和归属感的问题了。

我不得不整天躺在床上，没有家人陪伴，不能照顾年仅两岁的女儿凯蒂，我失去了自我认同感。如果我不是妻子、母亲、作家，那我是谁？在这样一个怪异的时刻，我的幽默感、归属感、使命感、安全感，以及最为重要的平和感，似乎都灰飞烟灭了。

这些令人惶恐不安的副作用持续了几个月，以超乎想象的方式改变了我的生活。因为话说不清楚，字也看不懂，我感到羞愧难当。即使不再卧床不起，我也为自己的状况感到难堪，以至于就连冒险走出自家后院的勇气都没有。这使得原本就感到孤立无援的我更加茫然无措。亲友的陪伴也无法给我带来慰藉，我的白天充斥着失落感，夜晚则充斥着对未来的恐惧。

在我失去感官的那段时间里，我经历了一段冗长的痛苦探寻："为什么是我？为什么会如此？为什么是现在？"为什么上帝偏偏要让我承受这种痛苦？当然，我现在知道，我的事故并非天意，而是环境、命运、因果报应和人为失误的迎面碰撞：维修了空调管道后，餐厅的天花板未完全拧回原位。我真正开始相信，当我们被逆境击倒时，上帝与我们同在。上帝爱着我们，以超乎你我想象的方式治愈我们。

我的休养时光是上天赐予我专注自身的绝佳机会。那时我发现：在绝望之际，你会与神迹不期而遇。摩西在燃烧的灌木丛中见到了上帝，而我则在一锅家庭自制的意大利面酱里找到了我的神。事故过后数月，我终于清晰地闻到了味道——朋友送的意大利面酱。

炉子上的香味飘进我的卧室时，我几乎不敢相信自己的鼻子。我欣喜若狂地循着大蒜、洋葱、西红柿、辣椒和牛至那陌生而又熟悉的香味走下楼梯，来到厨房。我兴奋得难以自抑。我站在家里，却仿佛置身于圣地之中。我在平凡中发现了神迹，从那一刻起，我的生活迎来了永久的变化。

我舀了一勺酱汁送到唇边。我还尝不出酱汁的味道，只能分辨出温度和口感。没关系。能够嗅到平凡生活的美好气息，我已经感激涕零，于是我飞奔起来。我走进浴室，拿出一罐维克斯软膏。没错，就是这个味道！尤加利的味道！我又把脸埋进一些刚洗好的衣服里，嗅着温暖衬衫的芬芳。就这样，我找回了嗅觉。

接下来的几个星期，我非常快乐。我就像自己两岁的小女儿一样，以惊奇的目光重新发现了生活中的点滴细节。接着恢复的是味觉,然后依次是听觉、视觉和触觉。感官每一次恢复都伴随着狂喜,有时甚至会伴随着突如其来的热泪。咬一口成熟多汁的桃子,听一听音乐,看到明媚的阳光透过窗户照进屋来,能够顺畅地穿上最喜欢的毛衣。当然,还有再次把女儿抱在怀里。

让我惊讶又羞愧的是,从前我竟未好好珍惜眼前的一切。直到不幸降临,我们才知道自己有多幸运——虽然是陈词滥调,但却是实实在在的真理。大道理到此为止,不再赘述。我发誓我永远不会忘记这个领悟。

我也的确没有忘记。这么多年过去了,我竭尽所能地让每一天都激情洋溢,我花时间品味生活的质感、风味、景色、声响和芬芳,拥抱感恩的力量和恩典,你也可以做到这一点。

> 鱼最难发现水的存在,它们沉浸在水中,却浑然不觉。很多人也是如此,他们沉浸在丰沛的祝福和海量的机会之中,但直到失去了才意识到其存在。停下来反思一下,让感恩从生活琐碎之中浮现出来。可叹的是,让我们学会感恩的,往往是环境的力量而非良知的力量。

有时,感恩的最佳表达方式是赞美。赞美能够告诉对方,你感激对方的存在,让对方知道你欣赏对方所做的事,就像下面这位祖父所展示的那样。

投手丘上的教诲

贝丝·穆拉利

在我家后院的棒球比赛中，我父亲总是担任投手。他之所以能获得这个荣誉，一方面是因为我们兄弟姐妹几人都无法把球投过本垒板上空，另一方面是因为他有一条腿是木头做的，追着打飞到后头玉米地里的球跑实在不是他的强项。所以，他站在烈日下，没完没了地投球，我们则轮流击球。

他以洋基队①主教练的权威来监督我们的比赛。他是老大，他有不少要求。首先，我们必须在外场跑个不停。其次，无论是不是已经追不上了，我们都必须竭尽全力地追球。

要和我父亲对垒可不是件容易的事。他对自尊心之类的东西不感兴趣，也决不允许孩子们因为击中一只静止的球而沾沾自喜。他总能把我三振出局，并且没有丝毫歉意。如果我抱怨他投得太快，他就会问我："你到底还想不想打球了？"

我想打。在我终于接到球的那一刻，我会感叹这一击就是我最好的奖励。我会一路大笑着到一垒线去。我会转身看着站在投手丘上的父亲。他会脱下手套夹在腋下，为我鼓掌。在我听来，这就像洋基体育场观众们的起立鼓掌。

多年以后，我的儿子也从父亲那里学到了同样的棒球规则。不过那时，父亲是坐在轮椅上投球。由于医疗事故，他失去了另一条腿。

---

① 洋基队：美国纽约知名职业棒球队。

但其他一切都没有改变。他要求儿子要在外场跑个不停。不管是否现实,他都要求儿子必须尝试跑过球。儿子抱怨投球太快时,也会收到父亲的最后通牒:"你到底还想不想打球了?"

儿子照做了。

在我父亲去世前的那个春天,我儿子才九岁。在那一季中,他们一直在打球,我儿子总是抱怨父亲投球太用力了。

"眼睛盯着球就行了!"父亲会对他这么吼道。

终于,在一次击球中,他做到了。他挥棒击球,击中了球正中央。球直直地砸向父亲。

父亲伸手去抓,但没抓到。而正在此时,他的轮椅向后倾倒。在这样的慢镜头中,我们看着他和椅子一起翻倒,砰的一声,他仰面倒在地上。

我儿子站在半路上呆住了。

"你不许停下来!"倒在地上的父亲吼道。"这一轮还没结束!快跑起来!"

儿子成功上了一垒,他转过身来,看着躺在投手丘上的祖父。他看见祖父把手套脱下,夹在腋下,然后为他鼓掌。

每个人都该有这样的祖父。在如今这个世界上,否定和批评数不胜数,如果能听到敬重之人的赞美或感激,每个人都能受益无穷。在祖父那非凡的投球生涯结束后,来自强硬祖父的赞美和掌声无疑会依然镌刻在子孙的记忆之中。

总结

就所需的精力和技能而言，感恩是所有原则中最容易应用的原则之一。感恩往往会带来丰厚的回报，但却鲜有人善加运用。为什么？也许是因为不够谦逊，很难承认自己竟然也需要他人的帮助。也许是缺乏勇气——心怀感恩，口却难开。然而，拥有"平凡伟大"的人能够轻松在日常生活中表达感恩。他们不会把生命的恩赐或他人的善意视为理所当然。他们乐于感恩，也能够先人一步表达赞美之情。他们中的许多人甚至发现，盘点自己的幸福最能助眠。

思考

- 迪托先生的每一枚五分硬币都代表着真诚的感谢，你最近可曾收到这样的礼物？

- 迪托的护士慷慨地收下了五分硬币，让迪托感受到了个人价值。你是否也经历过这样应当大方接受他人谢意的情况呢？

- 经历了一场灾难，莎拉才意识到生命中有这么多值得感恩的东西。生活中有哪些事物看似理所当然，实则是一笔隐秘的财富？

- 正如父亲所展示的那样，最宝贵的感恩都包裹在赞美的外盒之内。赞美是你日常用语的一部分吗？

深入认识
感恩

❦

衷心的感谢

感恩源自内心,让我们睁开双眼,领略自然之美,感受友谊的丰盈和珍贵。

心存感激却不诉诸于口,就像把礼物包好却不送出去。

——威廉·阿瑟·沃德

最难的算术是数清自己的幸福。

——埃里克·霍弗

我为自己没鞋穿而哭泣,直到我看见一个没有脚的人。

——古波斯谚语

吃果不忘种树人。

——越南谚语

健康是一顶王冠,但只有病人才会欣赏它的美。

——埃及谚语

朝圣者们即使收获微薄,也依然感激涕零,因为他们期望的不多。但现在,政府创造了良好的社会环境,自然界给予丰富的资源,但我们却贪心不足蛇吞象,依然觉得不够。如果没能得到新别克车,没有新收音机,没有燕尾服和政府救济金,就觉得世界与自己为敌。

——威尔·罗杰斯

赞美

赞美是一种感恩,是传达欣赏的一种方式。

没有什么比上司的批评更能扼杀一个人的雄心壮志了。因此,我热衷于赞美,不爱挑错。据我观察,无论地位多高,人们在赞许下都会比在批评下做得更好,更加努力。

——查尔斯·施瓦布,出自戴尔·卡耐基的《人性的弱点》

拍拍后背表示鼓励,踹一脚表示批评,二者虽然只差了几节脊椎骨的距离,但前者在效果上领先数英里。

——贝内特·瑟夫

一旦发现人们做了正确的事情,就要抓住时机告诉每个人!

——肯尼思·布兰查德

如果想让孩子进步,就让他们无意中听到你对别人说他们的好话。

——海姆·吉诺特

男孩对母亲说:"你只说我把土带进屋里,却从不提我也会把土带到屋外。"

——《明尼阿波利斯论坛报》

我可以靠一句赞美活上两个月。

——马克·吐温

在感恩时,言语的力量可与行动相媲美。

——埃利·威塞尔

信笺的力量

信笺是表达感激和赞美的一种方式,可以珍藏多年。

我第一份工作是在《蒙彼利埃(俄亥俄州)领袖企业报》担任体育编辑,当时并没有收到多少粉丝来信。有天早上我的桌上突然出现了一封信,这让我很感兴趣。信封上印着邻近大城市报纸《托莱多刀锋报》的标识。

打开一看,上面写着:"老虎队的相关文章很出色。望再接再厉。"落款是体育编辑唐·沃尔夫。我当时还是个青少年(一英寸专栏的稿费总共才十五美分),他的话让我振奋不已。我一直把这封信放在办公桌的抽屉里,时常翻出来看,到后来它被我摩挲得都卷边了。每当我怀疑起自己的写作水平,我就会重读唐的字条,重新振作起来。

后来我认识了他本人,了解到唐有一个习惯:给各行各业的人都写上一句鼓励的话。他告诉我:"当我让别人感觉良好时,我自己也感觉良好。"

——弗雷德·鲍尔

威廉·L.斯蒂格博士坐下来,给一位老师写了一封感谢信,感谢她三十年前在课上给了他很多鼓励。次周,他收到了一封回信,从字迹上看得出来,写字的手当时颤抖不已。信中写道:

"亲爱的威利:我想让你知道你的信对我来说意味着什么。我是一个八十多岁的老太太,一个人住在一间小屋里,自己做饭自己吃,孤独得像树上的最后一片叶子。威利,我想告诉你,我在学校教了五十年书,你的信是我收到的第一封感谢信。在一个寒冷而阴郁的早晨,我收到了你的信,它让我孤独而又苍老的心为之一振,这么多年来,我还是头一回如此振奋。"

——马丁·布克斯鲍姆,《家庭餐桌乐谈》

有形的感谢

有时,有形的回报最能表达感激之情。

在 1994 年的 NCAA 锦标赛中,阿肯色大学篮球教练诺兰·理查森让替补席上长期坐冷板凳的高年级球员肯·拜利首发出场。尽管拜利在职业生涯中并没有打过几场比赛,半决赛时也根本没有上场机会。

理查森说道:"那时半决赛后,那个孩子的表情让我心疼得睡不着觉。所以我决定让拜利在决赛中首发出场。对他和他的孙辈来说,这比我们输赢更重要。"

——库里·柯克帕特里克,摘自《新闻周刊》

(注:拜利首发,阿肯色大学队以 76 比 72 的成绩击败杜克大学队)

阿拉伯的劳伦斯在骆驼袋中放了一大笔金币,战斗表现出色的阿拉伯人可以自由取走单手能掏出的金币。

——洛厄尔·托马斯,《阿拉伯的劳伦斯》

希望父母们能明白,如果他们的孩子第一天错过了八个飞球,第二天却只错过了六个,那他们就有理由去"冰雪皇后"吃冰激凌庆祝一下了。最重要的是与自己竞争。只有这样才能自我提升,才能一天比一天做得更好。

——史蒂夫·杨,《人物》杂志

心怀感激地接受

迪托先生的护士的领悟告诉我们,优雅地接受感恩本身就是一种感恩,而且这未必是一门容易掌握的艺术。

给予可以成为一种自动自发的行为,而接受却需要每一根神经的配合。

——E. 卢卡斯

向他人伸出援手,不要犹豫;接受他人的帮助,也不要犹豫。

——教皇约翰二十三世

即使回报不了对方也没关系,以正确的心态大方地接受礼物,这本身就是一种回报。

——利·亨特

心怀感激地接受他人的帮助,就是在提升他人的价值感。双方相互付出与回报,方能维系真正的友谊。它将丑陋的赞助变成丰盈的友谊。

——哈福德·E. 卢考克,《不戴手套的生活》

第四章　创造梦想

杰作诞生于热爱与技巧的协作之下。

——约翰·罗斯金

提及人类为什么对发明创造孜孜以求时,马克·吐温回答道:"为了实现一个想法——发现伟大思想,在前辈们涉足的土地下挖掘潜藏的黄金,成为第一人。"的确,生命中最深刻的乐趣之一就是创造,投入创新和有价值的事情中,见证成果的问世。但在获得回报之前,创造的过程就像坐过山车一样,有高潮也有低谷,有狂喜也有绝望。

发挥创造力的原则有:

- 愿景
- 创新
- 品质

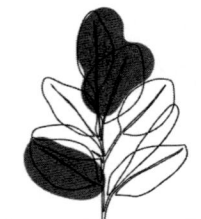

（十）

愿景

> 坚信事在人为，就会找到方法。
>
> ——亚伯拉罕·林肯

创造分为两步，对所有事物而言都是如此。愿景是第一次创造。对建筑而言，愿景即为蓝图，对人生而言，愿景即为使命，对每日而言，愿景即为目标和计划，对父母而言，愿景即为对孩子潜能的信念。对所有人而言，愿景皆为精神创造，它始终先于第二次创造——物质创造。

愿景不仅能帮助我们先人一步发现机遇，还能为我们指明未来，激励我们砥砺前行。它让我们思考"五年后我想在哪里？十年后呢？"回答这些问题需要时间，甚至需要做梦。华特·迪士尼就是一位高瞻远瞩的大师级梦想家。凭借创造天赋和远见卓识，他总能发现别人看不到的创意，预见未来的机遇。阅读《向着星辰许愿》等关于愿景的故事，想一想自己的愿景是什么，即未来一到五年内最想取得何种成就，如何达成计划、实现目标。

向着星辰许愿

理查德·科利尔

那是1965年10月一个阳光明媚的日子,故事发生在佛罗里达州奥兰多市西南十六英里处。那里是一片未开发的荒原,面积是曼哈顿的两倍。华特·迪士尼公司近期买下了这片荒原。在普通人眼中,这里只有沼泽和柏树林,而迪士尼已经看到了令人心潮澎湃的未来,看到了一个无与伦比的度假王国——华特·迪士尼世界。

度假王国仅仅是一个开始,华特·迪士尼的梦想蓝图远不止于此。他问道:"要是我们能在这里建造一座城市,一个未来的实验性社区,打造没有交通、没有烟雾、没有贫民窟的生活环境,那不是很了不起吗?"

迪士尼副总裁乔·波特反对道:"但是,华特,那将耗资数亿美元!"

华特·迪士尼的棕色眼睛闪闪发光。他问:"乔,你就不能抛下无关紧要的事,把心思放在这件事本身上吗?"

这句话是迪士尼本人的经典台词。华特·埃利亚斯·迪士尼一生都依照此言梦想着。他自己就是一个完整的产业。

第一个王国

华特四岁的时候,父亲埃利亚斯·迪士尼做了一个影响了华特一生的决定。埃利亚斯·迪士尼是一名木匠,为人庄重而虔诚,严格遵守安息日的规定。那时他家附近开了三家酒吧,因此他感到非常恼火。他对妻子弗洛拉说:"城市不是养育孩子的好地方。"不久之后,他在堪萨斯城东北一百英里处买下了一处名为克兰农场的地产。

迪士尼家除了华特和他的父母,还有另外四个孩子:赫伯特十七岁,雷蒙德十五岁,罗伊十二岁,露丝两岁。兄弟姐妹年龄悬殊,所以华特在农场没有玩伴。于是,他常常溜出门,去找农场里的动物一块玩耍。他制定了许多游戏规则,而动物伙伴们似乎也理解并回应他。叫"皮包骨头"的小猪欢快地叫嚷着,和他一起捉迷藏,家里的小猎犬皮特则是拔河比赛的一把好手。拉车的老马查理也"设计"了一个游戏——每当华特爬上马背,查理就向那片五英亩[①]的果园冲锋而去。

动物们是华特·迪士尼从前在城市里从未接触过的玩具和朋友,而农场是他的第一个魔法王国。

像大多数农民一样,埃利亚斯把雨水存在涂了沥青的桶里。有一天,华特发现一个桶上的沥青被太阳晒得融化了。不远处的猪圈里,他常骑的那头老母猪正在猪圈里满足地打着响鼻。它就是肖像画的完美主角!华特拿起画笔在沥青中蘸了蘸,以墙为画布,当即画了起来。

华特被父亲拽到谷仓里训斥了一顿,他明白了,家人并不欣赏他的才华。但玛格丽特姨妈却从这幅画中看到了华特真正的天赋。她给华特买了一块五分钱的画板和一盒蜡笔,很快,这个男孩就开始在谷仓里画起了所见的一切。

---

① 1 英亩约合 4046.86 平方米。

我要成为一名艺术家

华特总是画个不停。他的课本空白处画满了动物：松鼠、山羊、猪、他那些克兰农场的朋友们。所有动物都被赋予了不可思议的人性，他的课本变成了真正的动物画卷。有一次，老师在课堂上布置了一项静物常规练习，让大家画一盆春天的花。华特的作品令老师觉得非常有趣。他笔下的花有了自己的生命：俏丽的郁金香噘着花瓣嘴唇，还有着富于表现力的睫毛；水仙花通过卡通气泡对话，茎和叶成了胳膊和腿。

1917年，华特一家人搬回芝加哥，华特上了麦金利高中。那时的他心里只有一件事：画画。他每周有三个晚上要跟随芝加哥美术学院的漫画家学习。之后，他在法国开了将近一年的救护车。他带着六百美元积蓄和新的决心归来："我要成为一名艺术家。"

华特的第一份工作是在一家月薪五十美元的小广告公司，在那里，他遇到了另一位青年艺术家乌布·伊沃克斯。二人一拍即合，很快独立合作，做自己的广告。第一个月，他们赚了135美元；第二个月，他们差点饿死。

随后两人都在堪萨斯城幻灯片公司找到了工作。这家公司做专供当地电影院放映的一分钟广告。这是华特初次涉足卡通动画领域。当时的卡通动画还很原始，既不流畅也不真实。

华特做起了实验。他逐渐找到了一种做动画的新方法。这种方法既费钱又费时，但更接近他所追求的动画效果。为了呈现一个男孩踢球的动作，他史无前例地画了二十张图，每张图都将动作稍稍推进一点。

华特与乌布共同为当地一家连锁影院创作了一系列作品，华特将该作品命名为《欢笑动画》。这些一分钟短片是为了宣传当地产品而设计的，影院经理对此赞不绝口。他问道："这种短片贵吗？"

华特向他保证："我的报价是每英尺①三十美分。"经理同意买下他的所有产品。

华特直到在去公司递交辞呈的路上，在人行道上停住脚步时，才突然意识到：每英尺三十美分是他的生产成本，他忘了把利润算进去。但他兴高采烈地对乌布感叹道："这次就当为未来更多的尝试交学费了。"在他的人生中，这往往是评判任何带有风险的新事业的唯一标准。

最终，欢笑动画公司破产了。华特也被赶出了公寓，不得不睡在办公室的椅子垫上。

几个月前，一群老鼠被垃圾桶里的午餐残渣吸引而来，在华特的办公室里安了家。很快，橡皮擦和铅笔成了它们利齿的牺牲品，一些动画师提议放置捕鼠器来把它们抓住。但华特严令禁止伤害这群小啮齿动物。他设计了一个无害的陷阱，抓住了十只老鼠，然后用金属丝垃圾桶做了一个宽敞的笼子。在独自工作的午夜，其中一只被华特起名为莫蒂默的老鼠会变得非常温驯，华特任由它在他的画板顶端踱来踱去，在那里大胆地清理胡须。

在这段奋斗岁月中，华特决定去好莱坞实现梦想。他凑足了买火车票的钱，开始收拾行李。在离开前夜，他决定，是时候与老鼠一家告别了。他小心翼翼地把笼子搬到一块空地上。九只老鼠一溜烟窜进了杂草丛中，但第十只老鼠却留在原地不动。那是莫蒂默，它正睁着

---

① 1 英尺约合 0.3 米。

亮晶晶的眼睛注视着他。

完美主义者

　　离开堪萨斯城前，华特已经开始创作《爱丽丝在卡通国》系列动画。他的想法是在白色背景下拍摄一个年轻女孩，然后在她周围放置与她的动作同步的卡通动物。他将动画寄给了纽约的一家卡通发行商——温克勒公司。几周后，好莱坞待业的华特收到消息，温克勒公司想要购买十二集。

　　《爱丽丝在卡通国》系列动画起初大获成功，但却惨淡收尾。华特下令重新绘制和拍摄了一个又一个场景，将利润花得一干二净。他总共制作了五十七部这样的冒险作品，但第十六部之后就再也没赚到钱了。

　　他手下熟练的动画师每周可以拿到 120 美元，但华特自己最多只能拿到 50 美元，在财务困顿的时候，他会把自己的工资降至 15 美元。有一位员工拿的工资比任何人都低——莉莲·邦兹，一位娇小的黑发女郎。一天，华特的哥哥罗伊发现莉莲连续两周都没有兑现支票。他还注意到，华特异常殷勤地开车送邦兹小姐下班回家。

　　华特一向沉浸在自己缔造的幻想世界中，从未对异性产生过兴趣，但不知何故，他觉得这个女孩与众不同。一天晚上，他突然俯过桌子，倾身吻了她。随后不久，他便向莉莲正式求婚。

　　1928 年初，《爱丽丝在卡通国》的潜能已然耗尽，华特和手下团队开始着手创作《幸运兔子奥斯华[①]》系列动画。虽然奥斯华颇受观

[①] 奥斯华：一只可爱的兔子，迪士尼早期的卡通角色，米老鼠的前身。

众青睐，但华特的完美主义还是让工作室倒闭了。对于华特来说，解决办法很简单：更多的信贷和现金。但事实证明，温克勒公司要么推脱，要么不配合。华特决心面对面摊牌，于是与莉莲一同前往纽约。

会面并未让华特如愿，最后双方终止了合作。华特怒气冲冲地回到酒店，莉莲正在那里等着他。"我失业了，我很高兴！只要我活着，就决不为别人工作。"然后，他带着不可救药的乐观主义精神给罗伊发电报："一切顺利，回家。"不知怎的，他坚信自己会找到一个新角色来代替奥斯华。

"我们成功了！"

1928年3月16日，华特和莉莲登上了返程的火车。一坐下来，他就开始疯狂地涂鸦，撕下一张又一张纸，揉成一团又一团。有时，他凝视着天空。他在想着一只老鼠——名叫莫蒂默的老鼠。

然后是一个不眠之夜。第二天，列车从芝加哥出发，一路向西，华特的明星诞生了：一只调皮捣蛋、无所畏惧的老鼠，穿着带珍珠纽扣的红色天鹅绒裤子。此外，这只老鼠还学着查尔斯·林德伯格[①]那样把头发弄得乱糟糟的，并受到这位伟大飞行员的影响，在后院建造了自己的飞机。就是这样！《飞机迷》诞生，由老鼠莫蒂默主演。

华特激动得难以自抑，向莉莲滔滔不绝地描述自己的设想，但莉莲立刻表示反对："莫蒂默这个老鼠名字太难听了！"

"那好吧，"华特回答，"米奇怎么样？'米老鼠'听起来很亲切。"

在华特日复一日的创作中，米奇逐渐活过来了。他的头是圆滚滚

[①] 查尔斯·林德伯格：一位美国飞行员，历史上首次单人不着陆飞越大西洋。

的，这样画起来很容易，而且无论他转向哪个方向，他的耳朵也都是圆滚滚的。他的身体是梨形的，尾巴从上到下逐渐变细，管状的腿下是超大号的鞋子。由于戴着手套的四根手指比五根手指更容易画，成本更低，所以米奇的双手始终都少一根手指。

与此同时，华特带着样品胶卷迅速回到纽约。他全速向前冲，却撞上了一堵冷漠的石墙。他心目中的明星"米奇"被拒之门外。"那是华特人生的低谷之一，"乌布回忆道，"他赌上了一切，但在纽约整整待了一个月，没人对此感兴趣。"

绝望之际，华特脑海中生出了最后一个灵感。一年前，即1927年10月，首次出现了有声电影。从那时起，一千多家影院安装了音响设备，观影人数飙升至每周九千五百万人次。华特决定："我们要给米老鼠配音。"

这种做法前所未有。在真人演员说话时把声音录下来，这样做效果很好，但漫画家早已完成的作品要怎么配上声音？罗伊和华特用35英尺长的胶片中的30秒短片做了一个测试。他们找来了噪音器、牛铃、滑哨，甚至一块搓衣板。华特本人手捏着鼻子，用孩子气的假声代米奇说话。（这个角色他之后扮演了十八年）

他们兴奋地大笑，一遍又一遍地测试直到深夜，力求同步得更好。"就是这样，"华特不断重复，"我们成功了！"

创意的春天

一夜之间，米老鼠风靡全球。米老鼠的成功极大激发了华特工作室的创造力，众多新角色从他们手中涌现出来。布鲁托、高飞、贺瑞斯马和克拉贝尔牛，这些角色都是以华特的农场朋友为原型打造而成的。

华特及动画师听了配音演员克拉伦斯·纳什的表演后，唐老鸭也诞生了。"这是一只在发脾气的鸭子！"华特说。纳什当即就进入了华特的雇员名单。"让这只鸭子趾高气扬起来，"华特对动画师弗雷德·斯宾塞建议道，"既然是只鸭子，又喜欢水，那就给它穿件水手衫，戴顶水手帽，怎么样？"

迪士尼的电影简单而朴实，但都蕴含着温柔的普世道德观。勇气和美德战胜邪恶和恐惧，勤劳战胜懒惰，非正义的野心只会带来失败。用华特自己的话说，这些电影"唤醒了我们心中的米奇，唤醒了每个人心中一种不老的珍贵信念，它让我们对傻事发笑，在浴缸里唱歌，在心中编织美好的梦想。"

在华特几个孩子的童年里，周六是"爸爸日"，华特经常花一个下午的时间陪他们去附近的游乐园玩。"那是我一生中最快乐的时光，"华特后来回忆道，"他们坐旋转木马，我坐在长椅上吃花生。一个人坐在一边的时候，我觉得应该建一个家庭公园之类的地方，让父母可以和孩子们一起玩耍。"他根据迪士尼中的故事和人物设想了自己的公园。这将是一个迪士尼乐园。

他的计划是有一个单一入口，从该入口延伸出四个独立的区域：冒险世界、边疆世界、幻想世界、明日世界——童年的一众梦想世界。你能够从美国的大街走进这些永春或永夏的世界。眼前就是睡美人的城堡，公园的周围有一条铁路，蒸汽机发出幽灵般的汽笛声。米老鼠将首个前来迎接访客。

华特买下了洛杉矶以南二十五英里处的一片 244 英亩的橘子园。一位记者询问华特该项目何时竣工。华特的回答很简单："只要世界上还有想象力,就永远不会竣工!"

迪士尼城

多年来,莉莲一直要求华特退休,好好休息休息。事实上,华特已经没有必要再为钱而工作了。但华特始终拒绝莉莲的请求。"如果无法征服新世界,"他说,"我就会死。"

他让员工在佛罗里达州奥兰多附近开辟了一块 27 500 英亩的土地。一天早上,他带着在餐巾纸上勾勒出的新城市计划来到了他的设计公司。他将其命名为 EPCOT,即"未来世界"的英文缩写。

然而,所有这些计划直到 1966 年秋天仍停滞在蓝图上,当时华特出现了持续性疼痛,他不情愿地抽出时间接受 X 光检查。外科医生发现迪士尼患上了恶性肿瘤。11 月 7 日,医生切除了他的左肺;不到两个星期,他就对这种不习惯的闲散感到恼火,试图恢复以往的生活习惯。但是,他的生命之火已经熄灭。11 月 30 日,病入膏肓的他再次入院。12 月 15 日上午 9 点 15 分左右,他那颗活跃的心停止了跳动。

当天傍晚五点,一个令目睹者永生难忘的时刻到来了。在迪士尼乐园,十六支迪士尼乐园乐队在市政厅旁的广场上行进。鼓声铿锵,军号嘹亮,古老的荣耀从旗杆上滑落。七十三岁的乐队指挥科洛内尔·维西·沃克上校泪流满面,再次举起了指挥棒。《木偶奇遇记》里的旋律飘荡在这个冬夜里,仿佛象征着华特·迪士尼的一生:

向着星辰许愿,

你是谁无所谓,

真心渴望的一切,

都会来到你身边……

华特·迪士尼是一位梦想家,一个拥有远见卓识的人。他从植物、动物、游乐场和科技中看到了整个世界——对他人来说难以想象的世界。他始终着眼于未来。正如他的哥哥罗伊所说:"华特去世前一天晚上,我去医院探望了他。病入膏肓的他一如既往地对未来有着满满的规划。"他去世多年后,到了今天,他的愿景仍在他所缔造的世界中一点点扩展和实现。

华特·迪士尼的愿景是通过建设主题公园和未来城市,给人们带来幸福。居于橘郡迪士尼乐园附近的唐·舍恩多弗也致力于让人们更快乐。不过,他选择的方式是制造一种价格实惠的产品。

免费轮椅

珍妮特·基诺西安

凌晨四点,唐·舍恩多弗尚睡眼惺忪,就踏上了车库冰冷的水泥地板。这位机械工程师来自加利福尼亚州奥兰治县，决心打造世界上最便宜的轮椅。每天上班前，他都会挤出三小时，到堆得满满当当的车库里去，在搭建的工作台前摆弄他的发明。

首先，他尝试着做了一把带有传统帆布座椅的轮椅，但因为造价昂贵而放弃了。他立志要做的是一把便宜、耐用、结实得坏不了的轮椅。这把轮椅必须能够穿越高山、沼泽和沙漠，耐得住高温和霜冻，而且只需少量维护。舍恩多弗知道，世界上很多穷人每天的生活费不足两美元，他们永远不可能花费数百甚至数千美元购买一把西式轮椅。

最后，他想到可以用随处可见的白色塑料草坪椅。太完美了！了解行情后，舍恩多弗以三美元一把的单价购买了成打的椅子。然后，他在家得宝和沃尔玛的货架间徘徊，寻找最便宜的自行车轮胎，甚至最实惠的螺丝。

在搜集材料的路上，他突然忆起了将近三十年前摩洛哥的一条公路。1977年，他和妻子劳丽在得土安[①]停留。午后热得让人喘不过气来，他们看到一个残疾女子拖着身体，用指甲扒拉着路面，像蛇一样过马路。舍恩多弗还记得街头乞丐对她的蔑视——在那里，残疾人的地位比乞丐还要低。在那条尘土飞扬的路上，舍恩多弗下定决心向残疾人伸出援手。

现在，这位麻省理工学院的毕业生把两个玩具反斗城[②]出品的自行车轮胎拧在椅子上，焊接上黑色金属脚轮和轴承，感觉一切大功告成。他最后一次把这把简单的轮椅转起来，他想，就是这样了。

---

① 得土安：摩洛哥王国西北部城市。
② 玩具反斗城：全球最大的玩具及婴幼儿用品零售商。

看到这把白色的小轮椅，舍恩多弗的牧师说："你成功了，唐。"耗时九月，舍恩多弗制作了一百把轮椅，几乎把车库变成了假肢康复中心。

牧师建议这对夫妻把轮椅全送到印度去，参加即将到来的教会医疗任务。但在舍恩多弗首次参加筹备会议时，小组里的传教士们对他的印象并不好："你觉得这些椅子的运费要多少钱？"

舍恩多弗闻言也灰心丧气了，但还是坚持继续出席会议。他笑着回忆说："我想，他们大概觉得只要迁就我这个想法古怪的家伙，我说不定就会自己打退堂鼓。"

最后，传教士同意让他带四把轮椅去印度。在金奈[①]郊外一间拥挤不堪的病房里，舍恩多弗看到一位父亲抱着十一岁的残疾儿子。他想，机会来了，就是现在！舍恩多弗跑到外面，把轮椅推了进来。

从这个叫伊曼纽尔的男孩坐下的那一刻起，舍恩多弗就意识到，他的发明能够治愈人心。伊曼纽尔看起来又惊又喜。他的母亲通过翻译对舍恩多弗说："感谢你为我们带来这辆战车。"

从印度回国不久，舍恩多弗所在的公司突然宣告破产。他决定不做工程师了，接下来要把轮椅作为毕生的事业。他的家庭靠多年的积蓄维持生计，等到积蓄快耗尽的时候，妻子劳丽去了社会保障局工作。

自首次捐赠以来，舍恩多弗的非营利组织"免费轮椅使命"已经免费向迫切需要行动能力的人提供了超过六万三千张这样轻便的轮椅。还有十万把轮椅正在运送途中。

[①] 金奈：印度第四大都市，坐落于孟加拉湾岸边，是泰米尔纳德邦的首府。

如今，他的轮椅由两家中国工厂制造，只需 41.17 美元就能运送一把轮椅到世界的任何一个角落。他的轮椅已经运往四十五个国家——安哥拉、津巴布韦、蒙古、中国、印度、秘鲁、斐济、伊拉克……2004 年，美国海军陆战队在伊拉克向数百名平民发放了他的轮椅。发展中国家有一亿多贫困残疾人，舍恩多弗明白，自己的使命远未结束。

"我有一个小目标，"平静的声音从他浓密的胡须下传出："到 2010 年，免费送出两千万把椅子。"

每次交付产品，这位发明家都能亲眼看见自己的发明给使用者的生活带来的改变。来自金奈的英德拉从没上过学，但如今正在努力学习，为成为建筑师打下基础。一位年轻的安哥拉母亲在田间劳作时被地雷炸断了双腿，如今她也能够照料襁褓中的孩子了。一位来自印度科钦、绰号"五十二"的男子告诉志愿者，五十二年来，他每天都在祈祷能够得到他人的善待，但受赠这把轮椅是他第一次获得帮助。

每当受助者首次坐上轮椅，尝试着把轮子转起来，志愿者就会为他们拍照。"这有点像婚礼或毕业典礼，"舍恩多弗解释说，"毫无疑问，这是他们人生中最重要的日子。这一天，他们找回了尊严。"

> 唐·舍恩多弗或许永远不会像华特·迪士尼那样知名，但他和华特一样，希望能够点亮人们的眼睛，给他们带来欢乐。三十多年来，他始终将自己的愿景牢记在心，当机会终于出现在他面前时，他抓住了时机。始于家中车库，而后进

驻中国工厂，他默默无闻地制造经济实惠的轮椅，并送至有需要的人手上。如今他的新愿景是在全球范围内送出两千万把轮椅。我想他一定能实现这个目标。

华特·迪士尼和唐·舍恩多弗都对实现愿景寄予厚望。但愿景的实现非一日之功，而是日积月累地逐步发展起来的。在下面这位女士的案例中，她的愿景一天天展开，一朵朵绽放。

太阳洒下金辉之地

贾罗丁·爱德华兹

那是一个阴沉的雨天，我不想沿着蜿蜒曲折的山路开车到女儿卡罗琳家去。但她坚持要带我去山顶看看。

于是，我无奈地踏上了两小时的路程，在如面纱般笼罩着大地的浓雾中行进。当我看到山顶附近厚厚的积雪时，意识到自己已经走得太远了，无法回头。当我沿着艰险的公路前进时，我想，这也没什么值得看的呀。

"我会留下来吃午饭，但雾一散我就下山。"我一到她家就郑重说道。

"但你得开车送我去车库取车，"卡罗琳说，"至少帮我这个忙吧？"

"有多远？"我问道。

"大约三分钟车程，"她说，"11路——这条路我已经开惯了。"

在山路上开了十分钟，我焦急地看向她："你不是说三分钟吗？"

她咧嘴一笑："因为我们绕路了。"

我们拐进一条狭窄的小路，把车停好，下了车，沿着铺着厚厚一层老松针的小路行走。我们的头顶是高耸入云的黑绿色巨型常青树。此地的静谧和安宁渐渐渗入我的脑子。

我们拐了个弯——我停下来，惊讶地倒吸了一口气。从山顶上绵延出数英亩的水仙花海，穿过山脊和山谷，绽放着灿烂的花朵。从浅淡的象牙白到浓郁的柠檬黄，再到艳丽的橙红，缤纷的花朵像地毯一样铺在我们眼前。像是太阳翻了个身，将金辉洒落在山腰上。

中央地带倾泻着风信子的紫色瀑布。橘红色的郁金香漫山遍野。似乎还嫌花海不够美，西蓝鸲在水仙花上嬉戏，洋红色的胸脯和蓝宝石般的翅膀如珠宝般点缀着这片仙境。

一大堆问题涌上我的心头。是谁造出这般美景？为什么？如何创造的？走近这庄园中心的屋子，我看到了一个标牌：让我来解答你心中的问题。

第一个答案：一个女人——两只手，两只脚，没什么头脑。第二个答案：一次种一株。第三个答案：始于 1958 年。

回程路上，我被所见震撼得久久不能言语。最后，我说道："她改变了这个小世界，一次一个球茎。大约四十年前，她就开始了，起初只是一个奇思妙想，但她坚持了下来。"

这个奇迹令我难以忘怀。"想象一下，"我说，"如果我有一个愿景，并着手去做，每天只做一点点，我会取得什么成就？"

卡罗琳侧身看着我微笑。"明天就开始，"她说，"要是从今天开始就更好了。"

> 迪士尼的愿景一帧接着一帧地变成了现实。唐·舍恩多弗的轮椅是一把接着一把地做出来的。而在这个故事里，种花女士的愿景由一朵接着一朵绽放的花实现。目光长远的人不仅可以看到最终结果，还可以看到日复一日的进展，这些进展将带他们抵达心之所向，成为想要成为的人。

总结

愿景会将目标转变为行动细节——具体要做什么、什么时间做、如何做。例如，华特·迪士尼和唐·舍恩多弗都有相同的目标——为他人带来快乐，但他们选定的方向和做法截然不同。在这两个故事中，一旦愿景浮现于脑海之中，一旦完成首个作品，他们就会满怀信心地一点点打造出后续的更多作品。

对你来说，你在脑海中创造的愿景非常重要。你的自我愿景无疑会将你的潜意识和意识连接在一起，最终塑造习惯。因此，要始终相信自己，为自己设定切合实际但具有挑战性的目标，就算实现这目标需要"向着星辰许愿"也没关系。

> **思考**
>
> - 迪士尼总是畅想着未来。你对未来有什么梦想?你认为五年后自己会在哪里?你可曾在奔忙中抽空做一些小小的梦?
> - 迪士尼的愿景是征服星辰大海,但也切合实际。你的目标够宏大吗?会不会太宏大了呢?
> - 唐·舍恩多弗将长期愿景分解为意义非凡的短期目标。先是一百把轮椅,然后是十万把、两千万把……你是否将目标分解为意义非凡的里程碑——作为庆祝的节点?
> - "平凡伟大"会日复一日地绽放。为在明天实现愿景,你可以在今天采取哪些具体的工作?

深入认识
愿景

❦

展望未来

　　愿景帮助我们在今天的现实中看到明天的潜能,并激励我们去做该做的事。

梦想极其重要。只有先想象出来,才能做到。
　　　　　　　　　　　　　　　　　　　——乔治·卢卡斯

超级巨星韦恩·格雷茨基是冰球史上保持记录最多的人。谈及一个又一个赛季的成功,格雷茨基表示:"我滑向冰球要去的地方,而不是曾到过的地方。"
　　　　　　　　　　　　——詹姆斯·R.保罗,《当代重要演说》

巅峰成就者的目标不仅仅是赢得下一场比赛。他们着眼于夺冠。他们有着长远的目标,并为此全身心投入。
　　　　　　　　　　——查尔斯·A.加菲尔德,《巅峰成就者》

倘若没有目标,你可能终此一生都在球场上跑来跑去,却一个球也进不了。
　　　　　　　　　　　　　　　　　　　——比尔·科普兰

如果不知道自己要驶往哪个港口,所有风都不会是顺风。
　　　　　　　　　　　　　　　　　　　　　　——塞内卡

高期望

华特·迪士尼毕生都在追求梦想。我们也应当设定目标,挑战自我,突破自我。

成就主要是稳步提升抱负及期望的结果。

——杰克·尼克劳斯,《我的故事》

成就值得庆祝,但每获得成功一次,就要把标准提高一点。

——米娅·哈姆

从长远来看,人只能击中瞄准的目标。

——亨利·戴维·梭罗

许多梦想起初看起来不可能实现,然后看起来很难实现,最终会变得必然实现。

——克里斯托弗·里夫

现实主义者必须相信奇迹。

——大卫·本-古里安

人必须做梦——对过往的追忆之梦和对未来的憧憬之梦。我永不停歇地追逐新目标。

——莫里斯·谢瓦利埃

主啊,请赐予我远超能力的渴望。

——米开朗琪罗

聚沙成塔，集腋成裘

有时，成功的阶梯似乎难以攀越。但请记住，花海是由一粒粒种子、一朵朵鲜花、一步步行动创造出来的。

愚公移山。

——中国成语

切分成几件小事来做，万事都能迎刃而解。

——亨利·福特

撼动世界除了英雄的巨大推力，也可以是每个踏实劳动者的合力。

——海伦·凯勒

他们老是直往下看，觉得山实在是陡峭又凶险，于是便退缩不前。我会告诉他们，不要想着滑完全程。只要试着滑过第一个弯道就可以了。这改变了他们的关注点。转过几个弯后，他们信心倍增，不用催促，就会顺着斜坡滑下去。

——罗伯特·J.克里格尔和路易斯·帕特勒，《如果没坏，就动手打破》

如果养活不了一百个人，那就只养活一个人。

——特蕾莎修女

准备

要想梦想成真，必须制定出能够引领我们向梦想进发的细节和步骤。

做好准备是成功的首要秘诀。

——亨利·福特

临渴掘井。

——中国成语

人并不会计划着要失败,只是没能做计划。

——喜来登公园酒店新闻

着手去做是工作中最重要的部分。

——柏拉图

想要取胜,不如做好取胜的准备。

——鲍勃·奈特

好的开始就成功了一半。

——希腊谚语

1996年,关颖珊首次夺得全美冠军,随后又赢得世界冠军,令经验更丰富的对手大吃一惊。她说:"我知道大家都觉得我应该对自己所取得的成就感到惊讶,但我为什么要惊讶呢?大家都说我赢得太快,但对我来说却算不上快。我每天都在场上训练,一直在努力,也滑得很好。胜利并不是冰上奇迹带来的,而是训练带来的。"

——马克·斯塔尔,摘自《新闻周刊》

工作狂沉迷于工作,而胜利者致力于结果,朝着有助于完成使命的目标努力。后者在脑海中勾勒出了想要的结果和可以促成结果的行动。

——查尔斯·A.加菲尔德,《巅峰成就者》

冷漠只能以热情克服,而激发热情的事物只有两种,一是令人心潮澎湃的理想,二是将理想转变为现实的清晰计划。

——阿诺德·汤因比

（十一）

创新

大脑每次产生新想法，都会为这小小的胜利欢庆。

——拉尔夫·沃尔多·爱默生

    据说，希腊数学家阿基米德有一天在澡堂里想到了一个难题的答案。他欣喜若狂，赤身裸体在古叙拉古的街道狂奔，高呼："我发现啦！"

    创新能够带来许多情感体验。它伴随着痛苦、汗水、眼泪和疲惫，但也伴随着狂喜、满足和欢乐——当然，希望大家不会因此而激动得在社区或工作场所裸奔。但创新并非没有代价。阅读《史上第二伟大的圣诞故事》等三个故事，感受查尔斯·狄更斯等主人公在创新之路上的心路历程和艰苦奋斗。

史上第二伟大的圣诞故事

托马斯·J. 伯恩斯

1843年10月初的一个傍晚,居于伦敦摄政公园附近的查尔斯·狄更斯走出他家那以砖石砌成的门廊。黄昏时分,凉爽的空气把人从白天反常的潮湿中解救出来,狄更斯穿过他称之为城市"黑街"的地段,开始晚间散步。

狄更斯是一个英俊的男子,有着飘逸的棕发和炯炯有神的眼睛。三十一岁的他是四个孩子的父亲,此时正处于忧虑之中。原本他以为自己正处于事业发展的巅峰时期,他的作品《匹克威克外传》《雾都孤儿》《尼古拉斯·尼克尔贝》都广受欢迎;被他视作自己的巅峰之作的《马丁·丘兹莱维特》正在按月分期出版。

但现在,这位著名作家面临着严峻的经济问题。几个月前,据出版商透露,新小说的销量不尽如人意,因此或许必须大幅缩减狄更斯的每月预付款。

这消息使狄更斯大吃一惊。这或许说明,他的才华受到了质疑。童年贫困的回忆再次浮现在他的脑海之中。狄更斯要养活一大家子人,开销几乎已经超出了他的承受能力。父亲和兄弟们都向他借钱。他和妻子凯特即将迎来第五个孩子。

整个夏天,狄更斯都在为堆积如山的账单发愁,尤其是房子欠下的巨额抵押贷款。他到一个海滨度假胜地度过了一段时光。在那里,他难以入睡,在悬崖上漫步了几小时。他迫切地需要一个能赚一大笔钱的主意。但郁郁寡欢的狄更斯写不出东西来。回到伦敦后,他重拾了夜间散步的习惯，希望这能激发他的想象力。

煤气灯散发出闪烁的黄色光芒，照亮了伦敦街区中的道路。渐渐地，狄更斯走近泰晤士河，照亮街道的只剩下公寓窗户透出的暗淡光线。街道上遍地垃圾，两旁是无遮无掩的下水道。这里看不到狄更斯家附近那些优雅体面的女士和衣着考究的绅士，只有乞丐、扒手、站街的流莺，以及拦路抢劫的混混。

这糟糕的景象使狄更斯回忆起了常在夜深人静时纠缠他的噩梦：十二岁的男孩坐在一张堆满了黑色靴膏的工作台旁。他每天工作十二小时，每周工作六天，给无穷无尽的罐子贴标签，赚取维持生计的六个先令[①]。

梦里的男孩透过朽烂的仓库地板向地窖望去，那里的老鼠成群结队地窜来窜去。然后，他抬起眼睛，望着污迹斑斑的窗户。伦敦天气寒冷，窗户凝结着水雾，向下淌着水珠。光芒正在消逝，男孩稚嫩的希望也随之消逝。父亲被关进了债务人监狱，男孩只能趁在仓库吃晚饭的时间学上一小时学校的功课。他觉得很无助，觉得自己被世界抛弃了。欢庆、喜悦和希望也许再也不会降临到他的身上了。

这并非狄更斯想象出来的场景，而是他早年的一段经历。幸运的是，狄更斯的父亲后来继承了一笔财产，还清了债务，离开了监狱，年幼的狄更斯也逃脱了悲惨的命运。

现在，无力偿债的恐惧如噩梦般缠着狄更斯不放。他走了很长一段路，才疲惫不堪地踏上回家的路，对想写的那个"欢乐又明快"的故事依然没有半点头绪。

[①] 先令：英国的旧辅币单位，1 英镑 =20 先令。

然而，快到家的时候，狄更斯灵光一闪。写个圣诞故事吧！他要写一个献给伦敦黑街里每一个人的故事。这些人和他一样，在恐惧和渴望中挣扎，期盼得到一点欢乐和希望。

但距离圣诞节只有不到三个月的时间了！他怎么能在这么短的时间内完成如此艰巨的任务呢？这本书必须很短，甚至不会是一部完整的小说。它必须在十一月底前完成，以便在圣诞节促销前印刷发行。为了加快进度，他突发奇想，改编了《匹克威克外传》中和圣诞妖精有关的故事。

他在故事中加入了读者喜爱的场景和人物。故事中有一个体弱多病的小孩、一个善良但无能的父亲、一个自私自利的恶棍，还有一个鼻子尖、脸干瘪的老头。

和煦的十月让位于凉爽的十一月，手稿一页一页地增加，故事也逐渐饱满起来。故事的主体情节很简单，就连孩子也能看懂，但故事的主题却能勾起成年人心中温暖的回忆和温情。

圣诞节前夕，吝啬的伦敦商人埃比尼泽·斯克鲁奇独自一人回到冷清又空荡的公寓，已故合伙人雅各布·马利的幽灵前来拜访。因生前的贪婪和对同胞的冷漠，马利在死后迎来了悲惨的命运。他的灵魂缚着以他的冷漠铸成的枷锁，在世间徘徊游荡。他告诫斯克鲁奇必须改变，否则在死后将遭受和他同样的命运。"过去之灵""现在之灵""未来之灵"三个鬼魂纷纷现身，向斯克鲁奇展示了他曾经的所作所为以及对身边人造成的伤害，以此告诉他如果不悔改将会发生什么。斯克鲁奇满怀悔恨，改过自新，从一个自私自利的人变成了一个善良、慷慨、充满爱心的人，懂得了圣诞节的真正精神。

在写作过程中，狄更斯身上也逐渐发生了一些令人惊讶的变化。

狄更斯起初只是为了摆脱债务，才精心策划了这个绝望中诞生的写作计划。但写到喜爱的圣诞节，写到欢乐的家庭聚会，写到天花板上的一簇簇槲寄生，写到欢快的颂歌、游戏、舞蹈和礼物，写到烧鹅、李子布丁、新鲜出炉的面包等在明亮的圣诞壁炉前享用的美味佳肴，他的郁闷也一扫而空。

《圣诞颂歌》俘获了他的心灵。这个写作计划变成了爱的劳动。每次拿起羽毛笔蘸墨水，笔下的人物就都神奇地活了过来：小蒂姆拄着拐杖，斯克鲁奇被幽灵吓得瑟瑟发抖，鲍勃·克拉奇特即使一贫如洗也畅享着圣诞的欢乐。

每天早上，狄更斯都兴奋不已地展开一天的工作。"这本小书对我影响很大，"他后来在给一位记者的信中写道，"我一刻也不愿意把它搁下。"狄更斯的一位朋友、未来的传记作家约翰·福斯特发现，这个故事对狄更斯本人产生了巨大的影响。狄更斯告诉美国的一位教授，他在写作中"哭了，笑了，又哭了"。狄更斯甚至为这本书亲自操刀设计。他采用了烫金封面、彩色封底、红绿扉页、四幅手绘彩色蚀刻画和四幅木刻版画。

为了让尽可能多的读者买得起，他的这本书定价仅为五先令。

12月2日，狄更斯终于完成了手稿，并将其交付印刷。12月17日，样书送达。狄更斯很高兴，他信心满满地认为《圣诞颂歌》会广受欢迎，不过铺天盖地的反响仍然让他和出版商始料未及。狄更斯后来回忆道，第一版六千册在平安夜售罄，随着这本小书中的感人故事传播开来，他收到了许许多多陌生读者的来信。"每个陌生人，每封信，都说他们在自家壁炉前大声朗读《圣诞颂歌》，并把它单独放在一个小书架上。"小说家威廉·梅克比斯·萨克雷这样评价《圣诞颂歌》:"在我看来,这个故事是全国性的福祉,能够惠及每一位读者。"

尽管广受赞誉,但由于狄更斯要求高质量装帧和低廉定价,这本书并没有像狄更斯所希望的那样立即给他带来一大笔收入。不过他还是从中赚到了足以维持生计的钱,而《圣诞颂歌》的成功也为他之后出版的小说带来了人气,为他的生活和事业指明了新的方向。

狄更斯之后还写出了许多广受好评且利润丰厚的书籍,如《大卫·科波菲尔》《双城记》《远大前程》,但他从中获得的心灵满足感都比不上这本广受青睐的小书。久而久之,有些人称他为圣诞节使徒。1870年,在他去世后,传说伦敦有一个穷孩子问:"狄更斯死了吗?那圣诞老人也会死吗?"

从现实角度来说,如今圣诞节的许多习俗都是由狄更斯的这本书普及的,如盛大的家庭聚会、应季饮料、各色菜肴以及互赠礼物。甚至我们的语言也因这个故事而丰富起来。"斯克鲁奇"如今是守财奴的代称,人们恼怒或质疑的时候,会像书中那样说"呸!骗人的!"(Bah! Humbug!)还有那句"圣诞快乐"(Merry Christmas)也是在这个故事诞生后才被广泛使用。

陷入自我怀疑和困惑中的人有时能创造出最好的作品。苦难的风暴会带来礼物。对于查尔斯·狄更斯来说,这本圣诞小书让他重拾信心,也为这个节日带来了救赎和欢乐。

> 狄更斯担心自己的事业难以发展,又面临着财务问题,他走在黑夜中的鹅卵石街道上,每一步都伴随着绝望和郁

> 闷，伴随着对灵感火花的渴求。正是在这条"黑街"之上，他与读者取得了共鸣。这些景象和气味换起了他童年的记忆。他的创作视野很快就打开了。他笑泪交织地编织故事，"兴奋而急切地投入工作"。狄更斯的经历告诉我们，创新之路非常艰难，而激发创造力的好方法是走出去，用敏锐的眼睛和耳朵探索周遭环境。

看到一项伟大的小发明，我们难免会想，要是我也能想到就好了。但是，再简单的想法落实起来也需要一个过程，而这个过程未必像看起来那么容易。

威浮球的成功之路

斯蒂芬·马登

1952年的夏天，来自康涅狄格州费尔菲尔德的十二岁男孩戴维德·A.穆拉尼（即戴夫）满脑子只有一个念头：想办法找到更多打棒球的机会。"我们一周七天，从天一亮一直打到天黑，"戴夫·穆拉尼说，"在我家后院总有比赛。那时我们都只是一群孩子，我们比谁都幸福。"

戴夫·穆拉尼有和他一样酷爱棒球的朋友——约翰·贝鲁斯、比尔·哈克曼、戴夫·奥斯本等。对于他们而言，穆拉尼家的后院是他们最后的球场——大孩子们把他们从费尔菲尔德古尔德庄园公园的棒球内场赶了出去；而在当地小学，他们又因为本垒打砸碎了太多窗户，被警察赶出了球场；戴夫·奥斯本的母亲允许他们在她家后院玩球，但前提是必须使用网球，不能用硬球。

"如果你知道网球把我们用作后挡板的车库门砸成什么样了，你就会明白，她实在太宽容了。"戴夫·穆拉尼说。那天，左撇子戴夫·穆拉尼冲着晾衣绳击出了一记直线球，当时奥斯本夫人正在晾衣服，于是，这帮小子在奥斯本球场的比赛结束了。"我差点砸中她的鼻子。"戴夫·穆拉尼微笑着说道，"球打碎了门廊的灯。"

所以他们最后来到了穆拉尼家小得多的院子里。

但是，网球连连砸在穆拉尼家房子的一侧，以惊人的速度松动屋瓦。"我在车库里找了一些杀伤性更小的东西，"戴夫·穆拉尼说，"我在我爸爸的高尔夫球包里发现了带孔的塑料高尔夫球。我们就用扫帚柄打这些球玩。"

因为球棒和球都很小，击球手经常挥空，所以他们把这种游戏称为"Whiff ball"（Whiff，即挥空的意思）。他们设计了一套独特的基本规则，使得参加游戏的人数不需要固定。少则两人（一个投手和一个击球手），多则十八人，都可以玩这种游戏。这种比赛中没有跑垒；如果击球手击中的滚地球越过了投手，就表示他打出了一垒安打，因此有一个假想的跑垒员在前面。如果在空中击球越过投手，他就得了二垒安打。"如果打到院子外面，那就是一个三垒安打。如果球飞到房子外面，那就是一个全垒打。"戴夫·穆拉尼说。

戴夫·穆拉尼的父亲大卫·N.穆拉尼每天晚上都会看到这群孩

子比赛。穆拉尼先生的运气不太好。他继承了爱尔兰移民父母的乐观精神，辞去在一家小型制药商做采购代理的好工作，经营起自己的金属抛光生意。他的生意一度欣欣向荣，但现金流和税务的问题使之无法维持业务的正常运转，最终走向了破产。

他的妻子艾薇和儿子戴夫对此并不知情。每天早上，穆拉尼先生精神抖擞地穿上笔挺西装，一如既往地去"上班"。事实上，他是在外面找工作或打零工。每天晚上回家，他都是腋下夹着报纸，脸上挂着微笑。每周五，他都会给艾薇一个装满钱的工资信封，这是他兑现的人寿保险保单的收益。

"每天晚上回到家，父亲都会看到院子里满是孩子。"戴夫·穆拉尼说。

穆拉尼先生曾是康涅狄格大学的左撇子投手。他在大萧条最严峻的时期赢得了制药公司的工作，因为当时公司的棒球队正在寻找有才华的球员。他很懂棒球。

"爸爸注意到我试图用小球投出曲线，他看得出这样会对肘部造成伤害。"戴夫·穆拉尼说，"一天晚上，他问我，如果能投出一条弧线，比赛会不会更精彩？"

答案是热情洋溢的肯定。然后他们开始设计新的球，致力于让力气最小的球员也能投出弧线。穆拉尼先生打电话给以前做采购代理时的一些熟人，想要找到制作这样一个球的材料。一位包装推销员告诉穆拉尼先生，他手里有一批科蒂化妆品公司的半球尾货。

因此，穆拉尼先生白天找工作，晚上和儿子坐在厨房的桌子旁，用刀片在白色塑料上打孔，寻找能保证投出弧线的图案。他们用胶粘上垫圈，做成一个会晃动的球。他们挖出大大小小的孔洞。早上胶水一干，戴夫·穆拉尼就和小伙伴一起测试了这些球。

研究了三个晚上，前后淘汰了近二十种设计，终于有一种方案脱颖而出。这个球的一个半球上有八个长方形的孔，另一半没有孔。"这种设计简直像魔法一样奏效。"戴夫·穆拉尼说，"我能用它投出曲线球、滑球、快速球和指叉球。"这种球很快就受到了这帮十二岁孩子的欢迎，他们很快就把自制的球玩坏了。穆拉尼先生当时认为自己或许算是发明了一种更有效的球。他找到塑料高尔夫小球的制造商，请他们用聚乙烯制造一批这样的球。

1953年春天，穆拉尼夫妇准备将发明推向市场。万事俱备，只要给这种球起一个名字就可以了。戴夫·穆拉尼说："我提议叫作威球（Whiff），因为这是我们玩的游戏。爸爸说应该有两个音节，比如威浮（Whiffle）。我同意，并建议去掉其中不发音的字母h，这样一来，将来如果成立了公司，做公司标牌的时候就可以少买一个字母的材料。"最终，这种球被命名为威浮球（Wiffle）。穆拉尼夫妇将第一批十个威浮球委托给康涅狄格州梅里特公园路附近一家餐馆的老板代销。"餐馆的老板把它们放在收银机旁，每个卖四十九美分。"戴夫·穆拉尼说，随后，盒子里传来了投掷指令，"下一个星期六他又找我们订了一批，说上一批已经卖完了。回到家时，爸爸说'这门生意大有可为'。"

经过一番研究，穆拉尼先生找到了一位有事业心的纽约市玩具推销员索尔·蒙德沙因，他也认为这种玩具会很有市场。戴夫·穆拉尼回忆道："索尔说，这种球可能会流行几年，之后可能就会过气。他还建议我们把球和球棒一块卖。"穆拉尼一家开始用白蜡木制作锥形球棒，分配给戴夫·穆拉尼的工作是将电工胶带缠到手柄上。很快，伍尔沃斯百货公司开始销售威浮球了。

穆拉尼夫妇已经往那家餐馆送了五十年威浮球了。木制球棒于1972年停产，除此之外没有太大变化。威浮球公司仍然在康涅狄格州谢尔顿的一家朴实无华的砖厂里运营，在那里，数百万颗小球从生产线上滚下来。

穆拉尼先生逝于1990年。那时他刚刚还清了借来创业的钱，也向艾薇坦白了威浮球发明前家中的经济困境。如今，戴夫·穆拉尼和两个儿子经营着威浮球公司。

在工厂工作一周后，穆拉尼一家是如何放松的？最近在周日与儿孙共进晚餐后，戴夫·穆拉尼总是投球投得胳膊酸痛不已。他说："这是一种很棒的游戏。一直都是。"

　　威浮球的故事展示了当今许多产品背后的创新历程——确定需求、承担财务风险、进行市场测试、交付、改进产品，等等。但我认为，"协作"，一个经常被忽视的基石，才是这个故事所强调的创新关键。虽然这个想法的酝酿和落实自始至终都是由父亲完成的，但应该指出的是，他年幼的儿子在球的设计和名称上帮助了他，其他一些人则提供了财务、技术、生产和营销方面的专业知识。这是团队协同努力的成果。

某些人看似有创造天赋，但如果观察他们一段时间，你很快就会发现，创造力并不是魔法或运气带来的。事实上，创新型人才往往也是兴趣广泛、不断学习的人，这并非巧合。

史上最伟大的天才

利奥·罗斯滕

他可以画出令人惊叹的一片树叶、一只手、一片蕨类植物或一块岩石。他对光影的描绘、在平面上描绘神秘景象的天赋无人能及。然而，对于《蒙娜丽莎》和《最后的晚餐》的创作者达·芬奇来说，艺术造诣只是他不可思议的天赋之一。

列奥纳多·达·芬奇迷恋一切：婴儿的微笑、飞翔的鸟儿、行星的盛会。他热爱人类的面孔和形态，并绘制了一系列引人入胜的素描作品，其中有战士、老年男女以及剥去皮肤露出韧带和肌肉结构的人体。

但达·芬奇不仅是艺术家，还是工程师、音乐家、建筑师、制图师、数学家、天文学家、植物学家、动物学家、地质学家、生理学家。他是第一个做出大脑内部蜡制模型的人，也是第一个考虑使用玻璃或陶瓷模型来分析心脏和眼睛运作方式的人。他是第一个准确描绘出子宫结构（内有胚胎）的人，也是第一个研究茎上叶片排列原理的人。

在笔记本中，他在一个圆圈内画了一个男性形象，画上的男性挺直身体，手脚各有不同姿势的两对，一双腿合拢，一双腿分开，一双手臂水平地在身体两侧张开，一双手臂呈45度角张开。他写道："一个人双臂张开的长度等于他的身高。四肢伸展开，把末端连起来，所形成的圆圈的圆心就是肚脐。两腿之间的空间……可以形成一个等边三角形。"

他是首位现代思想家和科学家，因为他试图通过直接观察和实验来探寻事物的原理，而不是像大多数十五世纪的先哲那样在《圣经》、亚里士多德或托马斯·阿奎那的语录中探寻。他认为科学是"关于一切可能事物的知识"，痴迷于 saper veder（"知道如何看"）。

达·芬奇最了不起的一点在于，他认为万事万物都是能够理解的。从蜻蜓的翅膀到地球的诞生，整个宇宙都是他聪明才智的游乐场。

他先于哥白尼指出太阳并不绕地球运行，而地球是"一颗星星，就像月亮一样"。他先于伽利略指出下落物体的速度随着距离的增加而加快，并提出应该使用"大放大镜"来研究月球表面。他是光学、水力学、声音物理学和光本质领域的先驱。他指出，声音以波的形式传播，这就是为什么远近两个教堂同时敲响的钟声会先后传到人的耳朵里。他注意到闪电和雷声之间的时间差，由此得出结论，光的传播速度一定比声音快。在对血液循环的研究中，他描述了动脉硬化，并将其归因于缺乏锻炼！

这还不是全部。早在工业革命之前，在一个连螺丝刀都尚未诞生的世界里，他就发明了活动扳手、棘轮、千斤顶、绞车、车床以及一台可以吊起整个教堂的起重机。他设计了由蒸汽压力驱动的活塞和带有不会打滑的圆齿齿轮的链轮链条。他发明了一种差速传动装置，使小车内侧车轮比外侧车轮移动得慢，从而实现转弯。

他画了无数种滑轮、弹簧、便携式桥梁、双层街道，设计出了天气变化测量装置以及自动送纸打印装置。他发明了滚柱轴承和单手即可开合的剪刀，还有可用于水上行走的充气滑雪板。

他是第一个提出空气可用作能源的人。他描述了内燃机、空调装置、计步器、里程表、湿度计等设计。他甚至列举出了大规模生产的成本效益。

这位将战争称为"野兽般的疯狂"的杰出艺术家，曾担任切萨雷·博吉亚的军事工程师。他发明了机枪、坦克、潜艇、蛙人潜水服、通气管、双层船体战舰（外层船体被击中后仍能保持漂浮）。

他非常迷恋水：冲击岩石的海潮和瀑布，安静的池塘、小溪、河流。他指出了从未有人观察到的事情：池塘表面被风吹动时水底保持静止；河流水面的流速比水底流速快；水只有在下降时才会自发移动。他设计并督建了米兰城周边的运河，这一成就至今仍为工程师们所称道。

达·芬奇在空气动力学领域最为大胆也最具独创性："鸟类依照数学定律飞行，人类能够复制其飞行方式。"他把笼中的鸟放出来，研究其起飞、上升和展翅。他视力惊人，直到高速摄影"冻结"了运动，才证明他笔下那些大多数人根本看不到的东西的确存在。

十五世纪，他发明了滑翔机、降落伞、直升机。他指出了可伸缩起落架和轮子的价值……

达·芬奇于1452年出生在佛罗伦萨附近的芬奇镇，是一名公证人和一位农家女孩的私生子。他由父亲和祖父抚养长大，从小就在音乐、几何和绘画方面表现出非凡的好奇心和出色的技艺。十五岁时，他师从著名画家韦罗基奥。他精湛的绘画技巧和作品的明丽美感令韦罗基奥惊叹不已。

当代艺术家乔治·瓦萨里称赞达·芬奇："他高大优雅，非常强壮。"他还是一名优秀的击剑手和出色的骑手。他喜欢即兴创作诗歌，再伴着自己制作的鲁特琴悠扬吟唱。二十八岁时，达·芬奇被公认为那个时代最杰出的画家。那个时期的伟大艺术家还有米开朗琪罗、拉斐尔、波提切利。

达·芬奇也有不为人知的一面。他浮躁不安，喜怒无常，害怕人群。他从不对自己的作品感到满意，总是责怪自己做得不够多，但又常常半途而废，着手去做一些耀眼的新项目——而新项目往往也以半途而废告终。他年轻时曾写道："我想要创造奇迹。"后来，他常常感叹自己浪费光阴。

达·芬奇那些著名的笔记本是各种尺寸的大杂烩，有些未装订，有些则简单装订成册子。他的拼写和语法都十分随性——他自学了一种倒写法，似乎是一种特殊的代码。在欧洲各地的收藏中发现了达·芬奇笔记约六千页，它们无疑是人类创造力最杰出的记录。

列奥纳多·达·芬奇在法国昂布瓦兹附近去世，当时他在弗朗西斯一世的宫廷里任职，享年六十七岁。在那个年代，六十七岁已经非常苍老了。

没人能解读达·芬奇这个人。"天才"一词不足以形容他作品的惊人广度和独创性。纵观历史，没有一个名字能和他相提并论。

> 至今，列奥纳多·达·芬奇仍是有史以来最为天赋异禀也最博学多才的人。从蜻蜓的翅膀到地球的诞生，整个宇宙都是他聪明才智的游乐场。达·芬奇的才华究竟是源于与生俱来的洞察力和创造力，还是后天习得？当然，他的确有着不同寻常的头脑和不可思议的视力。但那六千页详细的笔记和图画清楚地证明，他勤学好问，孜孜不倦地追求智慧，不断探索、质疑和检验，是一位终身学习者。拓展思维对发挥创造力至关重要。所以说，在学习机会上定期投入，是送给自己最好的礼物之一。

总结

威浮球并不是高科技创新。不过当然，寻找材料时应用了先进技术，研究合适的孔洞尺寸和结构也需要应用科学知识。威浮球的故事和狄更斯的《圣诞颂歌》告诉我们，创新是一个过程——确定需求，细致研究、实验，分工协作促发展。有时这个过程会持续数年，偶尔一点运气或意外之喜会加速其发展。但在大多数情况下，创新的关键是个人——像达·芬奇这样求知欲强、执着、渊博、能从多个角度看待事物的人。

思考

- 查尔斯·狄更斯的创新灵感是散步时挖掘读者的情感需求获得的。在你尝试创新的过程中，你是否也会抽出时间进行探索？

- 威浮球凝结了孩子们、父亲、塑料专家和资深营销人员的智慧。在创新的过程中，你是否会让合适的人参与进来？

- 达·芬奇拥有广泛的知识面，从艺术到音乐，从几何到科学，等等。你的兴趣和学习范围有多广？为实现梦想和目标，你是否投入了足够的资源去学习？

- 达·芬奇对自己不满，对自己的作品也很挑剔。在你努力学习和创造的过程中，你也会像他这样以高标准自我要求吗？

深入认识
创新

想象力的礼物

想象力是创新能力的核心。

想象力比知识更重要。

——阿尔伯特·爱因斯坦

机遇只受想象力的限制。但拥有想象力的人太少了,小提琴手遍地都是,作曲家万里挑一。

——查尔斯·F.凯特林

创造力不仅仅是与众不同。任何人都能演奏出怪异的音乐,这很容易。难的是像巴赫一样简单。化简为繁司空见惯,化繁为简才是创造力。

——爵士音乐家查尔斯·明格斯,摘自《体育画报》

年轻的优点之一就是不会让现实阻碍想象。

——萨姆·利文森

发现就是看着别人都看过的东西,却能想到别人都想不到的东西。

——阿尔伯特·森特·乔治

追求知识

富有创造力的人把求知放在首位。

他们研究生活中的重要问题，积累知识以备不时之需。
也许想象力只是智者的乐趣。

——乔治·斯夏拉巴

学问不是偶然得来的，必须满怀热忱地追求，孜孜不倦地努力。

——阿比盖尔·亚当斯

只赚钱不学习，就是在自我欺骗，让自己失去更多报酬。

——拿破仑·希尔

在一个急剧变化的时代，继承未来的将会是学习者。不学习的人往往会发现自己生活在一个即将不复存在的世界里。

——埃里克·霍弗

大多数人愿意花钱娱乐，不愿意花钱接受教育。

——罗伯特·C.萨维奇

不敢问者，羞于学。

——丹麦谚语

知道怎么做的人永远都有工作，但知道为什么这么做的人会成为老板。

——卡尔·伍德

要获得知识，必须学习，要获得智慧，必须观察。

——玛丽莲·沃斯·莎凡特

阅读之于心灵，犹如运动之于身体。

——约瑟夫·艾迪生

如果将学习比作蜡烛，那么好奇心便是烛芯。

——威廉·阿瑟·沃德

我想，如果母亲能够请求仙女教母赐予新生儿礼物，那么最有用的礼物就是好奇心。

——埃莉诺·罗斯福

全面发展

像达·芬奇这样兴趣广泛而又才华横溢的人是最有趣的人。

1956年，来自世界各地的500个学术团体举办了本杰明·富兰克林诞辰250周年的国际庆祝活动，该活动分为10个部分：1. 科学、发明和工程；2. 政治才能；3. 教育和自然研究；4. 金融、保险、商业、工业；5. 大众传播；6. 印刷、广告及平面艺术；7. 宗教、兄弟会组织和人文学科；8. 医药和公共卫生；9. 农业；10. 音乐和娱乐。

我们往往将他在纯科学领域的成就简单概括为闪电和风筝线实验，因为这个实验通俗易懂。但实际上他的科学成就相当高，称他为"十八世纪的牛顿"也不过分。

——布鲁斯·布利文

每天晚上，我都会尽量抽出时间阅读。除了通常的报纸和杂志，我还会优先把至少一份新闻周刊从头到尾读一遍。如果只读感兴趣的部分，例如科学和商业部分，那么读完后，我还是原来的我。所以我全都读。

——比尔·盖茨，《卫报》

一个人应该能够换尿布、策划入侵、杀猪、造船、设计建筑、写十四行诗、算账、修墙、接骨、做临终关怀、接受命令、下达命令、合作、单独行动、施肥、解方程、分析新问题、编写计算机程序、烹饪美味佳肴、高效战斗、英勇牺性。只有昆虫才需要专业化。

——罗伯特·A.海因莱因,《拉撒路·朗的笔记》

意外发现

　　探索是创新的根源。意外发现是意想不到的结果,是惊喜,或者是探索中偶尔出现的协同作用结果。

意外发现是当你在干草垛里苦苦寻觅一根针时,却遇到了农夫的女儿。

——小朱利叶斯·H.科罗

不要只走大路,只去别人去过的地方。偶尔走走人迹罕至的小路,深入丛林,一定会发现一些见所未见的东西。这点发现或许微不足道,但不要忽视它。循迹探索,一个发现会引出另一个发现,不知不觉中,就会找到有一些值得思考的东西。

——亚历山大·格雷厄姆·贝尔

不要把自己的生活安排得满满当当,不要每一天、每一周都忙个不停,这一点非常重要。为非筹划安排的行动留出空隙和闲暇是很重要的,因为往往是在自发和惊喜中,我们才会敞开自己,迎接无限机遇和新领域的到来。

——吉恩·赫西,《触碰大地》

并非所有金子都会发光,并非所有游荡者都会迷失。

——J.R.R.托尔金

原创是尚未开发的领域。要想到那儿去,你不能坐出租车,要划独木舟。

——艾伦·阿尔达

法国科学家本尼迪塔斯不小心把实验室架子上的一个瓶子打翻在地。瓶子砸在地上,摔得粉碎。但令本尼迪塔斯惊讶的是,它仍然保持着原来的形状,没有一个碎粒散落开来。他想起自己用瓶子装过火棉胶溶液,溶液蒸发了,在瓶壁上留下了一层看不见的薄皮。不久后他看到一起车祸,事故中有一名年轻女子被飞溅的玻璃严重割伤。本尼迪塔斯将这两件事情联系在一起,夹层安全玻璃应运而生。

——拜伦·C.福伊,《科学美国人》

一个年轻人在一家工厂工作,那里的重型机械使整座大楼都震动起来。他不喜欢持续不断的震动,觉得很不舒服。有一天,他把一个橡胶垫带到工厂来,站在橡胶垫上工作。果然,震动不再困扰他了。

然而几天后,他的垫子被偷走了。于是,他把两块橡胶钉在脚跟上,这样一来,他就有了两块谁也偷不走的小橡胶垫。

这个年轻人的名字叫奥沙利文。没错,就是他发明了橡胶高跟鞋。

——赫伯特·N.卡森,《商业中的意志力》

在1904年的世界博览会上,出身于大马士革的糕点商哈姆维获得了"扎拉比亚"(一种极薄的波斯华夫饼,配糖或其他甜食食用)的特许经营权。他附近有一个小摊出售装在小盘子里的冰激凌。在一个温暖的日子,冰激凌摊贩的盘子用完了,于是哈姆维拿起热腾腾的扎拉比亚并卷成一个圆锥体,放凉后在上面放上一勺冰激凌,把它称为"世界博览会聚宝盆"。这种点心一经推出便大受欢迎,它便是今天的冰激凌甜筒。

——布鲁斯·费尔顿和马克·福勒,《你未曾听闻的美国人》

（十二）

品质

在品质的竞赛中，没有终点线。

——大卫·T.卡恩斯

谁不喜欢高品质的感觉呢？无论是一辆精良的汽车、一件精美的衣服、一栋稳固的建筑、一桌美味的饭菜、一套精密的技术设备、一场完美的音乐表演、一支精干的工作团队，还是一件结实的家具，好的质量都有一种吸引人的感觉。

但是正如接下来的三位主人公所证明的那样，品质也是价值不菲的。首先出场的是约翰尼·卡森。他三十年如一日地为广大电视观众带来欢乐，他的笑容和笑声都拥有毋庸置疑的感染力，他的晚间节目能够舒缓听众一天的压力。虽然约翰尼让这一切看起来毫不费力，但在《约翰尼来了！》中，我们可以看到，他为了呈现优质表演，付出了无数努力。第二篇故事《练习艰难的部分》揭示了主人公杰克·本尼对品质的自我追求。最后一篇故事的主人公恺撒·丽兹如今已然成为品质的代名词。

约翰尼来了!

艾德·麦克马洪

三十年里,约翰尼·卡森近五千次走进《今夜秀》的幕布。在他走进来前,我会拖长语调说出那句话:"约翰尼来了!"伴随着他自己参与创作的歌曲,他走上了那个同样走了近五千次的《今夜秀》的舞台。他笑得像个被老师留堂的可爱孩子,以独特的风格重新定义了温文尔雅,向数百万美国人展示了如何快乐地给一天画上句号。

约翰尼对我的第一次试镜只持续了六分钟。那是1958年,当时是在为他主持的日间游戏节目《你相信谁》选拔人员。在时代广场东边的一条街上,我走进约翰尼的化妆室。"很高兴你能过来,艾德。"他握着我的手热情地说道。

透过约翰尼化妆室里的两扇窗户可以俯瞰第44街,还可以看到舒伯特剧院。舒伯特剧院正在换新的大广告牌,以此宣传朱迪·霍利迪主演的热门音乐剧《闹铃正在响》。约翰尼和我一起看着四台起重机抬起那块大广告牌。他问我:"艾德,你在哪里上的学?""天主教大学。"我说。

"天主教大学的戏剧学院很不错,对吧?"

"是的,非常优秀。"

"你现在在做什么?"

"我在费城主持几档综艺节目。"

"你是从费城坐火车来的?"

"是的。"

他再次和我握了握手，说道："艾德，非常感谢你过来。很高兴见到你。"

对他的话，我的理解是："不要打电话给我们，我们会打电话给你。但不是这辈子。"

过了一会儿，他的制片人打电话给我："嗨，艾德，我是阿特·斯塔克。到时候出场，我们希望你可以穿西装。约翰尼想穿运动服，你们俩同台的时候，我们想突出你的身材。"

"啊，但是……你在说什么？"我问道。

"噢，他们没有给你打电话吗？你得到这份工作了。下星期一开始上班。"

"把马车拴在星星上"

约翰尼似乎总能说出合适的台词、做出合适的手势，或两者兼而有之。我想，他说得对。我也把我的马车拴在了一颗星星上。

约翰尼成长于内布拉斯加州的诺福克。那时他研究偶像杰克·本尼，以此磨炼自己的技巧。有一次，约翰尼告诉我："我以前常常趴在地毯上，双手托腮，听他的表演。那时我就知道自己长大后要做什么了，那就是像本尼一样让大家开怀大笑。"

1962年年中，NBC开始寻找杰克·帕尔的接班人。自1957年以来，帕尔一直是《今夜秀》的主角。收到NBC的邀请时，约翰尼并未一口答应。他很自信，但也很紧张。"艾德，我觉得我做不到。"他告诉我。

"你当然可以。"我说。我对他有这样的顾虑感到惊讶。

"半小时的日间问答节目我还能应付，"他说，"但是一小时四十五分钟的晚间节目……感觉就像要从桥上跳下来一样。"

共事三十年,约翰尼从未给过我任何指示。在我出去为观众暖场之前的几分钟里,我和他在化妆室里聊天——聊当天的新闻、股市、家里的孩子、棒球。我们从来没谈过这个节目。早些时候,约翰尼私下告诉我,"艾德,我知道我们有很多编剧,但我们千万不要做任何听起来像是经过精心策划的事情。"

"别担心,"我说,"这个节目就像一场枕头大战一样即兴。"

他说:"我们要保持这种状态,我可不想出来的效果让人觉得准备了一个月。过度计划和准备会让我没法每晚都保持这样的状态。我只想做最自然的自己,看看会有什么样的效果。"

节目的效果可谓是美国电视节目的巅峰水准。

我曾经听到一个粉丝问他:"是什么让你成为明星的?"

约翰尼回答说:"我开始是气态的,后来我冷却了。"

风趣背后的工作

每天早上喝咖啡时,约翰尼都会翻阅报纸,为独白寻找素材。《今夜秀》塑造了约翰尼,也反映了美国舆论,因为约翰尼每天都用铅笔在报纸上画圈,而不是在挑选赛马。

他是我认识的最伟大的完美主义者。他一直希望这场演出看起来没有经过排练,大多数人也的确并未看到他机智背后的所有努力。在任何一场他觉得不太精彩的演出走向尾声时,他都会告诉我:"好吧,还有明天。"或者问:"你觉得这种情况还会持续多久?"

他希望其他人能像他一样专业地做好自己的工作。在台上台下,有两件事总会让他生气:粗鲁无礼和缺乏专业精神。他曾表示:"我的忍耐点很低。"他的标准非常高,经常一个人坐几小时打磨独白。乐队领队道格·塞维林森告诉我,约翰尼一从幕布里走出来,他就开始冒汗,生怕自己搞砸了,不得不面对这位完美主义者的怒火。

慧眼识英才

约翰尼为很多新人铺平了演艺圈的道路,没人像他那么乐于推动新人的发展。举个我亲眼看见的例子,纽约一位年轻苗条的女士紧张地站在台上说:"我们住在韦斯切斯特,我母亲非常担心我嫁不出去,所以在我们家门口挂了个牌子——高速公路前的最后一个女孩。"说了其他几句与这句同样精彩的台词之后,这位年轻女士被邀请坐到沙发上——通往明星之路的软座火箭。约翰尼对她,也就是琼·里弗斯说:"你很有趣。你会成为明星的。"

一位瘦小的喜剧演员上台说:"我不相信来生,但我还是会带一套换洗的内衣。"同样的事情发生了,伍迪·艾伦的演艺事业就此展开。

我总能准确判断出哪位喜剧演员的表演得到了约翰尼的青睐。约翰尼要是很欣赏对方的表演,就会用左肘撑着身体,手腕放在下巴下面。等到表演结束时,他会伸出左手将对方招呼到沙发上坐下——对方的职业生涯就此步入正轨。

许多明星的事业起步或加速都要归功于约翰尼。讽刺的是,其中两个是杰·雷诺[1]和大卫·莱特曼[2]。我钦佩约翰尼,因为他不嫉妒同

---

[1] 杰·雷诺:1992年取代约翰尼·卡森成为《今夜秀》的主持人。
[2] 大卫·莱特曼:自1978年起,莱特曼成为《今夜秀》的固定嘉宾。1982年,他推出了专门采访名人的《大卫深夜秀》。

行,他这种心态就像约旦河西岸的成人礼一样罕见。

作为节目主持人,约翰尼还有另外一项"品质"。他无所畏惧——无论人还是野兽。吉姆·福勒,博物学家和野生动物专家,曾经带来一只狼蛛,并把它放在约翰尼的手上。约翰尼嘴角上扬,问道:"它有毒,对吗?"

"没那么毒。"福勒回答道。

"那看来我不会死。"约翰尼说。

"别激怒它就行。"

"怎么激怒狼蛛呢?"约翰尼问道,"说它丑?"

"朝它吹气。"

"我从不朝狼蛛吹气,"约翰尼说,"我妈妈教我不能这么干。"

在电视上是装不出来的

虽然约翰尼总能意识到自己在公众场合的地位,但他在日常生活中却不像个明星,他和我所知道的其他明星很不一样。他非常低调,每天用纸袋装着午餐,开车去伯班克摄影棚。

直到1991年,《今夜秀》的收视率都非常高,约翰尼为NBC赚了六千万美元,占其营业利润的30%。那一年,约翰尼赚了两千万美元,但他没有用这些钱来做三百套衣服。他曾经对我说:"我不需要八栋房子、八十八辆车或三百套西装。我住得了多少房子?"

约翰尼向内布拉斯加州大学和家乡的公立学校捐赠了数百万美元。他向大多数人从未听说过的组织捐赠了大笔款项,而且这些捐款都是秘密进行的,因为他不喜欢大肆宣扬。"和其他人一样,我也有自尊心,"他告诉我,"但我的自尊心不需要别人来抚慰。"

1992 年，在他的告别演出中，约翰尼对美国观众说的话让我深受感动："没有艾德，这个节目就不可能成功。最棒的事就是……他开个头，我也恰好说到同样的事。很多一起做节目的人都对搭档有意见，但艾德和我一直是好朋友。这在电视上是装不出来的。"

没错，这是装不出来的。

> 在这篇文章中，约翰尼·卡森的长期搭档艾德·麦克马洪透露了电视上看不到的东西——约翰尼每天会在幕后花费数小时来打磨台词和练习表情。

约翰尼的职业道德和对品质的追求从何而来？在约翰尼的偶像杰克·本尼身上，我们可以找到一条线索。约翰尼回忆童年时说："我以前常常趴在地毯上，双手托腮，听他的表演。"他研究了杰克的眼神和难得一见的笑，还特别注意到，杰克几乎每次在舞台上出现时都带着标志性的小提琴。不过，小提琴背后故事中蕴含的职业道德理念，约翰尼或许需要用整个职业生涯来领悟。

最好的建议

杰克·本尼

直到父亲去世的那一天,我才真正了解他。

在此之前,我爱父亲,并且尊敬他,但在我看来,他是一个想象力匮乏的人。我的父亲,这位叫迈耶·库贝尔斯基的男人,在伊利诺伊州沃基根开了一家男装小店,他的生活被限制在小店和肉铺楼上的公寓所构成的两点一线之中。

我六岁生日那天发生的事,本该让我意识到父亲内心深处隐藏着的东西,但我当时却未曾察觉。那天晚上,他递给我一个大包裹。我兴奋地拆开一看,里面是一把小提琴。

"本尼,你应该成为一名小提琴家。"他说,"我会请最好的老师来教你,也许有朝一日你会成为伟大的音乐家。"

"好的,爸爸。"我说,"非常感谢。"我对这份礼物很满意,但那时的我更喜欢自行车或棒球手套之类的礼物,还不知道这乐器对父亲来说意味着什么。

我开始学小提琴,很快就发现我的手指有力而灵活,而且节奏感和音准都很好。然而,我有一个很大的缺点:懒。

每天晚上父亲回家都会问我:"小提琴家本尼·库贝尔斯基,你学得怎么样了?"

"挺好的,爸爸。"我回答。

"你练琴了吗?"

"当然。"

"真是个好孩子。"

然而，有一天晚上我没能蒙混过关。他问："你练琴了吗？"我说："当然。"他说："我看看练的哪一首。"

我指了指乐谱架："那一首。"

他仔细地看了看乐谱，然后哼了一声，说："这是首简单的曲子，你一个月前就学会了。"

"反正我练了。"我固执地说。

他叹了口气，在椅子上坐了下来。"我和你的老师谈过了，本尼。他说，你有天赋，但你学得很敷衍。你总是弹简单的曲子。要想成为伟大的音乐家，就必须练习复杂的曲目。"他想了一会儿，然后说："不仅在音乐领域，在任何行业，有些事情轻松，有些事情艰难。要想取得成功，就必须通过练习去攻克艰难的部分。你应该记住这一点。"

"好的，爸爸。"我说。

十六岁的时候，我在沃基根的巴里逊剧院找到了一份工作，为歌舞杂耍表演伴奏。首场演出结束后，父亲满脸疑惑地来到后台。"这就完了？"他问道，"只是为舞台上的小丑们演奏那些吵吵闹闹的音乐伴奏吗？"

"就是这样。"

他摇了摇头："我本来希望，也许会有一点舒曼的曲子。"

"对不起，爸爸。但毕竟这是一个管弦乐队，我也一直在学习。"

他的脸色稍稍缓和了一些。"没错，"他认同道，"你要继续学习，坚持练习难的曲目。"

从乐池乐队到我自己的歌舞杂耍表演只有几步之遥。我先是和一位名叫科拉·索尔兹伯里的女钢琴家合作，后以杰克·本尼·伍兹的艺名进行钢琴和小提琴音乐表演。一天，我一时兴起，把小提琴从下巴底下拿出来，讲了个笑话。观众哈哈大笑。那笑声令我陶醉，也结束了我的音乐生涯，因为从那以后，我再也没有把小提琴放回下巴底下，除了开玩笑的时候。

即使没听父亲的话去练复杂的曲目，音乐对我来说也依然很难。我想，站在舞台上轻松地讲几个笑话就能取悦观众，这份工作就是为我量身定做的！于是，我成了一名单口喜剧演员。

然而我很快发现，讲笑话根本不是一件易事。妙语佳句有时可以脱口而出，有时却得使出浑身解数。一个停顿有时可以为笑话做铺垫，有时却会葬送笑话。时机是关键。简而言之，就像音乐一样，讲笑话也要有技巧，也有着不少艰难之处需要通过练习来攻克。不同的是，我找到了自己真正想钻研的领域。

在接下来的几年里，我经常给家人写信，但我始终没有勇气告诉他们，我不会在音乐厅里演奏舒曼的曲子了。然后，不可避免地，我被安排去沃基根表演。我走到父亲的男装店，塞给他两张门票。"给你和妈妈。是演出的门票。"

"哦……演出，"他咕哝道，没有看我，"你表哥克里夫上周在芝加哥看了你的演出。他说你拿着小提琴上台，但却不演奏。"

"嗯，我没有演奏，爸爸，是这样的，我转行了。现在我讲笑话。"

他想了一会儿，问："那你为什么带着小提琴？"

"小提琴是一个道具，是一个笑点。"

"小提琴……很好笑吗？"他不可置信地盯着我，然后抱歉地笑了笑,"对不起,本尼,我不明白哪里好笑。"

接下来的几年里,我的演艺事业蒸蒸日上。但父亲那时的失望历历在目,总是让成功的喜悦褪色。他的声音总是在我耳边萦绕:"我不明白哪里好笑。"我鞭策自己,决心成为明星。对每一场演出,我都排练又排练,修改又重写。这经常惹恼导演和演员,他们说我是完美主义者。我在入口、出口、音乐提示、甚至广告上煞费苦心。

就在第二次世界大战之前,我和多萝西·拉莫尔合作拍摄了一部名为《小镇男人》的电影,并要求制片厂在沃基根举行首映式。父亲拒绝去歌舞杂耍剧场,但一场盛大的游行想必不容忽视。我想让父亲和我以及多萝西·拉莫尔一起坐在领头车上。

那时母亲已经逝世了,父亲也八十岁了。父亲的身体变得瘦削而萎缩,但白发浓密,眼睛像鸟一样锐利。他在座位上坐定,我们沿着街道行驶,两旁都是欢呼的邻里。接着是市民招待会,然后是晚宴,大家对我的成就赞不绝口。最后,轮到我发言了。我在"即兴"演讲上费了不少心思,博得了满堂笑声。我时不时地偷偷看一眼父亲,但他的目光从未落在我身上。他聚精会神地注视着听众。

当我送他回家时,他仍然一言不发。我道了晚安,正要离开时,他抓住了我的胳膊。

"要打仗了。"他苍老的声音轻轻说道。

"是的。"我说,"美国将粉碎希特勒。"

他沉默了,但他的手紧紧抓住我的胳膊,把我拉近他。当他再次开口说话时,他的目光早已投向了过去的岁月。"欧洲一直有很多问题。这就是我和你妈妈来美国的原因,为了不让孩子碰上那些问题。我总觉得我们欠了美国很多,很想偿还一部分。但我当时只是个小店老板，一无所有。于是我给儿子买了一把小提琴，我想，儿子或许能成为伟大的音乐家，演奏出美妙的音乐。"

他叹了口气，轻轻耸了耸他那瘦弱而又苍老的肩膀。"所以你不拉琴了，我很伤心，本尼。但现在我明白了。你擅长逗大家笑，在这个时代，大家能笑是件好事。"

"你真是这样想的？"我急切地问。

他点了点头。"从前在老家，经济不景气的时候大家不笑，经济景气的时候大家也很少笑，因为大家总是惦记着经济不景气的时候。笑是件好事，我很高兴是本尼·库贝尔斯基让大家开怀大笑。"

他停顿了一下，然后笑了笑："我听说你一直在练习复杂的部分。真的吗？本尼。"

"是真的，爸爸。"

"真是好孩子。"他说。

> 杰克·本尼反复强调了一个老生常谈的道理，每个人都从父母、师长或者友人那里听到过：努力是成功的铺路石，体力上的努力是，脑力上的努力也是。当然，正如本尼和父亲所发现的那样，如果你的事业能够给你自己甚至他人带来快乐，努力工作就会更有满足感。因为工作和快乐的结合可以给人带来极致的满足感，哪怕是艰难的工作也一样。

"丽兹"这个名字已经成为"品质"的象征。当听到诸如"住在丽兹"或"这是一个很丽兹的地方"的说法时,我们的脑海中就会自动浮现出高档奢华的生活,而这种联系正是源于恺撒·丽兹对细节的入微关注。

优雅的代名词

乔治·肯特

当你穿上很"丽兹"的衣服,或者用"丽兹"来形容某种事物时,你都是在向一位瑞士人致敬——一个受教育水平仅限于简单算术的乡下人。他的名字已成为奢华的代名词。恺撒·丽兹的故事是一个天才的故事,他把酒店行业变成了一门艺术。如今在各个大洲,在任何注重优雅、舒适和新颖的酒店里,你都能找到他的痕迹。

丽兹生活在世纪之交,那时,妇女开始争取男女平权。他鼓励并帮助妇女走出维多利亚时代保守的社会环境。例如,九十年代末,他来到伦敦,发现没有一位体面家庭的女士敢于在公共场合用餐。丽兹说服了德文郡公爵夫人和达德利夫人等几位贵妇到他酒店的餐厅来用餐。其他人纷纷效仿,在萨沃伊卡尔顿饭店用餐很快就成了社交风尚。

丽兹在酒店里引入了柔和的灯光,以此衬托女士的肌肤,并让礼服得以充分展示。他精心规划了餐厅的布局,以便女士们登上短阶梯来"入场"。他与名厨奥古斯特·埃科菲耶合作打造了许多迎合女性口味的菜肴。他还为顾客提供了晚宴音乐会——对当时的伦敦来说这还是新事物。作为一个完美主义者，他选择了约翰·施特劳斯的管弦乐队来为顾客演奏。

恺撒·丽兹出生于瑞士的尼德瓦尔德山村，十六岁时在附近布里格镇的一家酒店餐厅工作。几个月后，他被解雇了。他的老板评论道："从事酒店行业，需要一种才能、一种天赋。这种能力在你身上半点也找不到。"

丽兹又找了一份服务生的工作，结果又被开除了。他去了巴黎，在那里找了两份工作，但也都相继失去。他的职业生涯真正始于第五份工作，那是在玛德琳饭店附近的一家别致的小餐馆里，他从餐厅勤杂工干到了服务员，最后晋升为经理。雇主邀请他当合伙人时，他才十九岁。对别的年轻人来说，这可能是一个绝佳的机会。但丽兹现在知道自己想要什么了：名流的世界，盛宴的世界。

他卷起围裙，沿街来到了当时的头号餐厅——沃桑餐厅，做起了助理服务生，再一次从最底层做起。他边看边学——怎么压制鸭子，怎么切烤肉，怎么醒酒勃艮第葡萄酒，怎么摆盘。

1871年，丽兹离开巴黎，到德国和瑞士的时尚度假餐厅工作了三年。当时他是瑞吉库尔姆酒店的餐厅经理，这家阿尔卑斯山酒店以其风景和美食闻名。一天，酒店餐厅的供暖设备坏了，但几乎在同一时间，消息传来——四十个美国富豪正在来吃午餐的路上！

餐厅的温度降到了零度左右。丽兹裹着一件大衣，命人把餐桌摆在客厅里——那里有红色的窗帘，看起来更暖和。他把酒精倒进四个巨大的铜盆里，然后将其点燃。在此之前，这四个铜盆里放着棕榈树摆件。他们还把砖放进烤箱里加热。

客人们到来时，房间里还算暖和，每个人脚下都放着一块裹着法兰绒的热砖。这顿午餐以胡椒热汤开始，以热腾腾的可丽饼结束，在这寒冷的天气里堪称盛宴。

这个灵活应变的小奇迹在酒店行业传开了。卢塞恩一家不断亏损的大酒店的老板听说了这件事，他邀请丽兹担任总经理。两年的时间，这个二十七岁的乡下人就把酒店经营得有声有色。

对丽兹来说，只要能让客人满意，任何细节都算不得小事，任何事都能做到。"人们喜欢被服务，"丽兹过去常说，"但得是无形的服务。"他制定的规则就是当今杰出酒店经营者奉为圭臬的四诫：不看而观万物，不听而听万声，殷勤而不卑躬屈膝，预测而不冒昧。

如果客人抱怨账单金额过高，丽兹会友好地微笑，拿走账单，并故意忘记拿回来。如果一道菜或一瓶酒不受客人青睐，就会被从桌子上撤下。丽兹的记忆力惊人。他记得谁喜欢某种牌子的土耳其香烟，谁对酸辣酱情有独钟——当客人到达时，这些东西已经在等着他们了。

他对常客也颇多关照。高个子会在房间里发现一张约二米四的床。史密斯太太不喜欢花，所以从来不会见到花。而琼斯太太喜欢栀子花，给她送来的早餐托盘上总是放着一瓶栀子花。

1892年，丽兹去了伦敦，接管了财务状况不佳的萨沃伊酒店。公众纷纷响应，酒店在短时间内就摆脱了亏损。丽兹巡视各个房间，重新整理床铺，确保没有差错。有一次他检查餐厅，闻到一只玻璃杯上有肥皂味，于是把几百只玻璃杯送回去重新清洗。

有一回，他重新布置一间新婚套房，觉得天花板上突出的青铜枝形吊灯十分碍眼。他开始思考怎样才能让房间里的灯光不那么刺眼，突出的檐口给了他灵感。他把灯挂在檐口后方，就这样，间接照明诞生了。

在为南非钻石王阿尔弗雷德·贝特安排宴会时，丽兹将萨沃伊宴会厅灌满了水，把它变成了一个微型威尼斯，客人们倚在贡多拉船上享受服务。

丽兹在萨沃伊酒店的黄金时代以他和董事的争吵告终。他回到了心爱的巴黎，实现了多年以来的梦想，在旺多姆广场创办丽兹酒店——丽兹所有酒店中最宏伟的一家。为了避免闲杂人等打扰客人，他策划了一个小大堂。为了让客人可以一边喝茶、喝咖啡，一边交谈，他打造了一个花园。为了保持洁净，他弃用墙纸，改为刷漆，因为刷漆的墙面可以清洗。为设计家具，他去了凡尔赛宫和枫丹白露宫。他从凡·戴克的一幅画中借鉴了配色方案。

他还别出心裁地为许多房间配备了私人浴室。开业当天，人流像参观博物馆一样在走廊里涌来涌去，主要是为了参观浴室。

巴黎丽兹酒店的成功是毋庸置疑的。在丽兹酒店的一位老员工保存的一份晚餐菜单上，有四位国王、七位王子以及许多贵族的亲笔签名。

丽兹对每件事都倾注了异乎寻常的关注，对每一种情绪和价格都很敏感。

在这里，丽兹规定了服务人员的制服：服务员打白领带，领班打黑领带。他还让服务人员扣上了黄铜纽扣。

在世纪之交，丽兹在伦敦创办了卡尔顿酒店，几年后又在皮卡迪利建造了以他的名字命名的酒店。在皮卡迪利的酒店是英国第一家使用钢架结构的建筑，迷恋埃菲尔铁塔的丽兹坚持采用这种结构。一群金融家与丽兹一起创建了丽兹酒店开发公司，世界各地的大部分丽兹酒店都是由该公司创办的。

1918年10月，在弥留之际，他以为妻子就在身边，低声说："照顾好我们的女儿。"实际上他有两个儿子，没有女儿。在他们之间，"女儿"是对巴黎丽兹酒店的称呼。

> 即使在恺撒·丽兹去世多年后的今天，以他的名字命名的酒店和服务仍然是品质的标杆。追求品质是丽兹的日常心态。一餐接着一餐，一家酒店接着一家酒店，他为品质倾注心血，人们也愿意为这样的品质买单。但就像这一章节的其他主人公一样，他的名声也不是一夜之间获得的。相反，随着对灯光、音乐、舞台、温度、清洁和香气的关注，他的酒店吸引了高要求的客人，他的名声也越发响亮。直到今天，世界各地的人们听到丽兹这个名字时，仍然会将之与优质挂钩。

总结

在过去的几十年里，品质这个词被归类为一个商业术语。企业确实需要把品质作为生存的关键，就像约翰尼·卡森、杰克·本尼和恺撒·丽兹都把品质作为他们职业声誉的一部分。但品质是一种生活方式，是取得成功的关键因素，无论是在商业领域还是在个人生活中。

品质会影响言谈举止，影响衣食住行，影响走路、教学、倾听、锻炼、学习和玩耍的方式。它贯穿整个生活，直接或间接地影响着人本身及其行为。而且，打造品质未必成本高昂，但确实需要对细节的入微关注。

思考

- 杰克·本尼和约翰尼·卡森皆通过努力攻克艰难的部分而获得了成功。面对困难，你是会坚持还是会拖延？
- 杰克·本尼认为笑声和快乐是他工作中"令人陶醉"的一部分。你在工作中找到快乐和笑声了吗？
- 杰克·本尼的父亲希望儿子从事能够给别人带来快乐的事业。你怎样才能使你所做的艰苦工作为自己和别人带来快乐？
- 约翰尼·卡森、杰克·本尼和恺撒·丽兹日复一日地以品质赢得声誉。你是否容易满足于平庸？你的名字会是"品质"的象征吗？

深入认识
品质

追求至臻

品质意味着努力做到最好,这是一种广受认同的态度和声誉。

此刻做到最好,下一刻就会处于最佳位置。

——奥普拉·温弗瑞

无论你是要飞越大西洋、卖香肠、建摩天大楼、开卡车,还是画画,你最大的力量都源于把事情做好的强烈愿望。把事情做好通常会给别人和你自己带来好处。这一点适用于体育、商业和友谊。

——阿米莉亚·埃尔哈特,《美国杂志》

专业就是即使不喜欢也能做到最好。

——阿利斯泰尔·库克

生命的质量与追求卓越的决心成正比,从事什么领域都一样。

——文斯·隆巴迪

作品是对作者最好的赞美。

——爱尔兰谚语

细节问题

一些"专家"提出,领袖应该不拘小节。当然,有些细节应该交给别人处理,但注重关键细节是领袖的典型特征。

经过一整天艰苦的行军训练，科林·鲍威尔正准备让部队从直升机上跳伞。他已经两次大声要求每个人仔细检查自己的静力绳——缆绳钩住地面缆绳，跳伞时才会触发降落伞的开启。然后——"我就像一个老爱小题大做的人一样，从拥挤的人群中挤过去，亲自检查每一条绳索。令我心惊不已的是，真的有一个钩子松开了。我把那条晃晃悠悠的绳子扔到那人脸上，他倒抽了一口气。这家伙要是这样从直升机里出去，就会像石头一样掉下去。紧张、困惑和疲劳的时刻恰恰是错误冒头的时候。在其他人都心神不宁的时候，领导者必须加倍警惕。'永远要检查小事'是我的原则之一。"

——科林·鲍威尔和约瑟夫·佩尔西科，《我的美国之旅》

提防那些不留心细节的人。

——老威廉·费瑟

细节之中往往蕴藏着力量，对这种潜在杠杆的不懈追求可以带来巨大的回报。就算不想背上杞人忧天的名声，也应该私下留心细节。如果礼堂的音响系统处于静音状态，即使你是世界上最伟大的演讲者也没有用。

——汤姆·彼得斯，《追求轰动》

一台打字机运行良好，不过如果有一个键坏掉了。其他二十五个字母键都工作正常也没用，只要有一个字母出问题，整个工作就会出错。

——威廉·D. 克斯利斯

努力

付出努力才能将梦想变为现实。真正的成功浸透了汗水。

想在阳光下占有一席之地，就必须忍受水泡。

——阿比盖尔·范布伦

没有什么伟大而恒久的事物是轻而易举就能创造出来的。劳动是世界上一切不朽丰碑之母,无论是诗歌、石头、还是金字塔。

——托马斯·摩尔

每个组织的躯体都是由四种骨骼构成的。一种是"希望骨头",它成天希望别人把活儿干了。然后是下颌骨,它只负责说话,几乎不做别的事情。指节骨会搞砸别人想做的一切。幸运的是,每个组织中都有脊骨,它承担重任,完成大部分工作。

——里奥·艾克曼,《亚特兰大宪法》

婚姻不仅仅是精神交流和激情拥抱,也是一日三餐,分工协作,记得倒垃圾。

——乔伊斯兄弟,刊登于《好管家》杂志

当被问及为什么年纪大了却还是保持从前的工作步调,哈兰德·桑德斯上校哼了一声,说:"工作不会给人带来伤害,生锈的人比磨损的人多。我可不打算生锈。要是生锈了,我就完蛋了。"

——詹姆斯·斯图尔特-戈登,摘自《路易斯维尔杂志》

伟人所取得的高度并非一蹴而就。在同伴熟睡时,他们在黑夜中奋力向上。

——亨利·沃兹沃斯·朗费罗

我只是一个普通人,但是,天哪,我比普通人更努力。

——西奥多·罗斯福

只有在英文词典中,成功(success)才会出现在努力(work)之前。

——亚瑟·布里斯班

著名艺术家诺曼·洛克威尔对捕捉细节充满热情。他是怎么让鸡固定一个姿势不动的?

如果拿起鸡来回晃几下,再放下来,鸡就会一动不动地站四五分钟。当然,你必须迅速跑到画架后面,在鸡动弹之前大画特画。如果你想给鸡画全脸,步骤就更复杂了,因为鸡的眼睛长在头两侧,它看向你时会转过头来。最后,我找来一根长棍,把鸡放下,走到画架后面,我敲击鸡一侧的墙壁,它就会把头转向我,看向墙。画鸡很费劲。

——诺曼·洛克威尔,《插画家历险记》

路易斯·拉穆尔是如何以其西部小说吸引无数读者的呢?

路易斯·拉穆尔在图书馆和书店里搜寻家谱史、旧日记和家庭日记。有一次,他发现了一个废弃小屋,七十年前,小屋的主人用报纸来遮挡寒风。他花了几天时间把报纸撕下来带回家,并收集了一些事实,写成了两篇故事。

开始写小说时,他手头上有故事所涉地区的所有地形图、浮雕图和矿图以做参考。"我的描述必须正确,"他坚持道,"当我告诉读者沙漠里有一口井时,那里就是真的有井,而且井水能喝。"

有一次,他答应以三美元每天的酬劳协助一位八十岁的猎人给牧场上所有死牛剥皮。他回忆道:一共有925头牛,有些已经死去很久了。没有人愿意靠近这个地方。但老人有一个故事要讲:他七岁时被阿帕奇人绑架,并被当作他们中的一分子抚养长大。他曾与伟大的酋长娜娜和杰罗尼莫共乘一骑。我和他独处了三个月,为后来写《蛮国战笳声》《沙拉克》和《天际线》积累了大量素材。

——约翰·G.哈贝尔

工作的乐趣

努力工作最简单的方法就是找一份既有意义又令人愉快的工作。在工作中发现的乐趣越多,你就越有动力。

当一天的工作结束时,你会感到无比满足。这不是无所事事的一天,你有很多事情要做,并且已经做完了。

——玛格丽特·撒切尔

工作之乐使工作臻于完美。

——亚里士多德

我喜欢写书和杂志；对我来说，这就和玩台球一样。

——72 岁的马克·吐温

总统是一项夜以继日的工作。我喜欢这份工作，别告诉别人，就连门柱都别说。

——哈里·S. 杜鲁门

我从 6 岁到 14 岁一直在学小提琴，但我没能得到良师指点，我的老师们对音乐的理解局限于机械式的练习。直到我爱上莫扎特的奏鸣曲，我才真正开始学习小提琴。为了重现莫扎特奏鸣曲独有的优雅，我不得不提高自己的演奏技巧。总的来说，我相信爱是比责任感更好的老师。

——阿尔伯特·爱因斯坦，出自海伦·杜卡斯和巴内什·霍夫曼合著的《阿尔伯特·爱因斯坦：创作者和反叛者》

航空兼具所有我喜欢的元素。在机翼的每一条曲线中，在火花塞的缝隙中，在排气火焰的颜色中，都蕴含着科学。飞行员被美丽的大地和天空所包围，和鸟儿一起掠过树梢，越过山谷和河流，探索儿时凝望的云团。每一阵风都充满冒险的意味。

——查尔斯·林德伯格，《林白征空记》

幸福与忙碌的脚步相伴相随。

——基特·特梅尔

行动了未必会幸福，但不行动就一定不幸福。

——本杰明·迪斯雷利

用双手工作的人是劳工，手脑兼用的是工匠，手、脑和心并用的是艺术家。

——路易斯·尼泽，《在你我之间》

懒惰扼杀梦想

　　通往成功的道路上遍布诱人的休息区，休息区会滋生懒惰，即使最美好的梦想也会因懒惰而停滞不前。

如果说努力是成功之门的钥匙，大多数人宁愿撬锁。

——克劳德·麦克唐纳

铁不用会锈，人无所事事会降智。

——列奥纳多·达·芬奇

职业介绍所在对求职者做背景调查时问其前雇主："他工作表现稳定吗？"对方愤怒地回答："稳定吗？他一动不动。"

——特里·特纳，摘自《阿克伦灯塔报》

懒惰走得太慢，很快就会被贫穷追上。

——本杰明·富兰克林

世界上满是心甘情愿的人，有些人心甘情愿地工作，剩下的人心甘情愿地让前者工作。

——罗伯特·弗罗斯特

　　休斯敦帕帕斯制冷公司的通告——致所有员工：竞争日趋激烈，为维持业务，我们认为新规定势在必行。我们要求在上班时下班之间的某个时间段，在不过分占用通常用于午餐时间、咖啡时间、休息时间、讲故事时间、卖票时间、假期计划时间和重温昨日电视节目时间的情况下，每个员工都努力留出一些时间来工作。

——乔治·福尔曼，《休斯敦邮报》

第五章　团结合作

雪花是自然界最脆弱的事物之一，
但凝结在一起的雪花却拥有磅礴的力量。

——维斯塔·M.凯利

我们生活在一个相互依存的世界。虽然总有些人更擅长社交，也更合群，但没有人是一座孤岛。因此，我们必须学会如何与他人一起生活、工作和合作。这有时候并不容易，因为人的体型、身材、肤色、年龄、性别和社会背景各有不同。但那些似乎从生活中获益最多的人，那些真正卓越的人，对人的多样性不仅仅是包容的，还会重视、颂扬并加以利用。

能够提高合作能力的原则有：

- 尊重
- 同理心
- 团结

（十三）

尊重

如果我们无法消除分歧，至少可以让世界变得更加包容。

——约翰·F.肯尼迪

德国哲学家约翰·歌德曾言："按照一个人现在的状态对待他，他将保持原样。按照一个人应有的状态对待他，他将变成应当成为的样子。事实上，大多数人受到尊重时，会将思想和行动提升到与所受的尊重同等甚至更高的水平。"

我很喜欢一种故事——作为"普通人"的主人公获得了尊重，生活因此而焕发光彩。《以八头牛为聘的约翰尼·林戈》和《朋友的一点帮助》就是两个这样的故事。这两个故事都告诉我们一个道理，一个人人都应铭记在心的相处之道。《心态变化》这个故事将尊重的原则扩展到一种情况——跨文化和价值观的交往和互动。

以八头牛为聘的约翰尼·林戈

帕特里夏·麦克格尔

去太平洋上的基尼瓦塔岛时,我随身带了一本笔记本。回来后,里面满是对动植物、当地风俗和服饰的记录。其中依然令我印象深刻的,是那张写着"约翰尼·林戈给了萨丽塔的父亲八头奶牛"的纸条。

这张纸条中的故事哪怕没有记录下来,我都记得非常清楚。每当看到妻子贬低丈夫、丈夫蔑视妻子时,我就会想起这个故事。我想对他们说:"你们都该听听约翰尼·林戈以八头牛当聘礼的故事。"

约翰尼·林戈不是真名,但基尼瓦塔岛旅馆的经理申金是这么叫他的。申金来自芝加哥,习惯将岛民的名字美国化。很多人向我提起约翰尼。他们说如果我想在邻近的努拉班迪岛上住几天,约翰尼·林戈可以为我提供住宿。如果我想钓鱼,他可以告诉我哪里是垂钓的好地方。如果我想买珍珠,他会给我带来最好的货。基尼瓦塔岛的人都对约翰尼·林戈赞不绝口,但大家说到他的时候,总是挤眉弄眼地笑。

申金建议:"让约翰尼·林戈帮你找你想要的东西,让他来砍价。约翰尼是个会做生意的人。"

"约翰尼·林戈!"旁边坐着的一个男孩笑得前仰后合。

"他怎么了?"我问道,"每个人都让我去找约翰尼·林戈,又笑个不停。让我也听听你们的玩笑吧。"

"噢,大家就是爱调侃他。"申金耸耸肩说,"约翰尼是岛上最聪明、最强壮的年轻人,跟同龄人比起来,他也是最有钱的。"

"既然这样,那大家到底在笑什么?"

"只有一点。五个月前在秋节上,约翰尼来基尼瓦塔岛讨了个老婆。他给了岳父八头牛的聘礼!"

我很了解岛上的风俗习惯,因此闻言很是诧异。两三头牛就可以娶到一个还算过得去的妻子,四五头牛可以娶到一个非常令人满意的妻子。

"天哪!"我问道,"八头牛!她一定美得令人惊叹吧。"

"她并不难看,"申金承认道,并微微一笑,"但最善良的人也只能说萨丽塔长得平平无奇。她父亲山姆·卡鲁还担心她会嫁不出去。"

"但约翰尼给出了八头牛的聘礼?这不是很多吗?"

"以前从来没人给过这么高的聘礼。"

"可是你说约翰尼的妻子平平无奇?"

"我说过,说她平平无奇是一种善意。她很瘦,走起路来含胸驼背,还总是低着头。她连自己的影子都害怕。"

"好吧,"我说,"我想爱情是无法解释的。"

"没错,"那人同意道,"这就是村民们说到约翰尼时都会发笑的原因。岛上最精明的商人败给了呆头呆脑的老山姆·卡鲁,这个事实让大家特别满足。"

"可是他为什么要这么做呢?"

"没人知道,大家都很好奇。所有亲戚都劝山姆先开口要三头牛,再坚持要两头牛,直到确定约翰尼至少肯给一头牛。结果约翰尼来到山姆·卡鲁面前说:'萨丽塔的父亲,我希望能够以八头牛的聘礼来迎娶您的女儿。'"

"八头牛。"我喃喃道,"我倒想见见这个约翰尼·林戈。"

正好我想钓鱼,想买珍珠。于是第二天下午,我把船停在了努拉班迪岛。当我问路去约翰尼家的时候，我注意到他的名字并没有让努拉班迪岛上的人露出嘲弄的笑。约翰尼·林戈是个瘦削而严肃的年轻人，他彬彬有礼地欢迎我到他家做客。我发现他的同胞对他很尊重，没有夹杂嘲笑，这一点让我很高兴。我们坐在他家里聊天。他问："你是从基尼瓦塔岛过来的？"

"是的。"

"那个岛上的人跟你提起过我吗？"

"他们说我想要什么你都能帮我弄到。"

他温和地笑了笑："我妻子是从基尼瓦塔岛来的。"

"是的，我知道。"

"他们说起过她吗？"

"说过一点。"

"他们说了什么？"

"为什么这么问？他们只是说——"这个问题让我猝不及防，"他们告诉我你是在节日期间结婚的。"

"仅此而已？"他挑起了眉——他知道肯定还说了别的。

"他们还说你的聘礼是八头牛。"我顿了顿，"他们很好奇你为什么要这么做。"

"他们问这个？"他高兴得两眼放光，"基尼瓦塔岛的每个人都知道八头牛的事？"

我点了点头。

"在努拉班迪岛，大家也都知道这件事。"他满意地挺起胸膛，"以后一想到结婚，他们就会想起来，约翰尼·林戈用了八头牛的聘礼迎娶萨丽塔。"

这就是答案，我想——虚荣。

然后我看到了约翰尼·林戈的妻子。我看着她走进房间，把花放在桌子上。她静静地站了一会儿，对我身边的年轻人笑了笑，接着又快步走了出去。她是我见过最漂亮的女人。她挺拔的肩背、翘起的下巴、亮晶晶的眼睛，无一不在昭示着她的骄傲——没有人可以剥夺的骄傲。

我转向约翰尼·林戈，发现他在看着我。

"你看起来很欣赏她？"他低声问道。

"她……她光彩照人。"我回答道。

"萨丽塔只有一个。也许她看起来和基尼瓦塔岛上的人说的不太一样。"

"确实不一样，我听说她很土气。他们都笑话你，说你被山姆·卡鲁骗了。"

"你觉得八头牛太多了吗？"他的嘴角掠过一丝微笑。

"那倒不是。但是她怎么和他们说的这么不一样呢？"

"你有没有想过，"他问道，"当一个女人知道她的丈夫以最低的聘礼娶到自己，这对她意味着什么？而且女人闲聊的时候，都会炫耀自己的聘礼。一个说四头牛，另一个说六头，那她要是只得到一头牛的聘礼，她会是什么感觉？我可不会让这种事发生在我的萨丽塔身上。"

"那么你这么做只是为了让你妻子高兴？"

"我想让萨丽塔幸福，这没错。但我想要的不止这些。你说她与众不同，这是真的。很多事情可以改变一个女人，内心的变化、外界的变化，但最重要的是她对自己的看法。在基尼瓦塔岛，萨丽塔认为自己一文不值。现在，她知道她比岛上任何一个女人都有价值。"

"那么你想要的究竟是——"

"我想娶萨丽塔。我爱她,不爱别的女人。"

"但是——"我觉得我快明白了。

"但是,"他轻声说,"我想要一位值得八头牛的妻子。"

> 从摇篮到棺材,每个人都会回应尊重,回应挖掘出自己潜能的人,这种回应你可以从脸上看出来,也能从声音里听出来。尊重未必会促成萨丽塔外貌的蜕变,但必定会使其内在熠熠生辉,从而为外貌增添光彩,为双眸带来新的光芒。

有些人出生在缺乏尊重的环境中,其行为和个性往往反映了这种空虚。但有时候,只需要一个人给予他们尊重,就能改变一切。

朋友的一点帮助

达德利·A. 恩里克

十一月的早晨,天气很好。我以 330 度的航向平稳飞行,看到弗吉尼亚州弗雷德里克斯堡市从改装过的 P-51 野马战斗机左翼下方掠过。前方就是我要找的地方,卡尔佩珀镇。

我的飞行高度为一万五千英尺。我将操纵杆向前一推，"野马"便急速下降。我找到了我要找的地方，然后让战斗机俯冲下去。在我缓缓退出俯冲状态时，空速指示器显示超过每小时四百英里。我保持与树梢齐平的高度，朝正确的乡间小道飞去。我数了三秒钟，然后做了一生中最精彩的爬升滚转。

我意识到自己违反了多项联邦飞行法规，包括未经许可低空掠行、非法靠近建筑物飞行以及在一千五百英尺以下进行特技飞行。像我这样一位战斗飞行员协会官员、一位循规蹈矩的飞行教官，竟然会做出这种事！但我并不后悔那一次无法无天的爆发。无论对错，那一刻永远属于我。

我六岁那年，父亲和母亲离婚，把我和母亲丢下，让我们在纽约自生自灭。那是1943年，日子很艰难。

母亲在一家国防工厂工作，她又嫁给了一个叫杰克的男人。杰克是个暴躁易怒的人。和杰克共同生活总是伴随着夜间的大吵大闹，有时还伴随着殴打。我记得母亲经常哭泣。

一天晚上，杰克告诉我，他和母亲要出去，让我上床睡觉。他关了我的灯就走了。

我习惯偷偷从床上爬起来，从窗户看着他们开车离开。当我在黑暗中穿过房间时，灯突然亮了。杰克站在门口，手里拿着一条皮带和一根晾衣绳。他对我破口大骂，骂我不听他的话。他把我扔到床上，把我的手脚绑在架子上，把我打得头破血流。

在接下来的两年里，我一直生活在这样的环境中。一天晚上，我的亲祖母从特拉华州的威尔明顿赶来。祖母和母亲大吵一架，把我带到外面等着的一辆汽车上，开车离开了。那是我最后一次见到母亲。

之后八年我住在威尔明顿。祖母是一个好女人，但非常严厉，"爱"这样的字眼从不会从她嘴里吐出。与此同时，我父亲再婚了，和他的第二任妻子住在得克萨斯州。他时常来看望我，但我对他并不熟悉。在我的印象中，他只是一个会给我带礼物的人。

祖母是一家大公司的业务经理，很少有时间陪伴我。每天我上学前和下午六点她下班回家后，我才能见到她。我暴躁又好斗，经常在学校里和同学打架。

十五岁时，我被开除了。祖母把我送进了宾夕法尼亚州布林茅尔的一所军事学院。那所学院以教育问题儿童而闻名。在某种程度上，这是我第一次受到教育，第一次接触到公平而严格的纪律。但我在那里也没能学好，十六岁就被开除了。

再次回到威尔明顿的公立学校，我有了自己的周末，没什么事可做。在一个星期六，我乘公共汽车去了城外的纽卡斯尔空军基地。在特拉华州空军国民警卫队机库，我第一次近距离看到飞机。那是一架二战时期的 P-51 野马战斗机。我一下子就被迷住了！我绕着 P-51 走了一圈，摸了摸机翼和螺旋桨，然后跳上机翼，滑进驾驶舱。不一会儿，一个绿袖子上有三道条纹的人出现了，喊道："嘿，小朋友，快出来！"

我吓呆了，开始往外爬。然后，一只手碰了碰我的肩膀，把我推回了驾驶舱。转过身来，我看见了一位穿着飞行服的军官。他站在机翼上，红发下的眼睛带着笑意。

这位飞行员名叫詹姆斯·肖特韦尔，是一名机长。那天离开机场前，他在我口中已经变成了"吉姆"。从那以后，我每个周末都到纽卡斯尔去。吉姆在战争期间曾是太平洋战场上的战斗机飞行员。回国后，他大学毕业，获得电气工程学位，并在特拉华州乔治城的一家工程公司工作。

几星期过后，我和吉姆·肖特韦尔的关系越来越好。我向他讲述了自己迄今为止的糟糕时光，他以热情和友谊回应。我找到了第一个真正的朋友，生活也因此而发生永久性的改变。

吉姆和我坐在"野马"的机翼下聊着飞机，聊着数学、历史和物理等科目。这真是美妙极了！也许最重要的是，吉姆把我介绍给了其他飞行员。这是我人生中第一次体验到集体归属感。

一天，我告诉吉姆，我想退学找份工作。他突然严肃起来，说："达德利，你让我想起了一只瞎了眼的麻雀。它知道怎么飞，却飞不起来，因为它看不见。即使飞离地面，它也会撞到一些东西，不得不停下来。它虚度一生，一事无成，找不到前行的方向。所需的能力你都有，达德利。看在上帝的分上，把它们用起来吧！无论你这辈子做什么，你都需要培养方向感，找到自己该走的路！好好想想吧。"

离开了吉姆和空军基地，我的生活还是没有改变。我继续惹祸，成绩也很差。最后，我的祖母决定让我去加利福尼亚和我的姑姑一起生活。我把这件事告诉了吉姆。几天后的晚上，他来找我祖母聊了好几小时，但这并没有改变什么。1953年8月底，我坐上了飞往洛杉矶的飞机。

姑姑对我很好，尽她所能帮助我。我想念纽卡斯尔和吉姆，但我尽了最大努力去适应新环境。吉姆的来信照亮了我的日子。

1955年3月的一个晚上，电话响了。姑姑接了电话。听她说话，我能感觉到有些不对劲。她放下听筒，轻声告诉我，吉姆·肖特韦尔遇难了。在他执行完演习任务返回纽卡斯尔的途中，引擎失灵。他本可以弹射出去，但他选择留在飞机上，驾驶飞机远离人口稠密区，最终来不及跳伞。

从未有过的情绪在我内心涌动。我强忍泪水，但没能忍住。一切似乎都变得支离破碎、混乱不堪了。

渐渐地，我停止了哭泣，开始回忆吉姆和他对我说过的许多话。他对瞎麻雀的比喻不断浮现在我的脑海中。我一直都知道，吉姆向我提出的人生建议是对的，但直到那天晚上，我才拼凑出自己的人生。我睡着了，拂晓时又冒着一身冷汗醒来。我的头脑异常清醒，我本能地意识到有些事情发生了变化。现在，我知道我的人生将走向何方，也知道我必须做些什么才能到达目的地。

那年，我应征入伍，成为一名空中交通管制员，完成了吉姆未能完成的工作。到1959年退伍时，我的消极态度已经彻底扭转，对上帝和人类的信仰也重新恢复了信心。我想去很多地方！

我投入一年紧张的工作和学习当中，获得了FAS飞行员评级。不久，我被聘为飞行教官。事实证明我在特技飞行方面颇有天赋，通过每个周末的教学和飞行表演，我有了一定的名气。

到1971年，我已经积累了数千小时的飞行时长，参加了一百多场飞行表演，还给飞行教官们做了全国巡回讲座。在那些年里，我几乎什么类型的飞机都驾驶过，包括一些实验飞机和军用飞机。

那年秋天，一位纽约医生雇了我，让我把一辆P-51野马飞机从新泽西州的纽瓦克运到弗吉尼亚州的马纳萨斯。我仔细规划了一条到马纳萨斯南部的航线。机翼里有一百八十加仑[①]燃料，根据我的计

[①] 1加仑约合3.79升。

算，到达最终目的地前我可以额外飞行三十分钟。

11月21日上午七点半，我在纽瓦克的坡道上爬上"野马"，向南穿越新泽西州的开普梅。在那里，我选择了飞往马里兰州剑桥的航向。准时到达剑桥后，我转向右舷，向卡尔佩珀飞去。

正是那天早上在卡梅尔山浸信会公墓附近，我违反了联邦飞行规定。墓碑下是我的朋友吉·肖特韦尔上尉的遗体。我花了十六年才找到合适的机会向改变我人生的他表达敬意。我驾驶的飞机与我在纽卡斯尔遇见他那天坐上的飞机是同一型号的。那次爬升滚转是胜利和感激的呐喊，是战斗机飞行员的致敬。

今天，我的妻子仍然会拿我飞越吉姆·肖特韦尔墓地的事开玩笑。她称之为"不起眼的男爵领导卡尔佩珀城大突袭的那天"。当然，她知道那一刻对我有多重要。它将两个道理深深铭刻进我的脑海之中：一个人可以改变他人的生活——正如吉姆·肖特韦尔所证明的那样；只要努力工作，坚持不懈，再加上朋友的一点小小帮助，你几乎可以做成任何事。

> 吉姆·肖特韦尔的尊重改变了达德利的人生。"平凡伟大"还有什么比这更崇高的成就吗？
>
> 但请注意，吉姆并没有帮达德利把所有的事都做了。他没有拽着达德利向前走，也没有告诉达德利每一步该怎么做，他对达德利表示尊重，引导他去追求更高的境界、更有价值的目标，表达了对达德利个人能力的信心。他以倾听表

> 达尊重,并没有妄加评判。吉姆去世很久之后,他所给予的尊重仍然在达德利的内心深处绽放。"平凡伟大"从不低估尊重的力量。

吉姆·肖特韦尔对一个年轻人表达尊重,改变了他的人生。而有时候,对别人的尊重最终会反过来改变我们自己的生活。

心态变化

玛丽·A. 费舍尔

1992年,和洛杉矶的许多人一样,我在电视上看到了罗德尼·金对媒体发表讲话的新闻报道。1991年,四名被控殴打他的警察被判无罪,引发洛杉矶暴动。金在接受记者采访时哀伤地问道:"我们能和睦相处吗?"

"不能!我们不能。"我对着电视大声回答道,尽管房间里没有其他人听我说话。我的回答并非空穴来风。我知道我在说什么。

1989年底,我在洛杉矶东区一个叫高地公园的平价社区买了一套房子,那里正被新移民浪潮所改变,当时我确信种族和谐是不可能的。据统计,每年都有数以万计的新移民涌入南加州,其中大部分来自拉丁美洲和亚洲，但对大多数白人来说，这些趋势仍然停留在抽象的统计数据层面。

然而，搬到高地公园后，统计数据成了我每天都需要面对的现实。

现实让我的偏见浮出水面。我有不少邻居来自墨西哥、萨尔瓦多、菲律宾和越南，而我成了少数族裔。我还是第一次遇上这种情况，我不喜欢这样。

我确信我和邻居没有任何共同之处，于是我把自己藏在山上那可爱的粉色西班牙式房子里。我很少和邻居说话，只是在倒垃圾时碰上或开车经过时偶尔挥手致意。我符合他们的刻板印象——不友好的白人"外国佬"，拥有这个街区最好的房子。我也一样，对这些拒绝被同化的固执移民抱有先入为主的观念。

我去无线电器材公司买锂电池或延长线，讲西班牙语的拉美裔销售人员却听不懂我的意思，这让我很恼火。当地超市不卖蓝纹奶酪或豆奶之类的东西，一些电影和汽车的广告牌是用西班牙语写的，这些也让我很恼火。

多年来，一旦邻居做出我不赞同的行为，我就向有关部门投诉。一位来自萨尔瓦多的女士在她家后院养了一只公鸡，这只公鸡每天早上五点就把我吵醒。我向动物管理处举报了她，她的回应是砍掉了那只公鸡的头。我害死了这只公鸡，也因此感到很内疚，但我认为这是恢复邻里和睦的必要之举。

当我来自墨西哥的邻居把音乐放得太大声时，我报了警，警察制止了这种行为。邻居们猜到举报人是我，就不再和我说话了。这种惩罚我可以忍受，因为我认为我是在让邻居们遵守我的价值观。

但两年前发生的一件事改变了我,也改变了我在邻里间的生活方式。两天之内,我失去了对我来说最重要的东西。我失去了国家级杂志高级撰稿人的工作,同时和我爱的男人闹掰了,以糟糕的方式迎来了关系的结束。突然间,我在世界上所有的支点都消失了,我沉浸在悲痛之中,无法自拔。

损失打压了我的自信,使我变得脆弱,却也使我开始与邻居、与周遭世界建立更充分的联系。我这才发现邻居们是多么不凡。他们一点也不符合我的刻板印象。他们工作勤奋,为人正直。他们和我一样,只想好好生活,体验某种程度的幸福。

我了解到,来自萨尔瓦多的女士在丈夫被杀害后,带着两个年幼的女儿逃离了自己的国家。她靠做保洁维持生计,供女儿上大学。

我了解到,我的墨西哥邻居十五年前来到洛杉矶,那时他们不会说英语,他们的父亲起初靠给写字楼做保洁维生,每小时挣八美元。后来他去开送货卡车。如今,他拥有三栋公寓楼,赚的钱可能比我这辈子赚的都多。

现在,我和许多邻居都成了朋友。圣诞节我会给他们送红酒和蛋糕,他们会送我盆栽和一大盘卷饼。几个月前的一天,我的车发动不了,眼看就要被拖走时,一位来自危地马拉的邻居——名叫安吉尔的可爱园丁很快拿出他的跨接电缆,让车发动了。

如今对于罗德尼·金的问题,我有了新的答案。我想说,来自不同文化背景的人如果不犯我先前的错误,是能够和睦相处的。当我第一次搬到我的社区时,我没把邻居视为个体,而是把他们看作一个与我不同、与我有隔阂的整体。现在我明白了,他们和我有着共同的经历,都活在失落、失望、希望和爱所交织而成的生活之中。

上个月，我一大早就听到公鸡打鸣。看来我的萨尔瓦多邻居又养了一只公鸡，但我已经不介意了。

我喜欢看公鸡在附近游荡。不知怎的，它让我有一种回家的感觉。

> 在世界各地旅行时，最令人兴奋且鼓舞人心的体验之一就是在一地见识到了尊重差异，甚至赞美差异的文化，在那里，几乎每个人遵循的宗教习俗都不同。赞美不仅仅是包容——这是当前多元化圈子里的流行语。

我们都知道要包容不同意见，包容不同信仰，包容不同风格。我们每天都听到"包容"这个词，但面对差异，玛丽所做的不仅是包容、尊重、重视，更是赞美邻居之间的差异。

总结

"尊重"一如其他原则，总是使我清醒，使我谦卑。它蕴含着对人的敬意以及对人类精神的敬畏，敬畏于每个人都有潜力成为不断发展的独特个体。我衷心期望本书的每位读者都能发掘他人对尊重的需求，看到内心的真善美，尊重差异，就像约翰尼·林戈尊重萨丽塔那样，像吉姆·肖特韦尔尊重年轻的达德利那样，像玛丽尊重邻居那样。如果人人都能践行尊重，世界会变成什么样呢？我很期待。多年来，我对领导力下了一个很好地彰显了尊重原则的定义：领导力就是以清晰的沟通传达人们的价值和潜能，激励人们看到自己的价值和潜能。

思考

- 你是否获得过自己都难以置信的信任？这让你感觉如何？这种超乎想象的尊重是否影响了你的行为？

- 你认识的人中有谁会因为超乎想象的尊重而受益？你能做些什么来帮助他们增强自尊、释放潜力呢？你可以用什么来表达尊重呢？

- 像约翰尼·林戈一样，不少人都是流言蜚语的受害者。显然，流言蜚语与尊重的原则相冲突。在社交圈子里听到流言蜚语时，你是会把它接着传下去，还是会把它扼杀在摇篮里？

- 达德利十六岁时第一次感受到集体归属感。在你认识的人当中，有谁会因为加入你的圈子而受益？

- 你上一次为邻里的差异而高兴是在什么时候？

深入认识
尊重

~~~~~~~

释放潜力

  给予他人尊重，能够帮助他人收获信心，激发他人不易显露的内在潜力。

没有什么比赋予责任和信任更能帮助一个人了。

——布克·华盛顿

你能为别人做的最大的善事，不是分享你的财富，而是帮助对方展现自我。

——本杰明·迪斯雷利

  那件事我还记得很清楚，就像昨天发生的一样。当时我在亚特兰大的弗雷德里克·道格拉斯高中上十年级，长得高高瘦瘦的。有次当我正穿过拥挤的走廊时，突然，一个洪亮的声音在我身后如雷鸣般响起："嘿，孩子！"

  那是威廉·莱斯特教练。他身高一米九三，是一个胸肌壮硕的高大男人。除了担任校少年队的篮球教练，他还以严抓纪律和校规而闻名，所以我想到的第一件事是，唉，有人有麻烦了。他用锐利的目光盯着我，大声喊道："对，就是你，孩子！"

  我膝盖发软地朝他走去。天哪，我做了什么吗？我在他面前停了下来，一米九六的我瑟瑟发抖。他看着我上下打量了一番。"你这么高，应该去打篮球，而不是在这些大厅里闲逛。今天下午三点半，体育馆见。"

  "但是，教练！"我结结巴巴地说，"我从来没有打过篮球，我没有篮球服，也没有球鞋。"

  "孩子！你听到我说的话了吗？我们下午三点半见！"然后他走开了。

  于是我去了。

从那天起到现在,发生在我身上的一切——成为篮球运动员、成为教练、抚养三个孩子、出书,毫无疑问都源于那天教练在人群中把我叫住说,"嘿,孩子!对,就是你!"。

当然,在那之前我也并不是捣蛋鬼,我只是在漫无目地地晃荡。我没有目标,也不知道要去哪里。

莱斯特教练帮助我看到了更广阔的未来。我记得他告诉我:"你可以获得大学奖学金。"

那时我回答道:"但我不知道该怎么做,我没有这样的能力。"他说:"你有这个能力。我会和你一起努力。你可以做到的。"

他当年的推测是对的。拿着奖学金踏入大学校园的那天,我就明白了。他相信我。

自从我听到那个大嗓门喊"嘿,孩子"以后,我经常会想,如果每个孩子都能遇到一个像威廉·莱斯特教练的人给予信任,这将带来多大的改变。

——里基·伯德宋(前西北大学篮球教练),摘自《在人生游戏中指导孩子》

严重残疾人士只有在被视作正常人,并被鼓励去尝试塑造生活时,才能发现自己潜藏的力量。安妮·沙利文认为,盲人也有接受教育、娱乐和就业的权力,并据此努力安排我的生活。老师信任我,而我决心不辜负她的信任。

——海伦·凯勒

友谊

友谊是能够给予他人最伟大的尊重之一。友谊意味着接受他人的真实面貌,并在他人遇到困难的时候给予支持。

朋友能够听到我们内心的歌声,哪怕我们自己都记不清旋律了,朋友也会与我们一同歌唱。

——《先锋女孩领导手册》

朋友是能洞察你的内心，却仍然享受和你来往的人。

——《农民年鉴》

友谊之所以是一份美妙的礼物，是因为它祝福你，仅仅因为你是你自己。

——康斯坦斯·布克斯尔，摘自《妇女日》

一位阿劳干印第安老妇人经常徒步前往特木科。在旅途中，她总是会给我母亲捎来几个鹧鸪蛋或一把浆果。我的母亲不会说阿劳干语，只会说一句问候语"麦——麦"，那位老妇人也不懂西班牙语，但她会一边享用茶和蛋糕，一边发出赞赏的咯咯笑声。我们这些女孩着迷地看着她那层层堆叠且色彩鲜艳的手织服装、她的铜手镯和硬币项链，也争相记诵她在起身离开前常说的那句如歌般的语句。

最后，我们记住了这句话，并复述给了传教士，让他为我们翻译。我一直记得这句话，它是我听过最美的赞词：

"我会再来的，因为在你身边时，我喜欢我自己。"

——伊丽莎白·莫斯克

尊重差异

尊重与自己相似的人很容易，甚至会让人得意，但尊重与自己不同的人才是最崇高的尊重。

所有人生而自由，生而平等——至少有权选择与众不同。有些人想让社会的方方面面都同质化，但我反对艺术、政治以及各行各业的同质化。我希望精英能够脱颖而出，就像奶油会浮在上层一样。

——罗伯特·弗罗斯特

有些人随着自己的鼓点舞动，有些人跳波尔卡舞。

——《洛杉矶时报》

友谊的活力来自尊重差异,而非仅仅享受相似之处。

——詹姆斯·L.弗雷德里克斯

共同之处使关系变得愉快,但使关系变得有趣的却是小小的差异。

——托德·鲁斯曼

宽容是社会的首要原则,是人类思想的精髓。洪水和闪电造成的损失,自然力量对城市和庙宇的破坏,都远不及人类的偏狭所摧毁的高贵生命和力量多。

——海伦·凯勒,《敞开的门》

流言蜚语

约翰尼·林戈便是流言蜚语的攻击对象。真诚待人,不在背后议论缺席者,是尊重的标志之一。

并非流言蜚语才是邪恶的,很多事实也不应该传播。

——弗兰克·克拉克

一个农民传播了朋友的谣言,后来才发现这不是真的。他向一位睿智的老僧寻求建议。

老僧说:"要想安抚你的良知,你必须装满一袋子鸡毛,在村里每一户人家的门槛上都放一根鸡毛。"

农夫照做了,回来告诉老僧说自己完成了赎罪。老僧说:"还不行!拿着袋子去把你放的每一根鸡毛再捡回来!"

"可是鸡毛肯定都已经被风吹走了。"

老僧回答道:"是的,流言蜚语也是如此。话语极易传播,但无论你多么努力,都无法再将它们收回。"

——梅尔·克罗维尔,《美国杂志》

跟你一起说人闲话的人也会说你的闲话。

——土耳其谚语

谣言不长腿,但这并不妨碍它到处跑。

——约翰·都铎

评判

当我们不断评判或误判他人的一言一行时,尊重便荡然无存了。

噢,伟大的神灵,请帮助我永不评判他人,除非我已经穿上他人的鹿皮鞋走了两周。

——苏族印第安人祷文

我有一位常驻欧洲的朋友要回南非,在伦敦希思罗机场,她发现自己有一些空闲时间。她买了一杯咖啡和一小包饼干,晃晃悠悠地拎着行李走到一张空桌子前。她正读着晨报,突然听见桌子旁沙沙作响。她从报纸中抬起头来,惊讶地看到一位衣冠楚楚的年轻人正吃着她的饼干。她不想大吵大闹,所以她靠过去,拿起一块饼干。大约一分钟过去了,更多的沙沙声传入她的耳朵。年轻人正自顾自地吃着另一块饼干。

当袋中只剩最后一块饼干时,她非常生气,却不知道该说些什么。年轻人将剩下的饼干一分为二,把一半推给她,自己吃完了另一半,然后离开了。

过了一会儿,当公共广播系统要求她出示机票时,她还在生气。想象一下有多尴尬:当她打开手提包时,发现了一包饼干。原来她一直在吃的是那个年轻人的饼干。

——丹·P. 格雷林

当你觉得周边的人都不够好时,是时候检查一下你的标准了。

——比尔·莱姆利

阅读孩子们的学生成绩报告,我们意识到:谢天谢地,没有人会以这种方式评判我们。这让我们松了一口气,甚至高兴起来。

——J.B. 普里斯特利,《愉快》

偏见是一种以僵化的分类为特征的疾病。

——威廉·亚索

目视一切,忽略很多,纠正一点。

——教皇约翰二十三世

（十四）

同理心

倾听，否则你的舌头会让你变聋。

——美洲原住民谚语

  同理心要求人们理解他人的心灵、思想和精神，其中精神包括动机、背景和感受。我们对他人越有同理心，就越能欣赏和尊敬他人，因为触及另一个人的内心情感和灵魂如同行走于圣地。

  为了和他人共情，我们必须用眼睛、心灵和耳朵来倾听。但多数人并非为了理解而倾听，而是为了回答，他们忙于用自己的视角过滤一切，而不是试图理解他人的视角。在《侧耳倾听》中，罗贝达描述了她在体会和实践同理心上失败和成功的经历，说明了这种非移情行为的影响。在第二个故事中，两名医生领悟到花费时间倾听的重要性，领悟到一段有意义的关系所产生的影响。

侧耳倾听

罗贝达·伊斯莱罗夫

我的公公和婆婆在佛罗里达过冬后,痛苦地驱车回到纽约市。婆婆在电话里告诉我:"车子第一次抛锚时,我们在北卡罗来纳州的某个地方。我们把它修好了,但它在特拉华州又抛锚了。最糟糕的事发生在高峰时段的维拉萨诺大桥上。我们简直像是再也回不了家了。"

我说:"听起来太可怕了。"接着准备讲述我自己经历过的恐怖故事——晚上九点半,车在废弃商场的停车场抛锚了。

但有人敲门,所以婆婆不得不说再见,她说:"谢谢你的倾听,但我最感谢的是你没有说你自己关于汽车的糟糕故事。"

我脸颊发烫地挂了电话。接下来的日子里,我开始思考婆婆临别那番话中蕴含的智慧。

我已经记不清有多少次在我抱怨与儿子争吵、对工作失望、汽车出问题时,朋友打断了我,说"我也遇到了同样的事"。

突然间我们开始讨论起她那忘恩负义的孩子、讨厌的老板和漏了的燃油管。我一边不停点头以表示认同,一边好奇大家是不是都患了重度情绪注意力缺失症。

很容易看出,这种"我能证明我理解你的感受"的同理心是如何与真正的同理心相互混淆的。没什么比让对方相信自己并不孤单更能自然地安慰一个过度紧张的朋友了。

但灾难远看时才相似。近距离观察时,它们就像指纹一样独一无二。你朋友的丈夫可能和你一样失业,但两个家庭的银行存款、所获遣散费以及后备计划都不同。

说"我能感受到你的痛苦"可以作为提供建议的前奏——"这是我做的，这是你该做的。"但在自驾游花费的时间是正常时间的三倍时，在孩子午夜高烧时，你真的想听你的朋友是如何应对相似状况的吗？

当情绪低落、焦虑不安或极度快乐时，我们都希望找到一个仿佛能用全部时间来倾听你的朋友。这种在他人痛苦或幸福时能给予陪伴的能力是同理心的真正基石。

幸运的是，培养同理心很容易。例如，自从听婆婆那么说后，我在朋友向我倾诉时便努力克制打断她的冲动。我学着跟随他人的脚步，关注肢体语言、面部表情、语调以及言外之意。

当我是受益者时，我也更能够识别和感谢他人对我抱有的同理心。有一天，我打电话给一个朋友，抱怨我的紧张情绪，抱怨我注意力难以集中。

她回应道："你想聊聊具体情况吗？"于是我絮絮叨叨地说了一会儿。

最后，我感谢了她的倾听并询问她的感受。她说："我的情况可以明天再聊。"这就是同理心。

人并不总是想要答案或建议。有时我们只是想要陪伴。

正如罗贝达总结的那样，"有时我们只是想要陪伴"，这毫无疑问是正确的。但我们希望陪伴我们的人是理解我们的

> 人，或至少是尽力去理解我们的人。这种理解始于同理心，正如罗贝达所说，有同理心的人会以他人的视角来看待问题，而不是以自己的人生经历或思考方式来看待问题。他们知道如何保持沉默，知道不该把自己的故事、建议、判断或观点强加于人。

归根结底，花费时间不就是共情倾听的最大障碍之一吗？

时间问题

诺亚·吉尔森，医学博士

马克·奥尔西尼坐在轮椅上，来到高中讲台上发表毕业典礼演讲。这个年轻人是我的病人，他的脸仍然部分瘫痪，却语气柔和地发表了一场激动人心的演讲，那些忧心他活不到毕业的同学们站起来为他鼓掌。

这名十八岁的少年患上了吉兰-巴雷综合征，一种会致人瘫痪的自体免疫反应疾病。在很短的时间内，他就几乎完全瘫痪了。

他的父母坚信他是个斗士，相信他会挺过难关，去达特茅斯学院上学。但他戴着呼吸机，无法动弹，该如何提问，如何参与到护理中呢？

解决方案非常出色：奥尔西尼一家坐在马克身边读字母表。当读到马克拼写单词需要用到的字母时，马克会点头表示"是"。他们会把它写下来，然后读一遍字母表，等待马克再次点头。他们从未失去耐心，每一个决定都有马克的参与。

标准治疗没有效果，所以我提出了一个有风险的方案来过滤血液。经过治疗，他的病情有所好转，很快，他的脚趾、腿和手臂都能活动了。

如今，马克已经从达特茅斯学院毕业了。不久前我在办公室看到他，他看起来状态非常好。我还有很多话没告诉他。我想说我很敬佩他，他的父母是我见过的最了不起的人，他们经常在他的床边坐几小时，耐心地听他一个字母一个字母地说。我想告诉他，当我因为忙碌而没时间听孩子说话时，我心中产生的羞愧。我想说我永远不会忘记他和他的父母，但我无法用语言表达出来。

> 随着世界的高速发展，时间变得越发珍贵，高效似乎成为所有人的目标。但同理心需要时间，效率适用于事，而非人。马克的父母非常愿意把时间花在儿子身上，而得到的结果是无价的。

在接下来的故事中，另一位医生了解到花时间倾听的重要性，了解到在与人交往中讲究效率的成本。他领悟到，他的工作中最重要的部分发生在手术室之外，倾听正是其中之一。

速成课程

迈克尔·J. 柯林斯，医学博士

作为一名骨外科医生，我并不是最具洞察力的人，也不是最健谈的人。我的双手能把病治好，但我的嘴却很笨。

也许这是因为我的工作重点在于行动，并不涉及情感方面的训练。我曾在明尼苏达州罗契斯特市的梅奥诊所实习四年，按那里老一辈的说法，手术刀象征着手术室和手术，象征着"炽热的灯光和冰冷的钢铁"。我们复原膝盖，重新排列骨头，让病人再度健全。

妻子帕蒂知道，我选择成为外科医生，是因为我想帮助别人，但有时却是病人教给了我一些意想不到的东西。

在受训第三年，有一次值夜班时，我接到急诊室的呼叫。一个五岁的孩子从双层床的上铺摔了下来，手腕骨折。天哪，别再出这种事了！别再出这种事了！那一年，罗契斯特市仿佛在为手腕骨折的孩子举办特别活动。

我步履艰难地从骨科病房走到急诊室，拿起病历去看我的病人。男孩穿着唐老鸭睡衣，手里拿着一个看起来像高飞的旧毛绒玩具，坐在他父亲的腿上抽泣着。他的左手腕向后弯曲了大约四十五度。我向男孩的父亲做了自我介绍，并向男孩询问具体情况。男孩并没有回答,甚至看都没看我一眼。他只是深深地缩在父亲的怀里。

我很不耐烦。我知道需要做什么,需要多长时间。我还有工作要做,所以我放弃与男孩交谈,迅速地呼叫放射科医生来做 X 光检查。

五分钟后,放射科医生出现了。她在男孩身旁蹲下,说:"噢,亲爱的,你的胳膊受伤了吗?"

男孩看着她,双眼噙满泪水:"我从床上摔了下来。"

"噢,可怜的小家伙。"她把手放在他的脸上,"好的,我要给你的手臂拍张照片,然后这位好心的医生会治好你的。你想让我给高飞也拍张照片吗?"男孩点了点头。

我站在角落里,想不明白为什么男孩愿意和放射科医生说话,却不愿意和我交流。放射科医生喋喋不休时,我想,这是在浪费我的时间。最后,她设置好机器,拍摄 X 光片。接着她把高飞放到 X 光胶片盒上,也给它拍了一张。

等待 X 光片期间,我将男孩安排到了手术室,然后打电话给麻醉科的住院医生邦妮和石膏室技师约翰·"斯基"·科瓦尔斯基,让他们到石膏室与我会合。

X 光片显示有一处严重的骨折移位,但男孩对此并不感兴趣,只是盯着黑色胶片下高飞模糊的灰色影像。我告诉男孩的父母,骨头必须复位,痛苦最小化的方法就是进行全身麻醉。

我说:"我想并不需要切开,我可以像往常一样将骨头复位,接着打上石膏。"

我们把男孩带到石膏室,十五分钟后麻醉剂才能准备好。斯基像往常一样安静且能干,他推着石膏车过来,开始挑选需要用到的石膏绷带。邦妮终于出现了,她把男孩哄睡着,点头示意我可以继续了。

我说:"好的,斯基,你知道该怎么做。"

我把男孩的胳膊肘弯成九十度。斯基握住他的手臂,我牵引他的手,将骨折处拉伸。然后,我增大了变形程度,使得我的左手拇指刚好能嵌入它的边缘。我利用杠杆原理将骨折处的上边缘撬到下边缘上,把它们推回原位。嘎吱一声,骨头滑回原位。

复位得很完美。我的技术越发专业了。这就是我来这儿的原因,对吧?现在我要给男孩上石膏,完成收尾工作。

"你的手已经治好了,小朋友。"

斯基扶住他的手臂,我开始用石膏绷带垫包裹。突然,我注意到斯基工作服下露出了一个蓝色的文身。我指着文身问:"嘿,斯基,28 是什么意思?"

他平静地回答道:"那是我所在的军团,第二十八步兵团。我在越南当过医护兵。"斯基以前从未提过这件事。

我一边打石膏,一边听斯基讲述他在越南的经历。"那里是地狱,医生。我看见很多人被烧死,被炸成碎片。我每天的时间都用在绷带和夹板上。一段时间后,治疗就成了机械的工作。我不想去思考。我只是想做完工作,然后回家。"

我喃喃道:"是的,我明白你的意思。"

斯基很快补充道:"但我错了,医生,我把那些中枪的无辜士兵忘了。我终于意识到,这些人想从我身上得到的不仅仅是治疗,还有关心。这不仅仅是包扎伤口,就像我们今晚在这里所做的不仅仅是治疗骨折。"

我一边抚平石膏的表面,一边思考。当然,我的工作是治疗骨折。那位父亲把孩子带到急诊室不就是为了这个吗?这不就是我的工作吗？然后我明白了。

你真是个傻瓜，我对自己说。你错过了太多太多。向来以效率为先的我只是站在那里揉着干石膏，没有催促 X 光片检查的进度，斯基一定很好奇我身上发生了什么转变。我沉默地看着斯基再次为男孩的手臂做 X 光片检查，查看断口是否移位。

我把我的工作变得机械化了，忘记了医生的本质使命。我太追求实用主义了。即使是放射科医生也知道关心受伤的孩子，而我却只知道催促那个男孩去进行下一项检查。

检查结果五分钟后出来了。斯基把它们放到观片灯上，我们观察了一会儿。斯基说："复位得很好，医生——就像往常一样。"为什么我之前没有注意到他话语中的讽刺呢？

我轻声对麻醉师说："你可以叫醒他了，邦妮。"男孩快醒来时，我们把他推到了康复室。我拿起男孩的高飞，在这个毛绒玩具的手臂上裹了一小块石膏，然后用纸巾做了一个悬带后，系在高飞的脖子上。

男孩眼皮轻颤，惊慌地环顾四周。见此，我说道："别害怕，已经治好了。你的手臂都固定好了。看，高飞也治好了。"

他伸出那只没受伤的胳膊，将高飞从我手上拿走。他嘴唇颤抖着说："我要妈妈。"

我重复道："你已经没事了，孩子。过一会儿，你和高飞就可以回家了。"

我拿起病历看了看他的名字。奥斯特曼·丹尼尔，来自明尼苏达州拜伦。我之前甚至不知道他的全名。我擦去手臂上的干石膏，拿起 X 光片，去见男孩的父母。

我说:"奥斯特曼先生和夫人,丹尼尔很好。一切都很顺利。他的骨折处已经复位了。今晚他就能回家了。"

"做手术了吗?"

"没有,先生。我不做手术就能把骨折处复位。"

男孩的父母松了一口气,笑了起来。我从什么时候开始没再关注这样的事呢?我什么时候变得如此缺乏耐心,总是传达完消息便转身离开呢?我指着他们身后的沙发说:"请坐。"我和奥斯特曼夫妇坐了十五分钟。他们告诉我,他们还有另外两个孩子,一个十岁,一个十二岁。"所以丹尼尔是您最小的宝贝吧?"我问奥斯特曼夫人。

奥斯特曼先生抢先回答道:"你说对了,医生。南希认为地球围着他转。"她露出一个腼腆的笑。

我说了一些注意事项,向他们说明后续的 X 光检查,并嘱咐他们有问题就给我打电话。我说我会去问问护士是否能让他们看望丹尼尔。他们站起来与我握手。奥斯特曼先生说:"谢谢你,医生,非常感谢。"

我向他们道别。那天晚上,我学到了宝贵的一课。我和护士们说了几句话,便向石膏室走去。我要和一个人说声谢谢。

> 起初,这名外科医生太过追求效率,太过关注技术,以至于没有注意到自己对患者的影响。在与人相处时追求高效,往往会获得无效的结果。在与配偶或好友相处时,你会不会追求高效?结果如何?在与孩子相处时,你会不会追求

> 高效？结果如何？你可以高效地对待事，却不能高效地对待人。当你与他人在"什么才是重要的"这一问题上想法一致时，与人相处才能变得高效。

总结

　　这三个故事的关键点都是关爱。与在倾听时真正关爱他人相比，世界上最好的倾听"技巧"都相形见绌。此外，对真诚度和内在安全感的评估也很重要，因为共情会让自己变得脆弱，陷入危险。如果心中缺乏安全感，就无法承受共情带来的危险和脆弱。倾听技巧不过冰山一角，关爱、真诚和内在安全感等品质则构成了冰山藏于水下的更大部分。

思考

- 你上一次专门留出时间来听重要的人倾诉是什么时候？在倾听过程中，你是否感同身受？

- 若你处于领导地位，你多久会倾听一次员工、客户、供应商和专家的心声？你是更常待在办公桌后，还是更喜欢与人交谈？

- 你是将主动寻求反馈作为一种倾听的方式，还是更多地等待反馈自己找上门来？你是心怀戒备的人，还是乐于接受评判的人？

深入认识
同理心

❧

倾听,理解

为了理解而倾听,他人才能够自在地表达自身想法和内心感受。

身为朋友,最需要有一双善于倾听的耳朵。

——玛雅·安吉罗,《女人心语》

倾听胜却任何赞美。

——约瑟夫·冯·利涅

倾听是一种罕见的人类行为。如果全神贯注于自身外貌,如果一心想要给对方留下深刻印象,如果思索着如何接话,如果争论着所说内容是否真实、正确或值得赞同,你就听不进对方的话。这些事当然有意义,但必须把对方的话听进去了,才有意义。

——威廉·斯特林贵罗,《教友期刊》

你遇到的每个人都有一些你没有的爱好。好好用耳朵去听就能发现。

——威廉·萨默塞特·毛姆

没有人能像狗狗一样欣赏你言谈中的魅力。如果你和它聊一会儿,逐渐生成论点和语调,它就会听得津津有味,具体表现为在地板上打滚、仰面躺着踢腿以及发出崇拜的哼哼声。

——克里斯托弗·莫利

真正的沟通发生在有安全感的时候。

——肯·布兰佳,《用心领导的艺术》

一个女孩对另一个女孩说:"我只能忍受他一小时。之后他就厌倦于倾听了。"

——萨罗

在一堂音乐鉴赏课上,老师提出一个问题,倾听和听有什么区别。起初无人回答。最后,一位年轻人举起手,给出了一个充满智慧的答案:倾听就是想听。

——由 M.C. 赫斯供稿

友谊的黄金法则是,你希望别人怎么倾听你,你就怎么倾听别人。

——大卫·奥格斯伯格,《我是不是太紧张了》

同情地侧耳倾听是最大的帮助。

——弗兰克·泰格

金子般的沉默

有时最具挑战性的同理心要求,是在想要提供建议或分享故事时保持沉默。

在英语中,构成"倾听"(listen)和"沉默"(silent)的字母完全一致。

——阿尔弗雷德·布伦德尔

在一次聚会中,我与一位植物学家交谈。在他的口中,不起眼的土豆有着令人惊奇的特性,我听得入了迷。在我道晚安后,植物学家转向聚会的主办人,夸赞了我几句,最后还说我是一个"有趣又健谈的人"。有趣又健谈的人?可我几乎什么也没说。但我专心致志地听着,并且他感受到了。

——戴尔·卡耐基,《人性的弱点》

他思维迟钝,
话很少,也从不吸引人。
但他给所有朋友都带来了快乐——
你真该看看他是怎么倾听的。

——佚名,韦恩·麦基引用,摘自《俄克拉何马城市日报》

要多听少言。

——威廉·莎士比亚

弦外之音

真正有同理心的倾听者甚至能听到人们藏在沉默里的话。

交流中最重要的是听出对方的弦外之音。

——彼得·F.德鲁克

有时信息在喧闹中,有时信息在寂静中。

——托马斯·L.弗里德曼,摘自《纽约时报》

令人惊叹的是,在没人说话时,你能听到那么多东西。

——爱莲娜·圣·詹姆斯,《让内心回归平和》

眼睛在说着嘴巴不敢说出的话。

——威尔·亨利

换位思考

我们无法彻底地理解另一个人,除非摘下眼镜,透过他人的眼睛看世界。

如果说成功有秘诀,那就是要能从他人和自己的角度看问题。

——亨利·福特

不要把"软弱"和接受他人的观点混为一谈。

——乔治·H.W.布什,《最好的祝福》

直到在他人观点中找到居所,我们才真正走出了家门。

——约翰·厄斯金

带着冒险精神去靠近遇到的每一个新朋友,尝试探索其想法和感受,尽可能多地了解其出身背景和生长环境,以及塑造其思想的风俗、信仰和观念。如果付出足够的关心和努力,你就能和完全不同于你的人建立一种理解关系。

——埃莉诺·罗斯福,《生活教会我》

历经苦难的人最具同情心。

——约翰·盖伊

有趣的是,如果别人花很长时间做一件事,我们会说别人手脚慢;如果自己花很长时间做一件事,我们会说是因为细心。如果别人不做事,我们会说别人懒惰;如果自己不做事,我们会说是因为忙碌。如果别人未经告知就做了某事,我们会说别人越界;如果自己未经告知就做了某事,我们会说这叫主动。如果别人强烈地表达自身观点,我们会说别人顽固;如果自己强烈地表达自身观点,我们会说这叫坚定。

——汤姆·奈特,查尔斯·麦哈里引用,《纽约日报》

倘若设身处地为他人着想，便不太会想将他人禁锢在某个位置上。

——《农民文摘》

先入为主的观念紧锁智慧之门。

——梅里·布朗，摘自《国家询问报》

新想法是脆弱的。它可能被一声讥讽或哈欠杀死，可能被一句嘲笑刺死，也可能因权威人士的皱眉而忧虑致死。

——查理·布劳尔

接收反馈

　　成功人士明白反馈的重要性，因为反馈能帮助其评估进展、修正方向。

满意度最低的顾客可以让你学到最多的东西。

——比尔·盖茨

没有人想听建设性的批评。我们所能做的就是勉强接受建设性的赞扬。

——米格恩·麦克劳琳

关注你的敌人，他们是第一个发现你错误的人。

如果有一个人叫你毛驴，不必理会他。如果有两个人叫你毛驴，你就该给自己装上马鞍了。

——犹太谚语

大多数人宁愿在赞美中毁灭，也不愿在批评中得到拯救。

——诺曼·文森特·皮尔

但有一种观点认为，人们可能会过度关注反馈……

一个耳朵时刻贴地的政治家既不会有优雅的姿态，也不会有灵活的行动。

——阿巴·埃班

迎合所有人的人，将很快失去自我。

——查尔斯·施瓦布

开放性

同理心需要开放性。开放性指的是愿意接受他人的思想或能力可能优于自身。

要接纳各种想法，给予皇室级别的待遇，毕竟其中任何一个都有可能是真正的国王。

——马克·范·多伦

思想就像降落伞，打开才能发挥作用。

——托马斯·杜瓦勋爵

一个时代被称作黑暗，不是因为没有光明照耀，而是因为人们拒绝看向光明。

——詹姆斯·A. 米切纳，《征服太空》

（十五）

团结

每个人都只是脆弱的线，但我们却组成了美丽的织锦。

——杰瑞·埃利斯

圣雄甘地说过，当今最大的挑战之一是在多样性中寻求团结。团结意味着一致，但一致并非指相同。换句话说，每个人可能都是独一无二的个体，但通过一致的目标，我们可以协同合作，完成伟大的任务——在这些任务中，整体大于部分之和。

体育团队、工作单位、社区项目等基于团体的事业都需要团结。没有什么比和睦的亲密大家庭更能体现团结的了，尤其在家庭需要同心协力来克服障碍和解决问题之时。《坚不可摧的家庭》便生动刻画了这种团结的力量。

坚不可摧的家庭

约翰·帕坎南

　　林迪·国岛是一位出生于美国的日本武士后裔，儿子史蒂文出生后不久，他将两个女儿——十三岁的特鲁迪和九岁的詹妮弗叫到檀香山家中的客厅里，对她们说："我想给你们讲一个故事。一天，武士和三个儿子坐在一起。他拿出一支箭，吩咐儿子们把它折断。儿子们都轻而易举地把箭折断了。武士又拿出三支箭，将它们捆在一起，放到儿子们面前。'现在试试把这三支箭折断，'他说。可儿子们谁也做不到。"

　　故事快要讲完了，林迪目不转睛地看着女儿们的眼睛，继续说："接着武士转向儿子们，说道：'这是我要教给你们的一课。如果你们三个团结在一起，就永远不会被打败。'"

　　作为林迪和格丽夫妇这一亲密家庭中的唯一男孩，史蒂夫得到了特殊的关注。自 1982 年 9 月出生以来，他的两个姐姐就对他宠爱有加。

　　然而，在史蒂文六个月大的时候，母亲担忧起来。身为教师的格丽·国岛不明白，为什么史蒂文每晚会饿醒几次。他白天的行为也令人费解。无论格丽把史蒂夫放在哪里，他都很少动弹，也很少发出声音。格丽对儿科医生说："他和同龄的女孩不一样。"

　　他说："你多虑了，史蒂文发育得很正常，女孩往往发育得更快。"

　　十八个月大的时候，史蒂文仍然不会走路，也不会说话。1984 年初，格丽带着史蒂文去看神经科医生。CT 扫描显示，史蒂文大脑中负责与身体肌肉进行信息传递的小脑蚓部未发育成熟。

这种情况被称作蚓部发育不良,因此史蒂夫的肌肉软而无力,这也解释了他夜间为什么经常醒来。他的舌部肌肉太过无力,导致他在晚上无法喝下足够的奶水充饥。

神经科医生说:"国岛夫人,恐怕你的儿子永远也走不了路,说不了话,也做不了任何需要肌肉控制的事。"

格丽努力地控制自己的情绪,问这对史蒂文的智力会有什么影响。医生回答道:"他会非常迟钝,除了一些最简单的事,他什么都学不会。今后你可以考虑把他送进某个机构。"

这一诊断结果使格丽崩溃了。她好几天都吃不下饭、睡不着觉。深夜,特鲁迪和詹妮弗能听到母亲的低声啜泣和父亲安慰她的轻柔话语。

十一岁的詹妮弗也在与自己的情绪做斗争。她是优等生,也是天生的运动员,社交圈很广。虽然她深爱史蒂文,但她不愿意让朋友们知道她有一个不完美的弟弟。所以在朋友面前,她对史蒂文只字不提。

特鲁迪同样出类拔萃。和妹妹相比,十五岁的特鲁迪却有着超越年龄的智慧。她能接受史蒂文的残疾,但她想弄清楚残疾的严重程度。一天,为了安慰难过的母亲,特鲁迪对医生的话提出质疑。她说:"妈妈,我不相信医生所说的。詹妮弗和我在史蒂文眼中看到了活力。你不能放弃他。如果连你都放弃了他,他就彻底没有机会了。"

特鲁迪的话使格丽重振斗志。她在餐桌上召开了一次家庭会议。

格丽开口说道:"我想了想特鲁迪今天对我说的话,在你们两个小时候,你们的爸爸和我给你们读了很多书。我们觉得这能刺激思维,帮助你们学习语言。我认为我们应该为史蒂文做同样的事。"

"是的!"特鲁迪兴奋地表示赞同。

詹妮弗保证道:"我们一晚都不落地给他读书。"

隔着桌子,四个人手拉着手,低下了头。格丽说:"从现在起,我们发誓要竭尽全力去帮助史蒂文。"

第二天晚上格丽准备晚餐时,特鲁迪在厨房的白色瓷砖地板上放了一个小蒲团,让史蒂文站在上面。因为史蒂文撑不了太久,特鲁迪用胳膊托住他的头,紧抱着他,给他读一本儿童读物。

第三天晚上特鲁迪又这样读了一遍,然后是第四天……读半小时书成为晚餐前的固定仪式。在阅读的时候,詹妮弗和特鲁迪会指着书中动物或人物的插画提出一些问题。但一周又一周过去了,史蒂文只是茫然地看向虚空,似乎迷失在一个黑暗且空洞的世界里,他甚至看都不看那些插画。格丽想,我们真的能激发这个孩子的潜能吗?

绝望感再一次笼罩着格丽。清晨,卧室尚笼罩在黎明前的寂静之中,格丽向林迪倾诉道:"孩子们什么方法都试过了,但史蒂文什么反应都没有。我甚至不知道阅读到底有没有帮助。"

林迪承认:"我们可能永远都不确定自己做的到底有没有用。但我发自内心地觉得,做点什么总比什么都不做要好。"

特鲁迪说:"史蒂文,阅读时间到了。"她和弟弟一起坐在厨房的地板上。三个月过去了,史蒂文仍然没有任何反应。他甚至不怎么动。然而那天晚上,他突然在垫子上扭动起来。

"快看史蒂文!"特鲁迪冲格丽叫道。他们吃惊地看着史蒂文拖着身子爬过地板,沿着墙慢慢爬到儿童读物前,抓起其中一本。

"他在干什么?"特鲁迪问。

因为无法用手指翻页，史蒂文竭尽全力地用手翻着书。当他翻到满是动物插画的一页时，他看了很久。然后，史蒂夫的世界又关闭了，就像它打开的时候那样快。

第二天晚上，这一幕再次发生。当詹妮弗准备开始读时，史蒂文又爬到了那本书前，用手翻到那一页。姐妹俩激动得说不出话来，又哭又笑地抱住他。

"史蒂文记住了！"格丽惊叹不已。

格丽休假了，这样她就能花更多的时间在儿子身上。几个月后，史蒂文对晚间阅读有了越来越多的回应。通过研究这一疾病，格丽了解到，一个脑区受损时，大脑中的其他部分能补偿其功能。她想，也许这样的事在史蒂文身上也发生了。

特鲁迪和詹妮弗都会弹钢琴，现在她们弹钢琴时会让史蒂文坐在钢琴下。一天，在练习过后，詹妮弗把史蒂文从钢琴下抱了起来。这时，他发出了新的声音。"他在哼刚刚听到的音乐！"詹妮弗向父母喊道。她说："史蒂文，你能听懂音乐，是吗？"男孩笑了起来。

与此同时，家人们也在努力锻炼史蒂文的肌肉。林迪去了一所按摩学校上课，学会了给儿子的胳膊和腿做按摩。格丽、特鲁迪和詹妮弗将花生酱涂到史蒂文的嘴唇上。通过舔掉花生酱，他的舌头和下巴能得到锻炼。他们还让他嚼口香糖和吹羽毛。慢慢地，史蒂文脸上松弛的肌肉变得有力起来。

四岁半的史蒂文依然不会说话，但他能发出"啊啊啊"和"哇哇哇"的声音。同时，在助行器的帮助下，他能站起来慢慢地拖着脚走路。此外，他还展现出惊人的视觉记忆力。只要稍作研究，他就能一口气将三百块拼图拼起来。

尽管如此，格丽申请的那些幼儿园依然拒绝史蒂文入学。最终，她带着史蒂文去见了露易丝·鲍嘉，当时她是檀香山查明纳德大学的罗伯特·艾伦·蒙台梭利学校的校长。

鲍嘉看着史蒂文在她办公室的地板上慢慢地爬着。他抬起头，试图和妈妈说话，"啊啊……啊啊"，他不停地做着手势，一遍又一遍地重复叫着。鲍嘉看到了他脸上的痛苦和沮丧，但她也看到了别的东西：史蒂文决心让别人明白他的意思。

鲍嘉说："国岛夫人，我们很高兴史蒂文能来我们学校读书。"

接下来的几个月，男孩依然在一点点地进步。在蒙台梭利学校上学第二年的一天早上，他正在垫子上玩积木。鲍嘉站在一旁，看着老师教另一个孩子数学。

老师问道："下一个数字是什么？"

那孩子回答不出来。

"20！"史蒂文脱口而出。

鲍嘉转过头来。史蒂文不仅口齿清楚，而且给出了正确的答案。

鲍嘉走近老师："史蒂文以前学过这个吗？"

老师回答道："没有，我们一直在教他1到10，没想到他已经学到10以上的数字了。"

格丽接史蒂文放学回家时，鲍嘉把发生的事情告诉了她。鲍嘉说："这只是他潜力的起点。"

1990年2月的一个晚上，林迪载着紧张的詹妮弗去参加她的首场高中篮球赛。七岁的史蒂文静静地坐在后座上，看着过往的车辆。

詹妮弗一如既往地爱着她的弟弟，但她仍然试图对弟弟的残疾保密。可保密越来越难了。两年前，史蒂文学会了说话，但在说话时，他的病会很明显地暴露出来。在走向更衣室前，詹妮弗低声说："求你了，爸爸，别让史蒂文在比赛时大喊大叫。"

比赛开始时，史蒂文激动不已。"詹妮弗，加油！"他缓慢且断断续续地喊着。詹妮弗尴尬地缩了缩身子，不去看弟弟。她知道自己让弟弟失望了，她没有成为父亲故事中的第三支箭。

然而，詹妮弗在家里对史蒂文关爱有加。史蒂文在运动上仍然很吃力，詹妮弗、格丽和特鲁迪竭尽全力地帮助他，让他把潦草的字迹写得可以辨识。一天，史蒂文向詹妮弗保证道："我能做到，给我点时间。"

对史蒂文来说，简单的行走是最大的挑战。在一个寻常的早晨，格丽听到厨房传来砰的一声。"他又摔倒了。"格丽说着便冲向儿子。

摔倒对史蒂文来说是家常便饭，他的膝盖上满是纵横交错的疤痕。但在摔倒后，史蒂文从来不哭，他甚至在这件事上幽默地自我调侃。有一次穿着拖鞋滑倒后，他转头看向父母，扑闪着双眼，说道："现在我知道它们为什么被叫作拖鞋[①]了。"

1991年3月的一天，詹妮弗对高中校长说："我真的很需要去参加这个夏令营，这对我来说非常重要。"

帕乌马鲁夏令营每年举办两次，为期四天，活动地点位于檀香山以北约四十公里处，活动宗旨是帮助学生应对挑战、培养领导技能、直面恐惧和难题。詹妮弗意识到，她因羞于对朋友们提起史蒂文而感到无比痛苦，这是她面临的最大阻碍。

在夏令营的一个下午，詹妮弗和高中的一个男同学在操场上散步

[①] 英语里，滑（slip）和拖鞋（slipper）是同根词。

聊天，感到痛苦得难以自抑，于是滔滔不绝地倾诉起来。她对男孩说："我有一个弟弟。我对他很好，但从某种意义上说，我对他也很坏。我一直不肯面对他身有残疾的事实。我总是妄想这个问题会自行消失。"詹妮弗倾诉完，感到如释重负。

在夏令营的最后一天，每个学生都要在松木板上写下自己战胜的恐惧或难题，然后庄重地用手或脚将木板劈断，以此象征突破。詹妮弗在木板上用大字把自己的难题写了下来。接着她向下用力拍，拍了五次，木头才啪的一声裂成了两截。

第二天回到家，詹妮弗张开双臂抱住母亲说："我自由了，妈妈。我真的自由了。"

自此，詹妮弗彻底地接受了史蒂文。那年秋天，她在自己那个赛季的首场篮球赛上再次听到史蒂文的大声鼓劲。她转向弟弟，热切地朝他招手。林迪想，三支箭真的牢牢绑在一起了。

自1990年起，史蒂文在圣三一学校读了三年，那是一所主流教育标准的天主教学校。对史蒂文来说，学习依然很困难，但他在说话和书写上已与常人一般无二，肢体运动也趋近正常。十一岁时，他已经达到了同龄学生的水平。他能跑能跳，而且开始像詹妮弗一样打篮球。

1992年，夏威夷州州长约翰·威希的妻子林恩·威希注意到了史蒂文。这位夏威夷州第一夫人创办了一个名为"为我朗读"的项目，以此鼓励人们读书给孩子听。读书对史蒂文的帮助给她留下了深刻的印象，她主动联系政府扫盲委员会，为国岛一家安排了表彰仪式。

在州长府举行的招待会上，格丽介绍了史蒂文，接着史蒂文向两百多位地区领导人讲述了他多年来与残疾斗争的历程。全场起立为他鼓掌。

1993年3月,美国红十字会夏威夷分会授予了林恩·威希人道主义奖。她请史蒂文为她的颁奖晚会写一篇致辞。史蒂文花了几小时来思考该写些什么。最终,他总结了阅读对他个人的意义,并以此说明国岛一家的胜利。"我的家人读书给我听,而现在我可以自己阅读了。"

> 读书给史蒂文听是全家人的共同努力。母亲、父亲以及包括史蒂文在内的三姐弟都为之共同努力着。每个人都用自己的方式做出了贡献——父亲的建议,母亲的研究、坚持和牺牲,姐姐们的朗读、钢琴声和关爱(尽管有时关爱也面临着很大的挑战)。这些都展现了团结赋予家庭的非凡治愈力量。

另一种强有力的纽带体现在国家关系中,有时为了捍卫自由和帮助同胞,人们愿意付出一切。

荣耀之战

艾伦·谢尔曼

1940年5月26日，希特勒的军队占领法国，大批英法军队撤退到法国的一个小港口敦刻尔克。从敦刻尔克出发，除了进入英吉利海峡，别无选择。

庞大的英国海军几乎没有足够小或足够敏捷的船只能够进入海峡并疏散人员。因此，自由世界①只能沮丧而痛苦地坐在收音机旁，等待着勇士大军被消灭的消息。

然而，5月27日凌晨，奇迹出现了。

来自不列颠群岛各地的船只出现——穷困的渔民驾着老旧的渔船，贵族驾着快艇，运动员驾着帆船和汽艇。领头船的船长既没有枪也没有制服可穿。他带领着这支由数百艘船混杂而成的舰队，借着月光从希尔内斯起航，穿过潜艇和水雷出没的水域。

晨光照亮敦刻尔克的海滩，领头船靠岸了。受困士兵的欢呼声淹没在上空德国空军扫射和轰炸海滩的轰隆声之中，淹没在英国喷火式战斗机反击的噼啪声之中。

在天穹下的炼狱里，敦刻尔克的奇迹持续了九天九夜，共338 226名英国人和法国人获救。

6月18日，温斯顿·丘吉尔发表讲话："因此，让我们振作起来，履行职责，等到一千年后，大英帝国和英联邦的人民仍然会说：'这

---

① 第二次世界大战时，人们称实行极权主义的德国、日本、意大利三个轴心国家以外的地区为"自由世界"。

是我们最辉煌的时刻。'"

> 我深深敬爱着不列颠群岛的人民,因为我在他们当中生活、工作过。尽管他们在所思所想上存在很大的差异,但也能无畏地指出差异,说出意见分歧。当有人身处困境时,这些人民也能立即坚定地团结在一起,为共同事业而奋斗。

当人们目标一致时,差异不仅会得到尊重,而且会因协同效应带来的价值而真正得到重视。

不同的笔触

珍妮·玛丽·拉斯卡斯

我们将要举办一个粉刷派对活动,所有人都很兴奋,谈论着这个活动将会多有趣。我们会准备一堆滚筒、几块防护布、几罐底漆和一些明亮的颜料。大家聚在一起,快速地将这些房间粉刷一遍。

"就像阿米什人建造谷仓一样!"苏说,"大家齐心协力,一起创造出一些了不起的东西来。"

"太棒了!"我说,和大家一样感到兴奋,因为我们要粉刷的正是我家。

显然，我错了，我不该告诉装修承包商不要粉刷，我忘记了把四个房间都刷上乳胶涂料是多么无聊又漫长的事。

"我们会一起做成这件事的，"杰克说，"这肯定很有意思。"

这时，看起来闷闷不乐的贝丝突然开口宣布道："我不想粉刷。"

天哪。房间里的所有人都是这个表情。

"听着，"她说，"我花二十美元时薪雇人给我家粉刷，不是无缘无故的。我不想粉刷。"

"粉刷不是重点，"她的男朋友比尔说，"重点是互帮互助，是一起做成一些事情。"

"好的，"贝丝说，"那我给大家做点吃的或别的什么，怎么样？"

很好。每个人都这么说。很好。但一周过去了，随着粉刷派对计划逐渐成形，贝丝被集体毫不留情地排除在外了。

十七个人愿意参加活动。大家一个个、一双双地带着礼物到来。莱斯利有撑杆来辅助粉刷天花板，南希和杰克有滚筒和油漆盘，文斯和克里斯拿出了各种小玩意来简化墙角和边缘的粉刷工作，苏和海蒂拿着塑料布遮盖家具。我们分成了几个小组：一群人负责楼上的浴室，一群人负责办公室，两个人负责楼梯间，还有一群吵吵嚷嚷的家伙负责儿童房。

贝丝待在厨房里。"我不想粉刷。"她对还没听过这句话的人说道，你能感觉到怨气像油漆的气味一样在房子里弥漫开。

当我们各自在不同房间工作时，小组精神不可避免地会分裂集体精神。黄色组的浴室，蓝色组的儿童房，蛋壳白一组的办公室，蛋壳白二组的楼梯间，各组间很快掀起了大比拼。蓝色组向黄色组大声宣称自己的天花板是最完美的，而蛋壳白一组则向蛋壳白二组发起了一场踢脚线①比赛。

"我们休息一下!"我所在的黄色组宣布,因为我们决定不参与竞争,也因为我们讨厌失败,而且我们腰酸背痛。

我们走进厨房,发现贝丝正站在自助餐桌前,桌上放着三明治、腌菜和沙拉。嗯,时机正好。因为我们仔细感受了一下,发现自己早就饿了。在蓝色组和两个蛋壳白组发现午餐已经准备好前,我们拿走了所有好吃的三明治。我们一块儿站着,边吃边讨论遮盖胶带的技巧,接着重返工作。

下一次休息时,我们走进厨房,看到贝丝正站在水槽边洗生菜。想想看,我们来来去去,她一直都在那里,真好。她指了指自助餐桌,上面原本有饼干、布朗尼蛋糕和一些美味惊人的椰子方块,现在只剩下两种了,这都要归功于蓝色组,他们这群野牛一样的家伙插队了。

看着贝丝站在水槽边,我想起了我的母亲、我朋友的母亲、每个人的母亲。母亲总是在那里,就在你离开她的地方。

到了九点,团队精神已经堕落到一心只想"完成这件该死的事"了。现在所有人都在儿童房,儿童房还要很长时间才能刷好,因为木制品一直在吸收底漆。一些人暴躁起来,问这到底是谁的蠢主意。

"别这样,各位,"贝丝走进来说,"这么说有人会伤心的。"我们看着她。之前我们因她不属于我们而嘲笑她,现在我们因她不属于我们而爱她。我们爱她还有一个原因在于,接下来她说:"下来吃晚饭

---

① 踢脚线:为装修专业术语,指的是脚踢得着的墙面区域。因为较易受到冲击,所以做踢脚线可以更好地使墙体和地面之间结合牢固,减少墙体变形,避免外力碰撞造成破坏。

吧，待会儿再收拾。"

我们回到厨房，找到了两种千层面、硬皮面包以及用戈尔根朱勒干酪和烤山核桃做成的沙拉。我们将盘子盛满，像疲惫的建筑工人一样坐到椅子上，躺倒在厨房的地板上，把晚餐平放在腿上。

贝丝似乎和任何一位母亲一样，期待着至少一点点的感谢。文斯对贝丝说："我们很高兴你没有跟我们一起粉刷。"

> 我喜欢贝丝的态度。然而一开始，她的态度就与集体产生了直接的冲突。"你说你不想粉刷是什么意思？没有人想粉刷！"他们愤怒地说。但之后这群人逐渐发现了协同增效的益处，学会了珍视差异。当然，他们更加欣赏贝丝的态度。大多数"不想粉刷"的人只会待在家里，躲避粗鲁的目光，但贝丝会带着她所能提供的东西现身。最终，大家因她的存在而得益。互补的团队、家庭或工作单位，是一个使优势发挥作用而弱点变得无关紧要的地方。世界联系日益紧密，这一点变得越发重要。

总结

团结不代表千篇一律。事实上，在众人目标一致的情况下，多样性会增强团结。拥有着"平凡伟大"的人们知道如何融入团队。他们知道如何在团队中合作，不仅是与他人和睦相处，而且做到真正的协同增效。他们不怕为整体利益牺牲自身利益。当然，这并不意味着为融入群体而放弃自我，而是为实现双赢而放大自身的优势。他们不仅因他人的成功而快乐，而且会努力促成他人的成功。他们知道，当"所有的箭"团结起来，挖掘各自的长处，为每个人创造出更加美好的生活时，自己也会变得更加强大。

思考

- 为了帮助史蒂文，国岛一家团结一致，各自发挥所长，献出了时间和关爱。是否有某个目标将你的家庭、工作团队或其他集体团结在一起？每个人都清楚集体目标是什么吗？

- 詹妮弗努力帮助弟弟，但面对外界压力时又羞于提及弟弟的残疾，因而内心十分挣扎。你对团队有多大的贡献？

- 想想你爱的人。你是更经常纠结于他们的缺点，还是会赞美他们的优点，努力帮助他们进步？

- 贝丝的长处是烹饪。你能在身边的人身上看到什么自己没有的长处吗？你有哪些其他团队成员所不具备的长处？如何才能结合彼此的长处，协同增效？

深入认识
团结

❧

协作

在多样性中寻求团结是人类文明面临的重大挑战之一,但同心协力对全人类福祉至关重要。

相聚是起点,团结是进步,同心协力就是成功。

——亨利·福特

船的各部件拆开来都会沉没。引擎会下沉,旋桨会下沉。但各个部件组装在一起,变成一艘船,就会浮起来。

——拉尔夫·W. 索克曼,《宝箱》,查尔斯·L. 沃利斯编辑

我知道,如果我说我占据的是阿波罗11号的三个座位中最好的一个位子,那我要么是骗子,要么是傻瓜。但我可以平静而坦白地说,我对我的座位非常满意。这场冒险有三个人参加,作为第三个人,我认为我和其他两个人一样必不可少。

——宇航员迈克尔·柯林斯(阿波罗11号第一次月球探险时,阿姆斯特朗和奥尔德林登陆月球时,他是驾驶员),《传播火种:一个宇航员的旅程》

❧

组建团队

倘若身边都是强者,就更有可能实现"平凡伟大"。

一天,一个小男孩想抬起一块沉重的石头,却无法挪动半分。父亲在一旁看着,最后问道:"你确定已经用尽全力了吗?""是的!"男孩喊着。

"不，你没有，"父亲说，"你还没有寻求我的帮助。"

——《零零碎碎》(BITS & PIECES)

不要害怕别人有更好的想法或比你聪明。

广告公司奥美的创始人大卫·奥格威向他新任命的办公室主管们清楚地表明了这一点。他送给每个人一个俄罗斯套娃，里面有五个逐渐变小的娃娃。他的留言装在最小的娃娃里："如果每个人都雇佣比自己矮小的人，我们的公司就会变成一个矮人公司。但如果每个人都雇佣比自己高大的人，奥美将变成一家巨人公司。"

——丹尼斯·维特利，《优先事项》

一流的人雇佣一流的人，二流的人雇佣三流的人。

——利奥·罗斯滕

融汇才华

天赋与思想的多样使生活更具风味，也为团队合作和协同效应开辟道路。

倘若所有人音调一致，便无法形成和声。

——道格·弗洛伊德

婚姻的目标不是思想一致，而是共同思考。

——罗伯特·C.多兹

丈夫和妻子借助彼此完善自我，结合的整体大于且优于部分之和。

——威廉·贝内特

许多想法,比起留在其萌生的头脑中,移植到另一个头脑中会生长得更好。

——奥利弗·温德尔·霍姆斯

一个想法可以变成尘埃,也可以变成魔法,这取决于相碰撞的人才。

——威廉·伯恩巴克

涉及观点、道德和政治之处并不存在客观性。我们所能期望的最好情况是,自由使得主观观点能交融和互补。

——端木松

共赢

生命本质上大多是相互依存的。因此,压制他人时,我们也压制了自己,帮助他人提升时,我们也提升了自己。

帮助你兄弟的船渡河,瞧,你的船已经靠岸。

——印地语谚语

把别人按在沟里,自己也只能留在沟里。

——布克·华盛顿

以牺牲他人为代价的幸福是不存在的。

——弗吉尼亚·伯登,《直觉的过程》

合作必须彻底,除非每个人都成功了,否则没人能成功。

——安瓦尔·萨达特

压制他人,自己便难以腾身翱翔。

——玛丽安·安德森

灵魂和精神的胜利也是胜利。有时,即使你输了,你也是赢家。

——埃利·威塞尔

在柏林,杰西·欧文斯似乎必然能赢得1936年的奥运会跳远冠军。一年前,他跳出了8.13米的成绩——这一纪录之后保持了25年。然而,当欧文斯走向跳远场时,他看到一个金发、蓝眼睛的高大德国人正在练习7.92米范围内的跳远。欧文斯感到紧张。他敏锐地意识到纳粹想要证明"雅利安种族的优越性",尤其想要把黑人比下去。

在第一次起跳时,欧文斯不小心在超出跳板几厘米的地方跳了起来。慌乱中,他的第二次起跳也犯规了。再犯规一次,他就将被淘汰。这时,那个高大的德国人自我介绍说,他叫卢兹·朗。谈到那两次起跳,他对欧文斯说:"你本该闭着眼睛也能晋级!"

在接下来的几分钟里,黑人佃农的儿子和纳粹中的白人模范交谈起来。然后朗提出了一个建议:既然预赛的要求只有7.15米,为了以防万一,为什么不在起跳板几厘米前做个记号,从那里起跳呢?欧文斯照做了,并且轻松晋级。

在决赛中,欧文斯创造了奥运会纪录,赢得了两枚金牌。第一个祝贺他的人是卢兹·朗——在阿道夫·希特勒的注视下。

欧文斯再也没见到朗,他死在二战期间。"你可以融掉我所有的奖牌和奖杯,"欧文斯后来写道,"它们都无法与我和卢兹·朗那24克拉的友谊相比。"

——戴维·威勒金斯基,《奥林匹克大全》

1964年,在因斯布鲁克,意大利选手尤金尼奥·蒙蒂和塞尔吉奥·西奥尔佩斯在双人雪橇比赛中很被看好。在第二轮比赛开赛前,冷门的英国队选手托尼·纳什和罗宾·迪克森陷入了绝望,当他们完成令人惊叹的首轮比赛后,雪橇上有一个轴销损坏了,看来他们不得不退赛了。

已经完成第二次滑行的蒙蒂迅速采取了行动。他将自己雪橇上的轴销拆下来,递给纳什。作为奥运会历史上的大冷门之一,英国队赢得了金牌,而富有运动精神的蒙蒂获得了第三名。

四年后,蒙蒂取得了奥运会双人雪橇和四人雪橇比赛的胜利。

——巴德·格林斯潘,《游行》

第六章　　征服逆境

如果你正在掀起风暴，就不要指望一帆风顺。

——P.P. 沙利文

无论是单干还是合作，我们总是会遇到阻碍。能否实现目标，在一定程度上取决于如何应对逆境。幸运的是，在生活中，我们遇到的大多数阻碍最终都对我们有利。它是挑战者，也是教导者。它让我们能爬得更高，探得更深。

有助于克服障碍的原则有：

- 适应
- 宽容
- 毅力

（十六）

适应

有人的地方就有危险。

——拉尔夫·沃尔多·爱默生

  有些人放任逆境击溃自己的精神，但有些人会快速地适应环境并克服困难。适应并充分利用逆境的能力是"平凡伟大"的必备要求。

  多年来，《读者文摘》数百篇跌宕起伏的感人故事讲述了主人公征服各种逆境的经历——从遭受人身攻击到失去挚爱，从经济崩溃到自然灾害，等等。例如，回想一下这本书里早期的故事——约翰·贝克、贝蒂·福特、华特·迪士尼、玛雅·安吉罗和卢芭·格尔卡克，每一个都是征服逆境的故事。尽管对承受者而言，每一次考验都各有其艰难之处，但成功者适应和克服困难的方法存在共性，《枫树的启示》等关于适应的故事就体现了这一点。

枫树的启示

爱德华·齐格勒

埃德加·杰克逊是一名智者,与妻子一同隐居于新英格兰。他表示,如果我去新英格兰,他愿意接待我。

几年前我听过他的演讲,近来又读了他写的几本书。现在我去找他,是因为我希望他的智慧能消除我的忧郁——这忧郁为我的生活蒙上了一层灰暗的痛苦。财物损失和老年无力夺走了我的生活的大部分乐趣。

深冬里晴朗的一天,我在佛蒙特州科林斯附近的一个农场里找到了他,农场周围是积雪覆盖的田野和林地。多年来,埃德加·杰克逊一直以牧师和"心灵医生"的身份写作、演讲和帮助他人,现在他将智慧用于自身。

他之前曾严重中风,右半边身体瘫痪,说不了话。早期预后很不乐观。医生告诉与他相伴了五十三年的妻子埃斯特尔,恢复语言能力是不太可能的。然而几星期后,他就恢复了说话的能力,并且决心要恢复更多的能力。

他站起来迎接我。他身材中等,相貌出众,拄着拐杖慢慢地走着,眼神中闪烁着熠熠光芒。他把我领进他的书房。书房里有一张桌子,上面放着一台文字处理器与大量的报纸和杂志,四周摆满了新旧交杂的书册。

他说他很高兴听到他的书对我有帮助。我告诉他,他的书的确对我有帮助,但接连遇挫还是让我很伤心,我不确定我能否掌控这种情绪。

"那么，从某种意义上说，你正处于悲痛之中。"他说。

但我并未失去身边的任何人，我反对道。

"尽管如此，你正经历的一切都与悲伤有关。关键是要充分悼念所失去的，学会适应失去，以适应来宽慰自己。"他补充说，不这么做的人，最终会因悲伤而感到痛苦和心灰意冷。他们无法找到慰藉。但那些创造性地运用哀悼的人，能获得新的感知和更丰富的信念。这就是为什么大家总是说，必须说出自己的感受，表达自己的情绪。这是哀悼的一部分。只有这样，才能得到治愈。

"我给你看样东西。"他指着窗外一排光秃秃的糖枫树说道。寒风刮着它们的枯枝，把闪着光的昨日积雪吹落。农场的前主人在一片三英亩的牧场周围种植了枫树。

我们从侧门出来，踏着雪地嘎吱嘎吱地慢慢走向牧场。在夏天，这里岩石广布，遍地青草和野花，而现在，花草都因霜冻而变得枯黄干枯。我注意到，每棵大树间都悬挂着刺铁丝网。

"六十年前，种这些树的人用它们来围起这片牧场，省得大量挖掘桩洞。对小树来说，柔嫩的树皮被钉上刺铁丝网钉是一种创伤。有些树选择抗争，有些树选择适应。所以你可以看到，这棵枫树已经接纳了刺铁丝网，并将其融入生命，但那边的那棵树却没有。"

他指向一棵被铁丝严重损毁的老树。"为什么那棵树与刺铁丝网抗争，让自己遍体鳞伤，这棵树却成了刺铁丝网的主人而不是受害者呢？"

离我最近的那棵树上没有一点痕迹。没有长长的痛苦疤痕，铁丝从一侧进入，从另一侧穿出，几乎就像是被钻头插入一样。

"关于这片树林，我思考了很多。"我们转身回家时，他说道，"是什么内在力量使其能克服刺铁丝网的伤害，不让树体的其他部分遭到破坏呢？人要如何将伤痛转化为新的成长，而不是让伤痛侵扰生活呢？"

埃德加承认，他无法解释枫树的遭遇。"但在人身上，"他接着说，"事情就清楚多了。有很多办法可以用来应对困境，度过哀悼期。首先，你要保持年轻的心态。然后，不要记恨。最重要的大概是，竭尽全力地善待自己。这是最难的。你必须花很多时间学会与自己相处，而大多数人往往太过苛责自己。和你自己签一个合约吧，原谅自己犯下的愚蠢错误。"

他若有所思地又看了一眼枫树林，然后带着我回到小屋。"如果能明智地处理悲伤，及时而充分地哀悼，刺铁丝网就不会赢。我们能克服任何悲伤，也能以胜利的姿态继续生活。"

埃德加端着一块苹果酱蛋糕和一杯咖啡出现。"我努力保持成长，寻求新知识、新朋友、新体验。"他看了一眼新电脑和桌上的六本新书，接着说道：他一直在进行自己的战斗——他仍然因部分瘫痪的右半边身体感到沮丧，但他从未认输。

"我们能以痛苦的经历为借口去逃避，也可以选择相信自己能够复活和重生。"他看向路对面覆着白雪的牧场。"你有你的问题。我有我的斗争。我会为自己努力，"他提议道，"如果你也为自己努力的话。"

"谢谢，我会的。"我保证道，然后我们握了握手。我们彼此约定。我获得了一些新的见解，并且得到了一个应对悲伤的策略。

驱车越过山谷时，隔着草地，我能瞥见埃德加的农场。那些有生命的篱笆桩顶随风摇曳着，看上去仍然神秘，却也给了我们很多启示。

> 生命中许多逆境都是暂时的，当我们找到一份工作、化解一场争端或感冒痊愈时，它们很快就会消失。也有一些逆境是长期的，不会从你的心底轻易消失：失去所爱、永久性的身体疾病、糟糕的家庭关系或惨烈的车祸。埃德加·杰克逊的枫树为这种状况带来了希望和指引，它向我们展示了直面逆境、适应逆境和继续前进的力量。

有时适应意味着"总归要做必须做的事"，下面这位青年的经历正说明了这一点。

斗争者

德里克·伯内特

凯尔·梅纳德竭力保持冷静，不与六旗游乐园①的工作人员起冲突。多年来，他发明了一套极具说服力的战术，从施展魅力到展示力

---

① 六旗游乐园：是世界上最大的主题公园连锁品牌，总部设于纽约市。

量，比如做几十个俯卧撑。

但游乐园的操作员还是不肯让步，坚决不让凯尔坐过山车，因为操作员不是把凯尔看成一个运动明星或一个适应能力强、能坐过山车的孩子，而是看成一场官司，而操作员的名字就在被告名单上，以12号字体打印在游乐园的名称下方。

"没有一点儿机会，哥们儿。"

面对朋友，凯尔感到尴尬，他放弃了魅力和幽默的策略。

在两百多名围观者面前，他提出挑战："你去找一个大块头的工作人员，如果他能阻止我坐上车，我就放弃。"

完全不认识凯尔的人可能会觉得这个挑战很可笑，甚至可能会以六旗工作人员的角度看待事情。

毕竟，站在轮椅旁的凯尔·梅纳德还不足一米高。他的手臂到肘部都没了，腿部更是发育不良。这样的身体能用肩带固定在椅子里吗？

但如果你是凯尔·梅纳德本人或他的朋友，你就会明白，没有什么比他坐不了过山车更可笑的了。为了六旗游乐园的大块头员工着想，你会希望对方不接受挑战。因为一旦进入凯尔·梅纳德的世界，你就会明白，残疾并不意味着无能。

凯尔·梅纳德的母亲安妮塔·梅纳德当年怀他时，医生对她和丈夫斯科特说，他们在超声检查中没能找到孩子的腿。然而，第二次检查后，他们向梅纳德夫妇保证，这个孩子有下肢。然后，凯尔出生了。

被医生们误认为是腿的东西，原来是一对畸形的脚，从婴儿的臀部下方突出来。

凯尔没有手。他只有一半的手臂。总之，安妮塔回忆说："他很漂亮，他的脸仿佛在发光，他长着金发、蓝眼、蜜桃般的皮肤。"

这对年轻夫妇不知道未来会怎么样。他们从未见过像凯尔这样的人，所以他们决定慢慢来。很快，他们就不再把凯尔看作残疾人。"他做任何事情都像其他婴儿一样，"斯科特说，"爬来爬去，玩玩具，哭，笑。"

弄清凯尔的病情并非遗传导致，并且几乎不可能出现在他们未来的孩子身上后，斯科特和安妮塔又生了三个女儿。如果说凯尔的父母不认为他是残疾人，那他的妹妹们就更不认为他有什么奇怪的了。他像其他哥哥一样和她们一起玩耍，参与捉迷藏比赛或是与附近的孩子们打水仗。

在上学前，凯尔装上了假肢。原本灵活的他却被假肢束缚住了。假肢害得他坐到地板上就没法站起来。手臂上的乳胶套一直延伸到腋窝，肩带交叉穿过他的后背。这让他格外不舒服。在幼儿园的故事时间，凯尔和同学们会坐在地毯上，当要回到座位上时，凯尔会待在原地，等大人扶他起来。

"妈妈，"一天，凯尔叹了口气说，"我不想再穿这些东西了。我想和大家一起玩。"

那是他最后一次戴假肢。

"我们要摆脱假肢。"安妮塔宣布，"他能从上往下跳，做侧手翻和空翻，在故事时间坐下，跑回到椅子上。"

没有四肢的凯尔茁壮成长着。同学们拿着蜡笔画画，他用两臂夹住蜡笔来画。

同学们学写字，他也练就了一手好字。凯尔得到了一辆电动轮椅，用来远距离移动和保持洁净，但在家里或者类似的可以使用这副天赐之躯的地方，他就把轮椅搁到一旁。

凯尔学会了用双臂重叠着夹住勺子舀起麦片之类的食物，再转动勺子，灵活地把食物送入口中。这没什么大不了的，不论做什么事，本来就都该这么认真细致。然而凯尔却面对着电视台摄像机表演过这一操作。想象一下，人们来到你家，拍摄你用勺子吃饭的画面。现在你对凯尔·梅纳德世界里的生活略有了解了。

梅纳德一家很早就学会了幽默地应对陌生人的反应。斯科特和安妮塔不止一次对孩子们说，人可以有本能的好奇心，但要有限度。"我们大概给别人五分钟时间盯着看，"安妮塔咧嘴一笑，"然后他们就会听到一个老虎伤人的故事。"

有一次，在海滩上，凯尔和朋友们玩得有些过火了。他们在凯尔的四肢上涂满番茄酱，让他从水里冲出来，尖叫"有鲨鱼"。大家并不觉得好笑。

凯尔十一岁开始踢足球。斯科特认为这是个好主意，但凯尔花了不少时间来说服安妮塔。家里的男性成员获胜了，中学校队多了一个小个子铲球手。

观看凯尔的比赛录像时，你会感叹安妮塔竟然能够忍受儿子被摇来晃去的膝盖包围，在泥地里艰难行走。你会被凯尔的无畏和坚韧所震撼。由于脚的形状特殊，他一生中从未拥有过一双鞋；在足球场上，他穿着带护肘的短袜，这种短袜挡不住球鞋踢溅的水花。

从那时起，凯尔开始受到公众的关注，他的励志和勇敢广受赞誉。这对凯尔和他的家人来说很不真实。凯尔并没有想去激励别人或者为自己扬名，他只是想踢足球。尽管如此，他还是欣然接受了这一切。他帅气且老成地回答了媒体的问题。他对着媒体表演了自己的勺子技艺。

凯尔开始进行力量训练，这使他的手臂和躯干更加有力。

他决定专攻摔跤。现在轮到凯尔的父亲斯科特担心了，他高中时曾经是一名摔跤手，让他同意需要一番劝说。这与在足球队不同，足球比赛如果输了，那不是某一个人的错。但如果凯尔输了一场摔跤比赛，那一定是因为他的对手比他更强。他能行吗？

答案很明显。两个赛季以来，凯尔输了每一场比赛。

摔跤比赛往往很漫长，要持续一整天，有时凯尔早上五点起床参加比赛，输了，然后不得不无所事事地坐在那里等待傍晚的另一场比赛，然后又输了。这令人泄气。然而，他不肯放弃。

幸运的是，凯尔的教练克利夫·拉莫斯对凯尔持有包容的态度，采取了创造性的新方法来训练他。"一开始，我不知道该怎么看待凯尔，"拉莫斯承认道，"他的身体太特别了。但后来我们试着把他的体形作为优势，发明了利用下巴和手臂锁定和控制的招式。"

凯尔开始获胜。凭借强壮的躯干和机智的策略，他在 103 磅[①]重量级中成为令人敬佩的选手。

那些同情他的对手很快发现自己被无情地击败了。一些家长和教练甚至抱怨说，大多数 103 磅重的选手都是瘦弱的孩子，比起他们，凯尔很有优势，这不公平。

这似乎很荒谬，但毕竟凯尔曾经在手臂上绑着带软垫的链条袖套，负重 240 磅，重复做了 24 个蝶泳动作，赢得了"最强壮少年"

[①] 1 磅约合 0.45 千克。

的称号。有一次,他完成了420磅的举重动作。他正在逐渐增加到500磅。不过他说:"我需要一些更粗的链条。"

在一个夏天的下午,凯尔开着妈妈的小货车去练习摔跤,车上配备有延长装置,使他能够用手臂操纵脚踏。到了学校,凯尔发现他忘了带电梯的钥匙,无法坐着轮椅到二楼的摔跤室去。"噢,好吧。"他一边说着,一边飞快地来到楼梯处,跳下轮椅。他把轮椅扔在走廊里,沿着肮脏的楼梯间向上爬,看起来就像刚刚参加过越野赛跑。

回到家以后,他向安妮塔提起了这件事。作为公认的洁癖患者,安妮塔明显向后缩了一下。"你为什么不找管理员要电梯钥匙呢?""我不想等。"凯尔回答,"况且,有时人总归要做必须做的事。"

凯尔总是把这句话挂在嘴边。他还有一句口头禅:"我知道我能做什么,我也会去做。"

他的真诚激励着人们,因为这句话来自一个坚如磐石且毫不自怜自哀的人。

高中生涯结束前夕,凯尔再次受到了大众的关注,当时他在学校摔跤队里很是出众。在足球赛中,大家允许他和"健全"的孩子们一起踢球,是一种善意。但在摔跤比赛中,他主宰着赛场。

在一次锦标赛上,一名中年男子走到斯科特面前。他在电视上看到了凯尔,希望能见他一面。他说,凯尔救了他的命。

这名男子曾被过度肥胖、糖尿病、身体状况不佳和情绪抑郁的问题缠身。凯尔积极的态度深深打动了他,彻底改变了他的生活。"你的儿子是行走的抗抑郁剂。"他告诉斯科特。

最后一个赛季接近尾声时,凯尔得以和东南部的一些顶级摔跤手一较高下。他在地区赛中名列第二。州锦标赛开赛前的一个月，每晚训练结束后，他都会多训练两小时甚至更久，队员们都回家了，他还在继续训练。他说自己每晚的训练目标是"累到连轮椅都坐不上去"。在州锦标赛上，他遭受了两次令人心碎的失败。但是，由于之前战绩斐然，他获得了豁免，得以参加全国高级摔跤锦标赛，在那里他进入了前十二名。

凯尔不明白为什么自己会受到那么多关注，他眼中的自己只是"一名普通的高中运动员"。毕业两个月后，他在残疾人论坛上担任主题发言人，解释说他没有任何借口阻止自己为梦想而奋斗。他对听众说："任何人都能突破个人局限，实现梦想。"

2004年8月，凯尔在佐治亚大学开启大学生涯。（他以3.6的平均成绩完成了高中学业，同时，凭借手臂末端的细微调整，他每分钟能打出五十个单词。）由于大学没有联赛球队，他加入了摔跤俱乐部。他想继续公开演讲，学习运动心理学，甚至成为一名教练或经营一家健身中心。

曾有一位法官判处一个问题少年与凯尔共度一天，让他学习什么是逆境。这个离异家庭的孩子因打架斗殴被学校开除，走上了错误的道路。但是凯尔看到了这个问题少年的艰难。

"人们都认为我的生活很糟糕，"凯尔解释道，"但比起这个孩子，我有一个爱我的美满家庭。每个人都有难处，只是我的难处更加显眼罢了。"

一旦明白这一点，你就能进入凯尔·梅纳德的世界。凯尔·梅纳德的神奇之处在于，他能让你相信，如果你是他，你也会做他所做的这些事。

你会发现,凯尔的特殊性并不会因他变成普通人而减弱;他很特别,正是因为他只是个普通人。他会让你相信这一点,于是,你会开始把自己和周围的人视为不可抑制也不可阻挡的潜在自然力量。我们都需要时不时地得到提醒。

> 每个人都面临挑战,没有人能够幸免。但凯尔教给我们的是,坐着抱怨是没用的。他承认、接受、努力克服自己的局限,然后突破局限,做了"必须做的事"。

适当的幽默有时可以帮助我们适应艰难的生活。

笑为良药

罗伯特·辛美尔

第一次踏进亚利桑那州斯科茨代尔的梅奥诊所时,我得知自己得了癌症。当时我想起了那张海报《人类的进化》,只是我看到的是一排秃顶、瘦骨嶙峋、皮肤苍白的化疗病人,他们的手臂上插着静脉输液管。离进化还远着呢,我自嘲道。那是我康复之路的开端。

我从小就着迷于笑的力量。我的父母是大屠杀的幸存者,他们有着极佳的幽默感,并向我介绍了一些当代最伟大的喜剧演员。我是看着杰基·格黎森、厄尼·科瓦茨秀、席德·凯撒、乔纳森·温特斯、《三个臭皮匠》和马克斯兄弟长大的。我从小就明白，如果你能让人们发笑，每个人都会喜欢你。逗笑他人的感觉使我欲罢不能。那时我还不知道，笑的力量将拯救我的生命。

1999 年 3 月，我在科罗拉多州阿斯彭举行的美国喜剧艺术节上表演，那里聚集了众多顶级喜剧演员和要招人的好莱坞高管。出于某种原因，我很幸运地成了活动的焦点。几天后，我收到了家庭影院频道的特别节目邀约。接着，我迎来了自己第三张喜剧 CD 的合同。很快，各大电视台邀请我创作自己的情景喜剧，福克斯广播公司将我的节目《辛美尔》列入了 2000 年秋季节目单。

2000 年 6 月 2 日，我抵达拉斯维加斯，在蒙特卡洛赌场度假村首次亮相。在机场，我看到一个巨大的牌子，上面有我的照片。酒店外又有一个牌子，写着"罗伯特·辛美尔：6 月 2 日和 3 日"。我正乘着火箭在明星之路上飞驰。

两天后，我感到疲惫，有点发热，因此去看了医生。我以为我得了流感。医生在我的左臂下发现了一个小肿块，问我它出现多久了。我对此一无所知，更没有注意到。他要求我做 CT 扫描和活组织检查。

在恢复室醒来时，我的右腋下缠着一大块绷带。我的医生进来说，他在我的右臂下发现了一个杏子大小的肿块。我记得的下一个场景在医生办公室，我的父母和妻子齐聚于此。医生拿着我的片子走了进来。他告诉我这个肿块是恶性的。癌症。非霍奇金淋巴瘤。真倒霉，我说。我得了一个不能以我的名字命名的病。

最难的事是把我的病情告诉孩子们。这不是我们家第一次经历癌症。1992年，我的儿子德里克因脑癌去世。他的生命永远停留在了十一岁。现在，其他孩子要看着我经历和德里克一样的治疗。我知道我必须尽已所能地保持乐观，以努力消除他们对于失去我的恐惧。

由于癌细胞已经扩散，放射治疗已经不可行了。我将接受化疗。如果化疗不奏效，我还能活六个月。如果化疗奏效，我有49%的机会两年内不复发。还有一件事：有不育的风险，可能无法再生孩子。

"如果我死了，"我对妻子说，"我为我曾对你做过的所有坏事感到抱歉。"

她回答说："如果你没死呢？你还会感到抱歉吗？"

在梅奥诊所的第一天，我在比尔身旁坐下，他也在接受化疗。他五十多岁，很瘦，头发也掉光了。我问他过得怎么样。"我看起来怎么样？我得了癌症。"

我尝试和他搭话："我叫罗伯特。我也得了癌症！"

"嗯，罗伯特，这一定是你的第一次治疗吧。等你经历了两三次治疗后，我们再聊吧。到时候我们再看看你有多'乐观'。"

我的护士建议我换座位。她说比尔态度消极，像他这样的人会拖垮所有人。

我的一位医生后来告诉我，癌症患者有两种：传播者和改变者。传播者因为自己的糟糕经历而向周边的人传播消极情绪。改变者能将消极转化为积极。当我遇到比尔时，尽管我还不知道这些术语，但我当即就决定要成为一名改变者。

我问比尔是否参加过互助小组。他说没有，他不喜欢听一堆伤感的故事。我说我前一天晚上去参加了一次，为我将要面对的事情做准备。那里有一个女人很苦恼，因为她认为要是没了头发，她的丈夫将不再觉得她性感了。

我告诉比尔：我看着她，心想，性感？女士，如果你觉得自己现在很性感，也许你需要再检查一下眼睛。

比尔笑了起来。护士们问我说了什么，他们从没见他笑过。第二次去做化疗，比尔也在那里，还给我留了个座位。治疗期间，我们整天都在互相讲笑话。

我开始带着喜剧CD去诊所，一边接受化疗一边听。不知不觉间，我的治疗结束了。我把CD借给了其他病人。很快，他们也笑了起来。

在医院的时候，我向自己承诺，如果我能离开那里，我会永远牢记那些仍在与疾病斗争的人。我还向我的医生承诺，我会用喜剧来科普癌症知识，在我失业前，我会一直带给人们欢笑。

如果确诊癌症，你就会开始与上帝讨价还价："让我渡过难关，我会好好照顾自己。我会按轻重缓急安排好工作和生活。我会充实地度过每一天。"有一次接受化疗时，我想，生病后才允许自己充分享受生活，这不是很可悲吗？

2000年6月5日，我以为我再也看不到希望的曙光了。然而奇怪的是，癌症似乎是第一缕曙光。对我来说，生病是一份礼物。在那之前，我一直生活在黑暗中，就像一匹戴着眼罩的马。当我确诊时，眼罩掉了下来。现在，我沐浴在阳光下。

还有一件事：2003年6月5日，我的儿子萨姆出生了，而三年前，我被告知患有癌症。

> 罗伯特·辛美尔决心成为一名改变者。改变者和变革者是一样的,正如我在前言中所说,他们能将消极转化为积极。罗伯特选择的工具是他最熟悉的方式——笑。笑不仅有治愈的作用,还具有感染性。笑无法解决所有的问题,但能减轻负担,铺平道路。

总结

逆境总是要求我们回答一系列问题:是选择适应、做必须要做的事、保持前进还是选择认输?是当传播者还是改变者?是在乌云中找到机遇和财富,还是在每天的日落中任凭风暴袭来?思考这些问题时,我想起了我的姐姐,她生命的最后几个月一直在与癌症抗争,她抓住这个机会,把疾病当成一个训练场,教导孩子如何微笑着应对困境。她用自己的癌症教导孩子如何积极应对逆境,直到生命的最后一刻。她留下的这份珍贵遗产将永远镌刻在孩子们心中,永远镌刻在所有有幸认识她的人心中。逆境是"平凡伟大"的舞台。

思考

- 你认识某个应对逆境的榜样人物吗?他或她在面对逆境时表现出什么样的特质?
- 面对逆境,你是倾向于像凯尔一样适应,做你必须做的事,继续前进,还是任凭逆境扼杀和阻碍你?过去的哪些例子最能展示出你征服逆境的能力?
- 面对逆境,你更像是一个传播者还是一个改变者?
- 罗伯特·辛美尔用幽默来帮助自己适应逆境,也帮助他人渡过难关。你最近有和别人分享一些好玩的笑话吗?

深入认识
适应

❦

超越

成功者会想方设法地克服障碍并充分利用环境。

世间充满磨难,但战胜磨难的例子比比皆是。

——海伦·凯勒

有些人在逆境中崩溃,有些人在逆境中创造奇迹。

——威廉·阿瑟·沃德,《引用》

大多数人认为大屠杀集中营就像蛇坑,人们会为了生存互相踩踏。但事实并非如此,那里有善良、支持和理解。

我儿时的朋友伊尔丝有一次在营地里找到了一粒覆盆子,她把它放在口袋里一整天,在晚上用叶子包好送给我。这是我想要记住的时刻。人们在恶劣的环境下有着高尚的表现。

——格尔达·韦斯曼·克莱因,《基督教科学箴言报》

多数情况下,我们控制不了发生在我们身上的事,但我们可以控制对这些事的反应。我们可以躺在地上倒数,等待被人抬出擂台,也可以自己站起来。

——安娜·兰德斯,《兰德斯的百科全书》

❦

一线希望

逆境往往能激发出人们真正的精神和品格,并引导人们做出高尚的选择。

逆境是对原则的考验。没有它,人很难知道自己是否诚实。

——亨利·菲尔丁

83岁时,托马斯·爱迪生仍然像往常一样活跃,有人提议为他治疗耳聋,他拒绝了,说他的疾病有助于思考,"我想在死前多思考"。

——迦玛列·布拉德福,《全球商业》

没有沙坑和障碍的高尔夫会变得枯燥乏味。生活也是如此。

——B.C.福布斯,摘自《福布斯箴言录》

每个人都会遇到逆境。如果我们不能从中吸取教训,那它就只是一个惩罚。但如果对它加以利用,它就会变成学费。

——菲尔·麦格劳博士

玉不琢,不成器。

——《礼记·学记》

早春的一天,我遇到了一位老农。那是一个多雨的春天,我说,早春雨水丰沛,对庄稼来说一定是件好事。他回答说:"不,如果一开始的天气对庄稼来说太好了,植物可能只会在表层扎根。这样一来,这些庄稼将来就很容易被暴风雨击倒。然而,如果一开始不那么容易,那么植物将不得不长出粗壮的根,深深扎进土里,吸收下方的水分和营养。等到暴风雨或干旱来袭,它们才更有可能存活下来。"现在,我把艰难的时光看作一个扎根的机会,帮助我渡过未来可能到来的暴风雨。

——杰里·斯泰姆科斯基

愿你的生命中有足够多的云翳,来造就一个美丽的黄昏。

——丽贝卡·格雷戈里

鸟儿在暴风雨后歌唱。我们为什么不能呢?

——罗斯·肯尼迪

放眼世界,机遇往往在问题中产生。

——纳尔逊·洛克菲勒

解决问题

问题出现时,如果能迅速采取行动,把它扼杀在摇篮里,继续前进,那就算得上是出色的应对。

面对问题,最糟糕的应对方法就是躺着不动——这个管理准则在我身上从未有过例外。什么都不做是一种舒适的选择,因为它没有直接的风险,但对于企业的管理来说,这是一种绝对致命的方法。

——小托马斯·J.沃森,摘自《财富》杂志

在每个问题的生命周期中,总有一个时刻,问题大得足以发现,但又小得足以解决。

——迈克·莱维特

一天,在大中央车站,我观察着站在信息台后面的那个工作人员。人们聚集在他周围,吵吵嚷嚷地提出要求,但他丝毫也不慌乱。他会挑一个人,直视对方,从容不迫地回答问题。他不会移开目光,也从不理会旁人,直到他回答完毕并挑出下一个提问者。轮到我时,我称赞了他的镇定和专注。他笑了。他说:"我学会了一次只关注一个人,专心回答一个人的问题直至问题解决。否则我会发疯的。"

——诺曼·文森特·皮尔

把问题说清楚,问题就解决了一半。

——查尔斯·F. 凯特林

有数以千计的人劈砍邪恶的枝干,却只有一个人直击邪恶的根部。

——亨利·戴维·梭罗

化繁为简

缓解压力的一种方法是逐次解决挑战,使其缩小。

有人问亨利·莫顿·斯坦利爵士,在面对曾令无数探险家前辈胆寒的丛林时,他是否也会被吓倒。

爵士表示:"我没有看到全部。我只看到前方的一块石头;我只看到一条毒蛇,为了迈出下一步,我不得不杀死它。我只看到眼前的问题。如果看到全部,我将会不知所措,不敢行动。"

——约翰·麦克·卡特和琼·菲尼,《从最高层开始》

绝不要同时承受一种以上的烦恼。一些人承受了三种烦恼——曾经拥有的一切、现在拥有的一切以及期望拥有的一切。

——爱德华·埃弗雷特·希尔

军医对一个因战斗而疲惫不堪的美国士兵说:把你的生活想象成一个沙漏。沙漏顶部的成千上万粒沙子缓慢而均匀地从中间的细颈处落下,一次一粒。我们每个人就像沙漏一样。当清晨开启工作时,我们觉得当天必须完成数百项任务,但如果不一个一个来,缓慢且均匀地开展,我们就会身心俱疲。

——戴尔·卡耐基,《人性的优点》

缓解压力的真正关键是控制能改变的,接受无法控制的。匿名戒酒互助会上诵读的静心祷文里蕴含很多道理:"上帝赐予我勇气去改变我所能改变的,赐予我力量去接受我不能改变的,赐予我智慧去分辨这两者。"

——保罗·罗斯彻博士

由内到外地努力

遭遇逆境时,人们常常会从外部寻找原因或归咎于外部。开启改变和取得进步的最好方式是,先审视内部——从自己开始。

我们经常更换工作、朋友和配偶,而不是改变自己。

——阿克巴拉利·H. 赫塔

中国有句俗语是这样说的:"如果世界要恢复秩序,我的国家要先治理好;要治理好我的国家,要先改变我的家乡;要改变我的家乡,首先要整顿好我的家庭;要整顿好我的家庭,要先进行自我修养。"[①]

——A. 珀内尔·贝利

人人都想改变世界,却无人想改变自己。

——列夫·托尔斯泰

无法改变自己思想架构的人,也永远无法改变现实。

——安瓦尔·萨达特,《对个性的探索》

倘若人人都能清扫自家门前,整个世界都会洁净起来。

——歌德

[①] 译者注:这段出自《礼记·大学》,原话为:"古之欲明明德于天下者,先治其国;欲治其国者,先齐其家;欲齐其家者,先修其身。"

无法触及自我的人也无法触及他人。

——安妮·莫罗·林德伯格,《海的礼物》

幽默

有时候,应对沮丧最好的办法就是笑一笑,然后继续前进,因为对生活中的某些方面不能太较真。

笑声如阳光,能够驱走人们脸上的冬天。

——维克多·雨果

生活中的多数纠缠最终都是无望的,笑是我们唯一的武器。

——高尔顿·W.奥尔波特博士

如果你希望未来能对某件事一笑置之,不妨现在就一笑置之。

——玛丽·奥斯蒙

笑声给予我们距离。它让我们从事件中后退,着手处理,然后继续前进。

——鲍伯·纽哈特

关于她为什么从小就能用小的不幸去创作喜剧,原因是:喜剧是悲剧的翻版。例如,我烤了一个蛋奶馅饼,晾凉后,上面出现了一摊水。我把它拿到水槽边,微微倾斜,把水倒掉,但里面的馅也都流走了。两小时的努力泡汤了。

——菲利斯·迪勒,美国全国公共广播电台,早间报道

没有快乐的人就像一辆失去弹簧的马车,路上的每一块鹅卵石都会带来颠簸,造成不悦。

——亨利·沃德·比彻

（十七）

宽容

> 我不允许任何人以激起我恨意的方式来使我变得狭隘和堕落。
>
> ——布克·华盛顿

在现代社会中，人们越来越难以控制自己的情绪和行为，特别是在面对他人的不公对待时。然而，这种控制是宽容原则的核心。一个宽容的人会放弃报复，超越个人愤怒，追求更有价值的目标。

圣雄甘地深谙宽容的力量。在他一生中的很多时候，愤怒本会轻易支配他的思想和行动，但他没有被愤怒支配，而是放弃了报复，选择将宽容作为决策的向导。在这个过程中，他对身边的人产生了很大影响。其中一个人是维贾雅·拉克希米·潘迪特，前印度驻英高级专员。她从甘地身上学到了宽容胸襟和治愈力量，并将这一"最好的建议"作为自己的行为准则。

最好的建议

维贾雅·拉克希米·潘迪特

在一个阳光明媚的下午，我从世间最伟大的灵魂之一——圣雄甘地那里收获了最好的建议。

大多数人都会经历一段痛苦的时期，对人性的信仰降至低点。我正在经历这样的时期。我的丈夫不久前去世了。对于他的离世，我深感悲痛。但随后我耻辱地认识到，在印度法律看来，我不是一个独立存在的个体。多年来，包括我在内的印度女性与男性一同参与了争取国家自由的斗争。我们并肩作战，共经磨难，最终实现了目标。然而，在法律上，女性依然是男性的附庸。

现在，作为一个没有儿子的寡妇，我没有资格继承任何家庭财产，我的两个女儿也没有资格。我对这种令人难堪的处境感到不满。我恨支持这项过时法律的亲戚。

这时，我去拜访了甘地并与他道别，打算动身前往美国参加太平洋关系会议。我们聊了一会儿，他问我："你和亲戚和解了吗？"

我很惊讶，他竟然没有站在我这一边。"我没有和任何人争吵，"我回答说，"但我和那些利用过时法律给我制造麻烦、羞辱我的人再也不会来往了。"

甘地朝向窗外看了一会儿，然后转向我，微笑着说："出于礼貌，你该去和他们道别。在印度，我们仍然看重这些事情。"

"不，"我说，"我不会去找那些想要伤害我的人，就算是为了让你高兴也不行。"

"没有人能伤害你,除了你自己。"他仍然微笑着说,"我看到你满心怨恨,如果不加以遏制,你会受伤的。"

我保持沉默,他继续说道:"你要去一个新的国家,因为你不快乐,你想要逃离。但你能逃离自我吗?如果满怀怨恨,你能从外界获得快乐吗?好好想想。退一步吧。你失去了爱人,这已经足够悲伤了。难道你要因为缺乏放下的勇气,害得自己再度受伤吗?"

他的话一直萦绕在我心头,使我的内心久久不能平静。经过几天激烈的心理斗争后,我最终给大伯哥打了电话。我说,临走前我想去看看他们一家人。

和他们共处不到五分钟,我就感觉到,我的来访给每个人都带来了解脱。在我开启人生新阶段前,我向他们讲述了我的计划,并寻求他们的祝福。这对我的影响是不可思议的。我感觉仿佛卸下了一个沉重的包袱,我能自由地做自己了。

这个小小的举动是我身上巨变的开端。一年半后,我在纽约担任印度驻联合国代表团团长。对我们来说,重点是反映南非联盟中印度裔所受的不公待遇。双方都说了些难听的话。对手对我进行了人身攻击,侮辱了印度和我本人,我对此愤恨不已。我用同样锋利的武器回击。

然后,在一场痛苦的舌战后,我突然想到了甘地。他会赞成我的做法吗?在他看来,手段和结果一样重要——从长远来看,手段也许更重要。用伤害对手自尊的不道德手段来促使决议通过,这真的合适吗?

那天晚上睡前,我下定决心,无论如何,我在联合国绝不会再轻率地发言。从那以后,我让辩论回归其本身,不再报复性地回应人身攻击，也不再以低级的辩论策略来取胜。随着我们的转变，对手也发生了转变，从那时起，我们开始基于案件的实际情况进行辩论。

在离开委员会会议室的前一天，我走上前与对方代表团的团长交谈。"在辩论中，如果我的任何话或举动伤害了你，请原谅我。"

他热情地握着我的手说："我没有任何要抱怨的。"

和他和解的感觉很好，但和自己和解的感觉更好。甘地的建议又一次帮助我从自我的束缚中获得了解脱。

他的话帮助我正确地看待事物，即使在小事上也一样。我想，许多女性都会和我一样，有一个反复出现的噩梦：要宴请贵宾，或者客人们已经来了，到用餐时间了，但晚餐没有准备好。你满头大汗地醒来，发现这只是一场梦，这才松了一口气。

但最近这种事真的在我身上发生了。我的贵宾，英国首相和艾登夫人，作为印度驻英的高级专员，他们对我来说再重要不过了。我精心策划了一切，从菜单到鲜花和蜡烛的配色。客人们都到了，酒水也喝了两轮了，我示意管家宣布开宴。但我们仍然在等待。喝到第三杯的时候，我找了个借口跑到楼下的厨房。

厨房里是一幅令人震惊的景象。一个吓坏了的小女佣站在角落里，另一个角落里站着女管家。我的厨师坐在桌子旁，挥舞着一把长柄勺，一边唱歌，一边用脚打着拍子。他的目光呆滞，仿佛置身于另一个遥远的世界。桌子上堆满了鸡块。

我的膝盖发软，但我尽可能地用正常的声音问道："晚餐为什么还没准备好？"

"已经准备好了，夫人，"我的厨师不断地喊道，"都准备好了。大家坐下，坐下……"

我气坏了,差点就大喊"滚出去"。与此同时,我想起那个多次使我平静下来的忠告:如果我失去控制,我只会伤害到自己。

我冷静下来。"让我们找点东西端上桌吧。"我说。

每个人都行动起来。端上桌的菜和菜单上描述的不大一样,但当我告诉客人们发生了什么时,他们异口同声地惊呼起来。有人惊叹道:"你的厨师喝醉时都能准备出这样的菜,那要是在他清醒的时候,做的菜该是什么样的呢?"

我激动的笑声中流露出一丝释然。我的判断力恢复了,我意识到,无论晚宴有多么重要,它都不是生活的中心。

保持分寸感和保持心中没有怨恨一样重要。无论从事什么样的工作,甘地的建议都让人获益匪浅:没有人能伤害你,除了你自己。

甘地告诉维贾雅的,并不是不能有负面情绪和愤怒,也不是要终生忍受不公平待遇,而是绝不能让他人的行为或言语决定我们的反应。宽容的人会基于自身原则和价值体系回应侮辱,而不会被情绪和愤怒左右。

牛仔幽默作家威尔·罗杰斯以其敏锐的机智和刻薄的讽刺而闻名,但他同样有严肃和宽容的一面,他也因而广受欢迎和敬重。

人类的小小幸福

艾伯特·P. 胡特

威尔·罗杰斯说："我从没遇到过不喜欢的人。"这位伟大的美国牛仔幽默作家之所以能说出这句话，可能是因为几乎没有人不喜欢他。当罗杰斯还是俄克拉何马州的一名年轻牛仔时，发生在他身上的一件事可以证明这一点。

1898年冬天，罗杰斯继承了克莱尔莫尔附近的一个牧场。一天，附近的一名农夫杀了罗杰斯的一头牛，因为它撞坏了他的篱笆，还吃了他的玉米苗。根据牧场的习俗，农夫应该把自己的所作所为以及原因告诉罗杰斯，但他没有这样做。发现这件事时，罗杰斯生气极了。他怒火中烧地叫上一个雇工，要骑马去找农夫说个明白。

在骑行途中，北风呼啸，雪花覆盖在牛仔和马身上。当他们到达农夫的小木屋时，农夫不在家。但农夫的妻子坚持让这两个冻僵的人进屋，在火炉旁等他回来。在取暖时，罗杰斯注意到女人既消瘦又疲惫，也注意到五个骨瘦如柴的孩子在家具后方偷偷看他。

当农夫回来时，他的妻子告诉他罗杰斯和同伴是如何骑马从暴风雪中逃离的。罗杰斯本打算怒斥那个人，但他闭上了嘴，向农夫伸出手。

农夫此时还不知道罗杰斯的来意，他握住罗杰斯伸出的手，邀请罗杰斯和同伴留下来吃晚饭。"不过只能吃豆子了，"他道歉道，"暴风雪打断了我，牛还没宰杀好。"罗杰斯和同伴接受了邀请。

在整个用餐过程中，罗杰斯的同伴一直在等罗杰斯提起被屠宰的牛,但罗杰斯只是一直和这家人说说笑笑,看着孩子们眼睛发亮地谈论明天和未来几周有牛肉可吃。

晚餐结束后,北风依然刮着,因此农夫和他的妻子坚持让两人留下过夜。他们真的留下了。

第二天早上,他们带着满满一肚子的黑咖啡、热豆子和饼干上路了。至此,罗杰斯依然没有说出他来访的原因。骑马离开后,罗杰斯的同伴开始责备他:"我以为你会因为那头牛痛骂那个农夫。"

罗杰斯沉默了一会儿,接着回答道:"我本来打算这么做,但后来我有了新的想法。你知道,我实际上并没有失去那头牛。我只是用它换取了一点人类的幸福。世界上有成千上万头牛,但人类的幸福却很少。"

> 罗杰斯带着一肚子恶言和一个壮汉来到这家人面前。但看到这个家庭的状况和孩子们饥饿的眼神后,他没再多说什么。他意识到,生活中的有些事最好别计较,有些牛最好别在意。

在下一个故事中,我们将了解宽恕的原则,继续在宽容的道路中远行。

从黑暗走向光明

克里斯多夫·卡里尔

如果一个人承受了多年沉重的痛苦,他能找到宽恕的力量吗?

大卫·麦卡利斯特的离世带给我巨大的悲痛和解脱。1996年9月的一个早晨,迈阿密下起了雨。没有送葬的队伍,没有鲜花,也没有催人泪下的悼词。

没人前来向逝者致以最后的敬意,并不是因为天气不好。麦卡利斯特在死后收获了他一生所种下的苦果。他是一个小偷、一个骗子,更糟糕的是,他被愤怒和恨意驱使着,满心恶意。

然而,今天我意识到,几乎没有什么事能像这位老人的离世那样对我产生如此强烈的影响。

故事真正始于22年前,1974年12月一个阳光明媚的下午。

在树木繁茂的迈阿密郊区科勒尔盖布尔斯,一个十岁的男孩刚刚在家附近的阿利多大道上走下校车。休是这个瘦高孩子的中间名,他的父亲是一名企业律师,常常这么叫他。他有一头棕色的头发、一双轻易信赖别人的眼睛,脸上总是挂着微笑。

那天下午,休满脑子都是五天后的圣诞节。直到有人开口说话,他才注意到那个向他走来的人。

"嗨,我是你父亲的朋友。"陌生人微笑着说。在那时的科勒尔盖布尔斯,人们对陌生人没多少警惕心,何况他面前这位头发灰白的中年男子衣着得体、彬彬有礼。休也笑了笑。

"我们准备为你爸爸办个派对,"那人继续说,"但是我不知道该送他什么礼物。你可以帮我挑选吗？我们很快就会回来。"

休同意了，他渴望为父亲做点什么。他们走到一辆停在两个街区外的房车前，接着上了车。那个男人驱车向北开去，一路上很少说话，直到城市街道被开阔的田野所取代。在一个偏僻的路段，他靠边停车。"我想我开错路了。"他说着，递给休一张地图，"看看你能不能找到干线公路。"当休研究地图时，男人站了起来，向房车后方走去。

过了一会儿，休感到背部一阵剧痛，就像被蜜蜂蜇伤一样。他又感到另一阵刺痛，接着，他在座位上扭动身子，惊恐地往后缩。男人站在他身旁，目光冰冷而严肃，举起的手里握着一把冰锥。

休试图保护自己，但那个男人把他拽到地板上，用冰锥一次又一次地向下刺着。然而，尽管正处于恐惧中，但休能感觉到冰锥并没有深深刺入自己的身体。男人将冰锥悬在休的胸前片刻，他的手颤抖起来，接着放下了武器。他一言不发地让惊恐的男孩回到座位上，然后朝着远离城市的方向继续开车。

"你的父亲让我损失了很多钱，害我过得很艰难。"男人语气平淡地说。休缩在座位上，吓得说不出话来。他的伤并不严重，但他因害怕而感到疼痛。男人拐进了75号州际公路——这条被称作"鳄鱼巷"的公路会经过一片生活着上千只短吻鳄和数百只其他鳄鱼的沼泽地。

过了一会儿，他说："我打算把你丢在离这儿几英里远的地方。我会叫你的父亲来接你。"他们开了一段时间，然后转向一条土路，驶入一片荒无人烟的空地。"走吧。"男人对休说。

离开了房车，休松了口气，他走了一会儿，面对一片灌木丛坐了下来。袭击者拿着一把小口径手枪向他走来，他没有看到。子弹穿过了他的左侧太阳穴，他也没有感觉到。

整整六天，休的父母都不知道孩子是生是死。希望一天天流逝。这场绑架没有目击者，警方也毫无线索。他们最小的儿子仿佛从地球上消失了。

圣诞节后的第二天，他们接到了科勒尔盖布尔斯警察局的电话。有人发现休坐在沼泽地公路旁的一块石头上。

休被绑架和幸存的故事成为迈阿密的头条新闻。在沼泽地昏迷了近一周后，休醒了过来，踉踉跄跄地走到公路上，一个路过的司机救了他。子弹从休的右侧太阳穴射出，切断了他的左视神经，使他的左眼永久失明。所有人都认为他能活下来是个奇迹。

在随后的几周里，刑警们与休密切合作，试图找出袭击他的人。他描述了袭击者对他父亲表现出的愤怒，并向警方的画像师详细地描述了男人的外貌，包括他手臂上褪色的文身。刑警们列出了一份嫌疑人名单，其中有一名男护工，休的父亲雇他来照顾自己年迈的叔叔。最近，休的父亲因为这名护工在工作时间喝酒而解雇了他。在刑警们看来，解雇提供了完美的作案动机——报仇。

嫌疑人拥有一辆与休的描述相符的房车，并且有持械抢劫、汽车盗窃、伪造罪和越狱等案底。他的名字叫大卫·麦卡利斯特。

几星期以来，休研究了数百张照片，但可能是因为绑架留下了精神创伤，他无法确定麦卡利斯特就是袭击他的人。没有确切的身份确认，刑警们就没有足够的证据逮捕他。

几个月乃至几年过去了，麦卡利斯特依然以自由人的身份走在大街上。

很少有人比科勒尔盖布尔斯警察局的警长查克·谢勒更受此案的

影响。谢勒是协助调查此案的一名警官，他有两个和休差不多大的孩子。他被这起犯罪吓坏了，和其他调查人员一样，他强烈认为麦卡利斯特应该对此负责。

当警察去审问时，麦卡利斯特带着得意的笑容打开了门。

"哎呀，"他说，"什么事耽误了你？我已经等了两个星期了。"然后他拒绝承认自己与案件有任何关联。

麦卡利斯特傲慢的态度很快激怒了谢勒。在接下来的几年里，谢勒一直密切地关注着他，希望他能露出破绽。通过与认识他的人交谈，谢勒能拼凑出一个刻薄、恶毒的酒鬼形象。

麦卡利斯特没有朋友，他的家人也不愿和他扯上任何关系。绑架休的人过着孤独且不幸的生活，这令谢勒感到些许欣慰。尽管如此，他还是下定决心，总有一天要让麦卡利斯特正视自己的罪行。

对休来说，生活一直在走下坡路。他不再感到安全，很少独自外出。在接下来的三年里，他几乎每个晚上都睡在父母床边的地板上，任何响声都能让他感到恐慌。

随着年龄的增长，他对自己因受伤而半闭着的眼睛感到越来越难为情，他几乎找不到任何理由欢笑。他觉得人们盯着自己，并确信自己永远无法过上正常的生活。最终，他的恐惧变成了怨恨，因为他的纯真被偷走了。尽管有父母和朋友的支持与鼓励，他依然生活在不安的阴霾之中。

十三岁时，休意识到，除了家，还有一个地方能带给他一定的安全感：家附近的教堂。基督教中关于希望和宽恕的思想似乎能直接与他对话，深深打动了他。自从经历了那一场劫难，他一直在寻找方法来应对恐惧和愤怒。在教义里，他终于找到了。

一天晚上，在结识于教堂的几位朋友的敦促下，他说出了自己的故事。他吞吞吐吐地说着，对朋友们会有什么样的反应感到忐忑不安。

令他惊讶的是，听完他的故事，朋友们都表现出了支持和鼓励。泪水在眼眶中打转，他第一次意识到，他那奇迹般的幸存也许不是恐惧和仇恨的源泉，而是力量的源泉。

他的信仰越发虔诚，恐惧逐渐减少，脸上也再次出现笑容。他逐渐意识到，传播信仰是他想要用一生去做的事业。

高中毕业后，休进入佐治亚州梅肯市的莫瑟尔大学学习基督教和心理学。接着，他去得克萨斯州福特沃斯的西南浸信会神学院进修，在那里获得了神学硕士学位。

1991年，休遇到了莱斯利·里奇，一个魅力四射的红发女郎，她和休有着同样的信仰，渴望从事与青年人有关的工作。一年后，他们结婚了。1994年，莱斯利生下了他们的第一个孩子阿曼达。他们俩一共孕育了三个孩子。

"我知道上帝让我在沼泽地活下来一定是有理由的。"休抱着阿曼达对莱斯利说，"现在我知道理由是什么了。"

1995年搬回迈阿密后，休在科勒尔盖布尔斯的地方教会担任青年部主任。学生们经常问起他的眼睛，而讲述这个故事是破冰的好办法。孩子们知道了休所经历的一切后，就会很乐意对他敞开心扉。

1996年，32岁的休对自己的生活非常满意。他已经在很大程度上克服了过去的恐惧，但有一个问题仍然困扰着他：如果见到那个想杀死他的人，他会做什么？每当说起自己的故事，他总会被问到这个问题，而他总是回答说："我希望我能拥有原谅他的力量。否则，我将像他一样，一辈子生活在愤怒和仇恨中。"

然而，休知道，自己并不确定答案是什么。

1996年初，休惊讶地接到了查克·谢勒的电话，他现在是科勒尔盖布尔斯警察局的内务指挥官。谢勒解释说，他的一位同僚知道自己对休的案子很感兴趣，近期走访了迈阿密北部的一家养老院。大卫·麦卡利斯特如今就在那里。谢勒开车去了那里，和麦卡利斯特交谈。"麦卡利斯特最初很谨慎，"谢勒对休说，他犹豫了一下，然后说，"但他承认了，绑架你的人就是他。"休沉默了。谢勒接着说："你想见见那个曾经想杀死你的人吗？"

各种杂乱的思绪和情感从休的心头掠过，但他听到自己回答说："是的……我想见他。"第二天，休来到了养老院。沿着长长的走廊走向麦卡利斯特的房间时，他感到胃部一阵发紧。

他从来没有这么紧张过。他能做到和那个开枪杀他的人握手吗？如果不能，那他教给学生关于宽恕的一切都是谎言吗？

休走近房间，担心自己见到麦卡利斯特时会情绪失控。他站在门外，深吸了一口气，用尽所有的力量和勇气才踏进房间。

他对所看到的一切毫无准备。躺在床上的不是他梦魇中的怪物，而是一个体重不到70磅的憔悴的77岁老人。他的脸就像一副皱皱巴巴的面具。他的眼睛因青光眼而失明，正茫然地盯着天花板。

休做了自我介绍，在他说话时，老人露出了往日的傲慢。老人说："我不知道你在说什么！"

几分钟后，老人的内心似乎发生了变化。他沉默良久，脸上的肌肉逐渐松弛下来。他开始颤抖，接着哭了起来。他伸出一只孱弱的手，休把它握在自己手里。"对不起。"麦卡利斯特最后说，"我很抱歉。"

休凝视着他，复杂的感情和怜悯涌上他的心头。"我只是想让你知道，我很幸运，"他说，"你所做的并没有终结我生命的意义。它是我生命的开端。"

麦卡利斯特紧紧握住休的手，低声说道："我很高兴。"

在接下来的三个星期里，休几乎每天都去看望麦卡利斯特。每当听到休的声音，老人都明显会高兴起来。

尽管虚弱得快说不出话来了，麦卡利斯特还是向休讲述了一些他的生活。他在父亲缺席的环境中长大，童年几乎都在少年拘留所度过，十几岁就有了严重的酗酒问题。他被家人厌弃，也没有朋友。休很清楚，麦卡利斯特后悔自己带着愤怒和羞愧度过了一生。

麦卡利斯特解释说，他一直认为只有傻子才相信上帝，但在休的帮助下，他开始祈祷。

一个秋日的午后，在养老院，休谈到了自己的信仰，并希望麦卡利斯特刚刚萌芽的信仰能够成长起来。"我打算去天堂。"休对他说，"我希望你也能去那里。我希望我们的友谊能继续下去。"那天晚上，麦卡利斯特在睡梦中去世了。

即使到今天，每当走在阿利多大道上，我依然会不由自主地想起多年前的那个下午，大卫·麦卡利斯特从阴影中走出来。

麦卡利斯特的离世让我感到解脱，也让我确定那个怪物再也不会回来了。但在他生命的最后几天，他变了个人，仿佛从阴影中走了出来。那个人所经历的痛苦远比我们想象的要多。也许，在某种意义上，他为自己造成的苦难付出了代价。

听起来很奇怪，但老人对我造成的影响，的确比他知道的还要多。在他的黑暗中,我找到了指引我的光。对大卫·麦卡利斯特的谅解给我带来了永恒的力量。

没错,休是我的中间名。我就是那个男孩。

> 选择不原谅,我们就会失去自己的未来。仇恨是为他人的弱点赋能,是帮助他人夺走我们自己的力量。在仇恨的状态下,今天和明天都被昨天挟持。

总结

很多人都做不到宽容。因为人们报复心切,急于批评,急于挑错和急于报复。人们快意地吐出报复性的话语,迟迟不肯原谅,甚至迟迟不肯忘记。稀缺心态是做不到宽容的主要原因。拥有稀缺心态的人认为,世界上可供使用的资源是有限的。他们把生活看成一个馅饼,认为当别人得到一大块时,他们得到的就少了。这样的人总是试图报复,试图把别人拉到与自己齐平的水平,以便自己能得到一块同等或更大的馅饼。但宽容的真正根源是一种富足的心态和内心的安宁。宽容永远是"平凡伟大"最显著的特征之一。

思考

- 你如何评价自己控制情绪的能力？你的朋友、孩子或同事如何评价你的情绪控制能力，尤其是在激动的状态下？
- 最近有人冒犯你吗？你是如何回应的？你宽容吗？如果再次遇到相同的情况，你的回应会有所不同吗？
- 宽容的最高形式之一是宽恕。宽恕是你为人所固守的品质之一吗？

深入认识
宽容

控制情绪

人都有情绪，但有安全感的人能控制情绪，也知道如何控制情绪。

人都会生气，因为生气很容易。但是，在正确的时间、出于正确的目的、以正确的方式、对正确的人、以正确的程度生气，这并不容易。

——亚里士多德

没有什么比始终保持镇静更能给人带来优势。

——葛培理牧师

头脑发热而内心冷漠，永远解决不了任何问题。

——托马斯·杰斐逊

挫败的怒火在心中升腾时，我会回想起温斯顿·丘吉尔在第二次世界大战期间说过的话。"先生，"首相对一个脾气暴躁、没有耐心的将军吼道，"你没有控制住自己的情绪。情绪主宰了你！"

——诺曼·文森特·皮尔

在一名粗心的司机造成了一次异常严重的交通堵塞之后，我称赞了一名芝加哥出租车司机平和的性格。"啊，"他回答说，"你不能让任何事情激怒你，否则你就会整天跟自己过不去。"

——E.G. 斯旺森

人类失去了冷静，就像钢铁失去了硬度，就会失去价值。

——查克·诺里斯

愤怒是一个糟糕的顾问。

——法国谚语

我不允许任何人以激起我恨意的方式来使我变得狭隘和堕落。

——布克·华盛顿

沉默是金

当局面紧张起来时，最明智的做法往往是什么也不说。

在一次火车旅行中，我父亲无意中犯了一点小错，被一个年轻的列车工作人员毫不留情地训斥了一顿。那时我还年轻，事后火冒三丈地对父亲说，他应该好好教训一下那个人。

父亲笑了。"噢，"他说，"既然这种人能忍受他自己一辈子，我当然也能忍受他五分钟。"

——佚名，《天主教引言》

治疗愤怒的最好方法是拖延。

——塞内卡

生气时，先数到十再开口；如果非常生气，就数到一百。

——托马斯·杰斐逊

盛喜中不许人物，盛怒中不答人简。

——中国谚语

过河前千万不要侮辱鳄鱼。

——科德尔·赫尔

我口才了得,能在任何话题上赢得辩论。不信的话可以问问我剩下的朋友,大家都知道这一点,所以在聚会时都会避开我。通常,为了向我致敬,大家干脆不邀请我。

——戴夫·巴里,《迈阿密先驱报》

化敌为友

化敌为友是宽容最好的回报。

他画了一个圆圈,把我拒之门外——说我异端,骂我反叛,蔑视我。
但爱和我有取胜之法,我们画了一个圆圈,把他纳入其中。

——埃德温·马卡姆

布克·华盛顿为了对抗根深蒂固的白人偏见,在亚拉巴马州创立了塔斯基吉大学。一天,他经过一座豪宅,一位富有的女士朝他喊道:"过来,黑小子,我需要一些木头。"对她来说,他只是一个黑人。

布克·华盛顿二话不说地脱下外套,拿起斧头开始工作,他不仅劈了一堆木头,还把它们搬进了屋里。

他刚一离开,一个仆人就说:"夫人,那是华盛顿教授。"女士羞愧不已,前往学院道歉。教育家布克·华盛顿回答说:"不必道歉,夫人。我很乐意帮朋友的忙。"这位女士成为塔斯基吉大学最热情、最慷慨的支持者之一。布克·华盛顿拒绝受侮辱或迫害的影响。

——克拉伦斯·W. 霍尔

我们一家八口有一块不错的地,上面种了菜,菜园周围种着紫丁香丛。我们后面的一间公寓里住着一些人,他们过去常常把旧鞋子、旧袜子等各种各样的垃圾扔到我们的花园里。我的哥哥和我认为这些乱扔垃圾的人应该受到谴责。

母亲在老家从未上过文法学校,也从未听说过"心理学"。她叫我们去摘紫丁香,吩咐我们给后面的十几户人家各送一束花,并说母亲认为他们可能会喜欢。

奇迹发生了,再也没人乱扔垃圾了。

——由里奥·艾克曼采编,《亚特兰大宪法》

回应批评

批评的声音无处不在。但我们不必对侮辱耿耿于怀,也不必令自己的思想和行动受其摆布。

伟大的钢琴家和音乐教育家西奥多·莱斯切蒂斯基曾言:"令人不快的话可以促使我们思考,让我们学到很多,而美好的东西只会让我们高兴。"

扪心自问批评是否合理,不要找借口或把自己的行为合理化,倘若屈服于这些,可能只会错上加错。如果最终发现批评者所言非虚,最好的办法就是承认错误。

——诺曼·文森特·皮尔

就算不回答,只是听完所有批评和攻击,我的办公室也得停业。我全力以赴,尽我所能。我将一直这样做,直到最后。如果最终发现我做错了,十个天使发誓我是对的也无济于事。如果最终发现我是对的,那么现在对我的批评就毫无意义。

——亚伯拉罕·林肯

但如果忍不住要回应别人的批评,不妨以幽默的方式作答。

有一次,船长在航海日志中写道:"大副今天喝醉了。"酒醒后,大副懊恼极了,也生气极了,恳求船长把记录抹去,说自己以前从未喝醉过,以后也不喝酒了。但船长说:"在这本日志里,我们写的都是事实。"第二个星期,大副在航海日志上写道:"船长今天很清醒。"

——威廉·里昂·菲尔普斯,《冒险与忏悔》

报复

报复是一种难以带来回报的做法。

如果想着扯平,就不可能领先。

——迪克·阿米

纵观人类心灵的激情,没有一种能像复仇的激情那样,要求如此之高,回报却如此之少。

——H.B. 肖

以火焰还击于火焰,终究会把自己烧为飞灰。

——阿比盖尔·范布伦

如果一心报复,自己的伤口就永远不会愈合。

——弗朗西斯·培根

我和别人吵过几次架,但我从不记恨。你知道为什么吗?你满心怨恨,而别人出去跳舞了。

——巴迪·哈克特

憎恨别人就像为了除掉一只老鼠而烧掉自己的房子。

——哈里·爱默生·福斯迪克,《金书》

怨恨就像你服了毒后却等待对方死去。

——马拉奇·麦考特

宽容

诚然，宽恕是大度的最高形式之一。

放弃复仇，宽恕伤害，人类的灵魂就会变得强大而高尚。

——E.H. 查宾

真心原谅仇人，不论对方是否知晓，我们都能够体验到一种持久的快乐。

——O.A. 巴蒂斯塔

长寿而富有成效的人生秘诀之一就是每晚睡前原谅所有人、所有事。

——安·兰德斯

每个人都应该在心里留一块相当大的墓地来埋葬朋友的过错。

——亨利·沃德·比彻

埋葬斧头后，不要在埋葬点做标记。

——《英语文摘》

把伤害写在沙子上，把善意写在大理石上。

——法国谚语

一名年轻姑娘在糟糕的家庭中长大，她对父母充满怨恨。但当她确诊乳腺癌时，她决心不计前嫌地去爱他们。

每天早上去上班时，她都会对母亲说"我爱你"。母亲从不回应。

大约三个月后的一天，年轻姑娘上班迟到，冲出家门。母亲急忙跑到门口，喊道："你忘了！""忘了什么？""你忘了说我爱你。"她们拥抱、痛哭，治愈了彼此。

——伯尼·S. 西格尔，《生活的处方》

（十八）

毅力

> 我可以用一个词来总结我从生活中学到的一切：永不停息。
>
> ——罗伯特·弗罗斯特

生活中最大的两个障碍是挫败和倦怠：有了一个好主意，制订了一些计划，一切进展顺利，直到首次受挫；或者一心扑在工作上，享受了几次成功的喜悦，然后意识到前路比预想的要漫长得多，于是精力消退。

毅力能够战胜挫败和倦怠，帮助人们挺过艰难困苦的时期。以下三个故事都与毅力有关。《写〈弥赛亚〉的男人》的情节与查尔斯·狄更斯创作《圣诞颂歌》的经历颇为相似，是另一位天才作曲家的故事。阅读故事，了解乔治·弗雷德里克·亨德尔如何以毅力驾驭成败。另外两篇文章指出，坚持不懈需要与长远的目光相结合，要关注未来，而不是过去，要勇于无视泼冷水的人。

写《弥赛亚》的男人

大卫·贝尔比

英格兰西部港口切斯特,雾气笼罩码头,光秃秃的桅杆在一旁随风摇曳。无所事事的水手们在寒冷中跺着脚,交易咖啡厅的铅玻璃窗蒙上了一层雾气。

一个魁梧的男人站在窗前,焦躁不安地看着那帮水手。风势仍然不利,又一次无船出海。但他必须尽快前往爱尔兰。

他是乔治·弗雷德里克·亨德尔,曾经是欧洲的宠儿,最受追捧的作曲家。但在1741年11月这个无望的日子里,他濒临财务破产,甚至在艺术方面也江郎才尽。债主穷追不舍,而公众也抛弃了他。

他离开了窗边,不安地坐在硬橡木椅子上,抽起烟斗。这是一个忧郁的日子。

亨德尔的父亲老亨德尔是德国黑尔镇的一名外科医生,年轻时曾把亨德尔带到约翰·阿道夫公爵位于魏森菲尔斯的府邸之中。自那以后,音乐便成了亨德尔走向世界的通行证。老亨德尔希望儿子成为一名律师。

有一天,老亨德尔在工作,百无聊赖的亨德尔漫步到公爵府邸的小教堂里,用管风琴来了一段即兴演奏。听到脚步声,亨德尔转过身来。约翰·阿道夫公爵站在一旁看着。

公爵问道:"这是谁家的孩子?真了不起!"公爵召来老亨德尔,告诉他,让这样一个神童成为律师是犯罪。

亨德尔学得很快。在他十几岁的时候,他离开哈雷,先是去了汉堡,又去了意大利学习歌剧创作艺术。到了二十五岁左右,他把目光投向了伦敦,那里音乐氛围浓郁,人们愿意为艺术买单,是举办盛大演出的好地方。

1711年,亨德尔为英国观众创作的第一部意大利歌剧《雷纳多》在新海马克剧院上演了十五个晚上,场场爆满。这是伦敦音乐界前所未有的成功,它打响了亨德尔的名声。众多公爵和公爵夫人离开乡下的庄园,来到伦敦听歌剧。在城市拥挤的街道上,买到票的幸运儿用口哨吹起了歌剧的旋律。

1713年,为庆祝和平条约的签订,亨德尔在圣保罗大教堂举办了《感恩颂》演出,此后,安妮女王授予亨德尔每年两百英镑的津贴。加上歌剧收入,当时的亨德尔可能是世界上收入最高的作曲家。

安妮女王的继任者乔治一世国王又追加了两百英镑的津贴。国王还加入了许多伦敦时尚人士的行列,向亨德尔的歌剧公司"皇家音乐学院"投资了数千英镑。

皇家音乐学院是亨德尔梦想的巅峰成果。大多数音乐家依赖贵族的资助来维持生计。但亨德尔学会了同时成为艺术家和企业家。他一边作曲,一边招募投资人、聘请歌手,履行各种行政职责。只要人们喜欢他的歌剧,就会买票,"学院"就会获得可观的利润。

投资亨德尔似乎是一个安全的选择。1715年,在《阿玛迪吉》的演出中,观众不断要求重唱咏叹调,直到最后剧院管理层禁止重唱,演出才得以在黎明前结束。1720年,《阿米斯托》首演,汹涌的人群为抢占座位而大打出手。

那是辉煌的岁月,整个伦敦都在谈论亨德尔如何坚守艺术理念,不受权贵赞助者和著名歌手威胁。一位男高音威胁说,如果亨德尔不改一个调子,他就要一头撞到羽管键琴上去。作曲家回答说:"这可比你的歌声有趣得多。"

但到了18世纪20年代中期,亨德尔的运道开始走下坡路。观众越来越少,1728年,学院不得不宣布破产。也是在那一年,诗人约翰·盖伊创作了《乞丐歌剧》,一部模仿意大利歌剧的作品,以英语演唱。这部作品取得了巨大的成功,并掀起了一股乐潮——朗朗上口的音乐与英语歌词交织的表演。这股新热潮又为亨德尔意大利剧目的棺材板钉上了一颗钉子。

但亨德尔坚持作曲,并且坚持不懈地创作歌剧。1737年,他因压力和过劳患上了麻痹症,右手有四根手指不能正常活动。一封封信件承载着对亨德尔走向落寞的担忧,从英格兰飞到了欧洲大陆。未来的普鲁士国王腓特烈写信给他的英国王室表亲说:"亨德尔的伟大时代已然过去,他的灵感已然枯竭,他的品位已然落后于时尚。"

那年夏天,绝望的亨德尔离开英国,到德国亚琛著名的温泉进行疗养。他每天泡在汩汩冒泡的水中,旁边漂浮着小托盘,托盘上是简餐和点心。这是一个令人愉快的地方,他也振奋起来。

一天下午,刚泡进水里没多久,亨德尔就走出了浴池,急匆匆地穿好衣服。几小时后,他还没有回来接受下一次治疗。负责温泉浴场的修女们担心起来。这时,修道院教堂里传来一阵美妙的音乐。修女们裙裾飞扬地跑到教堂去看。亨德尔在那里,莫名其妙地恢复了健康,正在管风琴上愉快地即兴演奏。

亨德尔的身体恢复了,但是他的歌剧却没有随之重获公众青睐。他债台高筑,过去的歌剧投资耗尽了他的积蓄。

几年来,随着一部又一部歌剧惨淡收场,亨德尔只得靠举办音乐会勉强维持生计。1741年夏天,五十六岁的亨德尔一定在思考,是否到了该彻底放弃舞台的时候。

一天早上,仆人送来一大沓用羊皮纸包着的文件。这些文件由诗歌爱好者查尔斯·詹宁斯撰写。

富有的詹宁斯是亨德尔的粉丝,多年来一直希望亨德尔能把他的作品谱成曲。他之前给亨德尔寄了一部根据扫罗和大卫的圣经故事改编的剧本。亨德尔基于这个作品写了一部清唱剧。清唱剧是一种没有布景、没有华美戏服的简化歌剧。可惜这部歌剧并没有取得成功。没有特效,没有华服,那会是什么样的呢?

亨德尔仔细研究了这个新剧本。和詹宁斯之前的作品一样,新剧本的情节取材于《圣经》。但这次不一样的是,剧本的文字实际上也是来自《圣经》。詹宁斯巧妙地将《旧约》和《新约》的引文整合成关于基督诞生、牺牲和复活的动人故事。他把这个作品称为《弥赛亚》。

开篇是以赛亚许诺拯救的预言:"要安慰我的子民。"对亨德尔来说,为这些简单又熟悉的安慰话语配上旋律,就像呼吸一样轻而易举。他的灵感源源不断地涌现出来。

爱尔兰总督邀请亨德尔到都柏林,为慈善事业打造一部作品。在这种情况下,不论作品反响如何,至少可以让需要帮助的人受益。亨德尔开始工作,满怀信心地着手创作。他在8月22日开始写《弥赛亚》,二十三天后就完成了。这音乐为他带来了希望,这比票房吸引力更宝贵。

亨德尔打起精神,付了账,离开了切斯特咖啡馆。他漫步回到金隼旅馆。这里的环境与他所习惯的宫殿和温泉浴场相去甚远。当他走进自己的小房间时，他又在与绝望做斗争。付出了如此艰巨的努力，他的音乐难道会被这急风猛浪所阻挡吗？他怀着惴惴不安的心情上床睡觉，试图重新点燃奇迹般的作品给他带来的希望。

第二天早上，风向变了！

都柏林的音乐爱好者们期待着一场不同寻常的演出。亨德尔已为新作排练了好几个月。主流报业呼吁在首演时"女士不穿裙撑，男士不佩剑"，以便菲山伯大街的剧院能够多容纳一百人。

1742年4月13日，亨德尔坐在羽管键琴旁，看到了一群热情又吵闹的观众。他朝自己那一小队乐手点了点头。没有更多的仪式，《弥赛亚》在首演的宁静序曲中来到这个世界。

演出还未结束，音乐已令都柏林人感动落泪，令评论家们欣喜若狂。

第二场演出，观众热情高涨，以至于为了防止大厅过热，剧院把玻璃窗都拆除了。最重要的是，这部作品为慈善事业带来了意外之财。四百英镑捐给了医院和疗养院，一百四十二名囚犯在《弥赛亚》为他们还清债务后重获自由。

但1743年3月23日，《弥赛亚》在伦敦的首演却是另一番景象。人们在布道中反对演出。《圣经》的文字难道要为了纯粹的娱乐而演唱出来吗？寻求娱乐的观众则对故事情节的缺乏和华丽的咏叹调感到失望。后来，歌剧狂热分子雇佣暴徒殴打去看亨德尔作品的人。

亨德尔想，没关系。他的新灵感给他带来了更多作品。《参孙》《犹大·马加比》《皇家焰火》都获得了成功。他也有过失败。但他心中燃烧着新信念，坚持不懈地创作着。看到《狄奥多》演出的空座，朋友们纷纷安慰亨德尔，亨德尔耸肩回道："我的音乐会越来越好。"

在生命的最后十年里，亨德尔坚持每年都为慈善事业献上他心爱的《弥赛亚》。伦敦的观众逐渐蜂拥而至。据说第一次听到这部清唱剧时，乔治二世国王激动得无法自抑。随着嘹亮的"哈利路亚"大合唱响起，他站了起来。观众席骚动起来，在丝绸的沙沙声和剑的铿锵声中，全场起立。时至今日，每当这首合唱曲的欢快旋律响起，英语世界的观众都会起立。

那股神秘而强大的灵感孕育了《弥赛亚》，恢复了亨德尔动摇的信心，并帮助他摆脱了毁灭和落寞的命运。

亨德尔晚年双目失明，但仍然坚持作曲和演奏管风琴。在指挥了一场《弥赛亚》的演出后，这位失明的作曲家晕倒在地，被众人抬回家。1759年4月13日，《弥赛亚》在都柏林首演的十七年后，也是耶稣受难日的晚上，亨德尔陷入弥留状态。凌晨时分，乔治·弗雷德里克·亨德尔逝世。

不过，令全世界所有信仰上帝的听众欣慰的是，他的《弥赛亚》还活着。

任何人只要去过宏伟的教堂，听过亨德尔那从管风琴中流淌而出的作品，就会知道亨德尔天赋卓绝。亨德尔取得了巨大的成功，也遇到了一些让人容易放弃才能和梦想的时刻，尤其是当朋友、健康和名声都逐渐远去之时，但他却找到了前进和坚持的方法。

坚持不懈、勇往直前的重点是将过去扰人心神的包袱抛诸脑后。

规避的词，牢记的词

阿瑟·戈登

在生活中，没有什么比顿悟更激动人心、更令人受益匪浅的了。顿悟引发改变，不仅是改变，而且是向好改变。当然，这样的时刻并不多见，但我们每个人都会遇到。有时是一本书、一次布道、一行诗，有时来自朋友……

在曼哈顿那个寒冷的下午，我沮丧而又郁闷，在一家法国小餐馆里等待朋友。由于我的几次失误，我人生中一个相当重要的计划泡汤了。即使想到要见到一位挚友（我私下里亲切地称呼他为"老头子"），我也无法像往常那样欢欣雀跃。我坐在那里，对着格子桌布皱着眉头，咀嚼着事后懊悔的苦涩。

他终于穿过街道走了过来。他裹着他那件破旧的大衣，把软塌的毡帽拉下来遮住秃头，看上去像精力充沛的地精[①]，而不像著名的精神病学家。他的办公室就在附近，我知道他刚刚辞别了今天的最后一个病人。他年近八十，但仍然背负着一大堆工作，仍然担任一家大型基金会的董事，仍然一有机会就躲到高尔夫球场去。

他走过来坐在我旁边，侍者一如既往地给他端来了淡啤酒。我已

[①] 地精：指在神话或奇幻故事中经常出现的守护土地或地下宝藏的精灵。

经好几个月没见到他了,但他似乎一如既往,坚不可摧。他不假思索地问道:"年轻人,你怎么了?"

我早已不再对他的洞察力感到惊讶了。于是我长篇大论地倾诉起来。我怀着一种忧郁的自豪感,努力做到坦诚,我没有把失望归咎于他人,只是怪罪我自己。我分析了整件事,分析了所有错误的判断,分析了错误的行动。我大概讲了十五分钟,老人默默地抿着啤酒。

我讲完后,他放下了杯子。"来吧,"他说,"我们回我的办公室去。"

"你的办公室?你把什么东西落下了吗?"

"不。"他温和地说,"我想知道你对某件事的反应。仅此而已。"

外面下起了冷冰冰的雨,但他的办公室温暖、舒适而又熟悉——书墙、长长的皮沙发、西格蒙德·弗洛伊德的签名照、窗边的录音机。他的秘书已经回家了,这里只有我们两个。

老头子从一个扁平的纸箱里拿出一盘磁带,放进录音机。他说:"这盘磁带上有三段简短的录音,是三个向我寻求帮助的人录制的。当然,他们的身份没有标明。我想让你听听录音,看看你是否能找出这三个案例的共同点——两个词的短语。"他笑了,"别一脸迷惑。我有我的理由。"

在我看来,录音带上声音的主人们的共同点是不快乐。第一个说话人显然是生意受挫,他责备自己没有更卖力地工作,目光不够长远。下一个说话的女士出于对自己身为寡母的责任感而始终未婚,痛苦地回忆错过的所有结婚的机会。第三个声音来自一位母亲,她十几岁的儿子被警察逮捕了,她没完没了地自责。

老头子关掉机器,向后靠在椅子上。"在这些录音中,有六次使用了一个短语，一个微妙但有毒的短语。你发现了吗？没有发现？也许那是因为刚才你自己在餐馆里也用过三次。"他拿起装磁带的盒子，扔给我。"它们就在那里，就在标签上。这是所有语言中最悲伤的两个字。"

我低头一看，上面用红色墨水工工整整地印着这两个字：要是。

老人说："你如果知道，我坐在这把椅子上，听着以这两个字开头的悲哀句子已经听了几千次，你一定会大吃一惊。人们都这样说：'要是我换一种方式做这件事就好了——或者干脆不做这件事。要是我没有发脾气，没有说那句残忍的话，没有做那件坏事，没有撒那个愚蠢的谎，那该有多好。要是我聪明一点，更无私一点，更有自制力一点，那该有多好。'他们不停地说，直到我制止他们。有时候我会让他们听你刚听的录音。我对他们说：'要是你们不说要是，我们的进展就能向前推进一大截了！'"

老人伸了个懒腰，说："'要是'的问题在于，它改变不了任何事情。它让人朝向错误的方向——向后而不是向前。它是在浪费时间。如果你把它变成一种习惯，它就会成为真正的障碍，成为不再努力的借口。现在就拿你来说吧。你的计划没有成功，为什么？因为你犯了一些错误。没关系，每个人都会犯错。我们从错误中学习。但你跟我说起这些错误时，你只是哀叹这个、后悔那个，并没有真正从错误中学到什么。"

"你怎么知道我没有学到东西？"我争辩道。

"因为，"老人说，"你总是用过去时。你没有一次提到过未来。从某种程度上说，说实话，就是现在，我们所有人都有一种和实现目标南辕北辙的倾向，喜欢纠结于过去的错误。毕竟，讲述主角的故事时,你仍然处于舞台的中心。"

我沮丧地摇了摇头:"那么,有什么办法呢?"

"转移注意力,"老人爽快地说道,"换个能提供助力而不是制造阻力的关键词。"

"你有这样的关键词可以推荐吗?"

"当然。去掉'要是',用'下次'来代替。"

"下次?"

"没错。我亲眼看见它在这个房间里创造了一些小小的奇迹。病人如果一直对我说'要是',他就还是困在麻烦里。但病人如果看着我的眼睛说'下次',我就知道,病人正在克服自己的问题。这意味着他已经决定应用从经验中学到的教训,无论经验有多残酷,又有多痛苦。这意味着他将推开悔恨的障碍,向前迈进,采取行动,重新开始生活。你试试吧。你会明白的。"

我的老朋友不说话了,我能听到雨点打在窗玻璃上的噼啪私语。我试着把"要是"从脑海中抹去,用"下次"代替。我仿佛听到新单词锁定到位的咔嗒声。

"最后一件事,"老人说,"把这个小技巧应用到还能补救的事情上。"他从身后的书柜里拿出一本像日记一样的东西。"这是我家乡上一辈的一位女老师写的日记。她的丈夫乔纳森性格不错,很有魅力,但没什么出息,完全不能养家糊口。这个女人必须抚养孩子、支付账单、维持家庭的生计。她的日记里写满了对丈夫不足之处的愤怒。后来乔纳森死了,她停笔多年后才又写了一篇。她是这么写的:'今天我被任命为学校督学,我想我本该感到非常自豪。但要是乔纳森在星空之外的某个地方,要是我知道怎么去找他,我今晚就会去找他。'"

老头子轻轻地合上书。"你看到了吗？她说的是'要是……要是我包容了他，接纳了他的缺点，接纳了他的一切，那该有多好；要是他还在，我还能爱他，那该有多好'。"他把书放回书架上，"这是最悲痛的话语——一切都为时已晚。"

他有点僵硬地站了起来，"好了，下课。很高兴见到你，年轻人。我一直都很高兴见到你。现在，我也许该回家了，如果你能帮我找辆出租车，那就再好不过了。"

我们走出大楼，走进雨夜。我看到一辆无客出租车，就朝它跑去，但另一个行人跑得更快。

"哎呀，哎呀，"老人狡猾地说，"要是我们早下来十秒钟，我们就能赶上那辆车了，不是吗？"

我笑了，知道这时候我应该接什么话："下次我会跑得更快。"

"就是这样！"老人叫道，把那顶可笑的帽子拉下来，盖住耳朵，"正是如此！"

另一辆出租车放慢了速度。我为他打开车门。他微笑着朝我挥手，车开走了。我再也没见过他。一个月后，老人因突发心脏病去世，走得猝不及防。

曼哈顿的那个雨天下午已经过去很久了。但直到今天，每当我发现自己在想"要是"，我就把它改成"下次"，然后等待着"听到"那一声锁定到位的咔嗒声。每回"听到"这种咔嗒声，我都会想起老头子。

他在我心目中是不朽的。当然，这一点微不足道，但这正是他想要的。

> "要是"的懊悔无穷无尽,虽然没有持久的价值,但在时局艰难或不如意时,它会非常诱人。"下次"则为你打开了一扇充满机会的大门,更能为你带来坚持不懈的回报。所以,坚持不懈、勇往直前的重点是将过去扰人心神的包袱抛诸脑后。

坚韧的劲敌之一是唱反调的人——那些毫无根据地坚信有些事情做不到的人。"我能行"收录了四个简短而鼓舞人心的故事,主人公们均以自己的成就证明了反对者的错误。

"我能行"

你在研究尘土(作者:弗兰·洛斯蒂斯)

尤达·福克曼博士的档案中保留了1903年《纽约时报》上的一篇文章。在文章中,两位物理学教授阐述了机器无法飞行的原因。文章发表三个月后,莱特兄弟在基蒂霍克空军基地乘着飞机划破天际。

20世纪70年代初期,科学界尚且认定肿瘤不会产生新的血管来吸收营养,而福克曼在癌症研究中提出了一个与之相悖的观点。他坚信肿瘤会生成新血管。同事们一直告诉他,"你在研究尘土",意思是说他的项目将会徒劳无功。

福克曼无视学界的嘲讽。他研究血管生成二十年,见识过冷漠,也见识过敌意。在一次研讨大会上，半数听众退场了。"他不过是个外科医生。"他听见有人说。

但他始终相信，他的工作可能有助于遏制肿瘤生长，以及找到促进血管生成的方法。一旦成功，在实际应用中就可以实现在心脏堵塞的动脉周围培养出新血管等效果。

福克曼及其同事在20世纪80年代发现了第一批血管生成抑制剂。今天，逾十万癌症患者受益于他开创的研究。他的研究如今已被公认为是治疗癌症的最前沿。

"坚持和固执之间只有一线之隔。"福克曼说，"我逐渐认识到，关键是要选择一个值得坚持不懈的问题。"

不会写作的经理（作者：加里·斯莱奇）

开启谭恩美职业生涯的并不是一次重大突破，而是一次挫折。

早在《喜福会》《灶神之妻》《灵感女孩》创下百万销量前，谭恩美就已经是一位作家了。一位商业作家。她和合伙人经营着一家技术写作公司，像律师一样"按小时计费"。

她在客户面前扮演的角色主要是客户经理，但这个移民的女儿想用英语单词做一些更有创意的事情。

于是，她向搭档提出了自己的想法："我想多写点东西。"搭档说她的长处是做估价、找承包商、收账。"这些工作太可怕了。"这正是谭恩美讨厌的东西，她知道自己并不擅长。但搭档坚持认为，写作是她最薄弱的技能。

"我想，我可以相信他，继续做下去，也可以提出自己的要求。"于是谭恩美据理力争，坚持自己的权利。

搭档不肯让步。

谭恩美很震惊,说:"我不干了。"

他说:"你不能辞职,你只能被开除!"并补充道:"靠写作你一分钱也赚不到。"

为了证明搭档是错的,谭恩美开始尽可能多地接稿。作为自由技术作家,有时她一周工作九十小时。单打独斗很艰难,但为了不受人限制,不让别人定义她的才能,这一切都是值得的。单打独斗的她可以自由地尝试写小说。于是,《喜福会》诞生了,主人公是中国移民的女儿,一个聪明而孤独的女孩。不会写作的经理成了美国广受青睐的畅销书作家。

从失败走向成功(作者:贾妮丝·利里)

1977年,凌晨两点,罗伯特·巴拉德正在"海探"号打捞船的控制室工作,一个大型设备砸到了离他不到一米高的甲板上,把他吓得不轻。船在爆炸的冲击下摇晃起来。一根钻杆连同装满声呐和视频设备的吊舱突然断裂,坠入大西洋,使得探险者搜寻"泰坦尼克"号的试航戛然而止。

"我失去了很多赞助人的信任,他们(为1977年的探险)借出了价值六十万美元的设备。我花了八年时间才摆脱了这件事的影响。"尽管经历了遭到同行质疑、筹款失败等挫折,他还是缓过来了。

在"海探"号失败后,巴拉德说:"我又回到了起点。我必须想出另一种方法来寻找'泰坦尼克'号。"

他重返美国海军干起情报工作。冷战仍在进行,这位海洋地质学家与海军官员达成了一项协议——如果海军方面资助阿尔戈号(配备相机的水下机器人,对搜寻泰坦尼克号的任务而言至关重要)的开发和测试,并允许他使用阿尔戈号进行探索,他将提供他的专业知识。

海军派巴拉德和阿尔戈号执行机密任务,调查 19 世纪 60 年代沉没的两艘核潜艇"长尾鲨"号和"天蝎座"号。这两艘潜艇所在海域距离"泰坦尼克"号不远。1985 年"天蝎座"调查完毕后,巴拉德开始寻找那艘注定要沉没的豪华客轮。在西经 49°56′、北纬 41°43′,两英里深的黑暗海域,巴拉德找到了它。

这位海洋学家后来还发现了德国战列舰"俾斯麦"号、"卢西塔尼亚"号客轮等历史性沉船。他有一个简单的人生哲学:"失败和成功相伴相随,所以我做好了失败的准备。"

巴拉德目前停泊的港口是罗得岛大学海洋学研究生院,在那里他启动了一个考古项目。

替补(作者:约瑟夫·K.维特)

"安吉拉,我知道你喜欢唱歌,但你总得有个退路。"这是安吉拉·布朗的父亲,一名秉持实用主义的汽车工人,告诉她的话。

布朗接受了父亲的建议。在进入亚拉巴马州亨茨维尔的奥克伍德学院之前,她获得了秘书学学位。她的目标是成为一名福音布道歌手,但后来她被歌剧的魅力所吸引。

于是,毕业后她前往印第安纳大学,师从传奇女高音歌唱家弗吉尼亚·泽尼。

有一次,当布朗受自我怀疑所困扰时,泽尼对她用了激将法:

"如果你想成为下一个艾瑞莎·富兰克林[①],那就去吧,你不需要再上什么课了。但如果你想成为世界上最好的威尔第女高音,你就必须继续努力。"

她确实努力了。她三次参加大都会歌剧院全国理事会的试演,三次都未能进入纽约的最后一轮。1997年,她三十三岁,达到了女高音试演的年龄上限,她又试了一次。她在最后一刻才报名。她甚至都没有练习,想着:"他们最多就是把我拒之门外,而且这再也不会伤害我的感情了。"就算失败了,她也有退路。

她赢了。但来到纽约仅仅是个开始。歌手并不是出道就能成为主唱的。她又花了三年时间才成为大都会歌剧院的替补演员。但她觉得在一旁等待也不错。终于,她的机会来了。当主唱生病时,布朗赢得了《阿依达》主演的机会。《纽约时报》称她的首演非常成功。女高音歌唱家安吉拉·布朗准备了二十年,在四十岁时"一夜"成名。

> 这些故事中的每个主人公都听到了人群响亮而清晰的"做不到",但他们内心深处都有更为强烈的信念"我能行"。正如福克曼博士所言,关键在于,要找到值得坚持不懈努力的事情,并在前进的道路上战胜挫败。

---

① 艾瑞莎·富兰克林:美国女歌手、词曲作者、音乐制作人、钢琴演奏者、演员。史上获得格莱美奖第二多的女艺人。

总结

已故领导力大师彼得·德鲁克曾经指出,创新的难点在于,想法很快就会退化为艰苦的工作。不幸的是,正是因为缺乏努力工作的能力,许多人没到终点线就放弃了,即使追求的是重要目标也一样。还有一些时候,放弃是出于对失败的恐惧,出于对外界支持的病态依赖。但在这些故事中我们可以看到,毅力不是一天两天的事,而是一种由日常行动支撑的日常品质。"日常"使得毅力成为"平凡伟大"的重要组成部分。

思考

- 在那种局面下,亨德尔原本或许会陷入绝望。当生活不如意时,你是会因消极的一面而停滞不前,还是会坚持不懈,让积极的一面推动你前进?

- 正如"老头子"所指出的,有些人无法继续向前走,是因为困在了过去。你会经常说"要是"吗?你想用什么词来替代"要是"呢?"下次"吗?

- 如果让你给自己的毅力打一到十分,十分代表最高分,你会打十分吗?如果不是,通常阻碍你得到十分的是什么?

- 我们太容易纠结于自身弱点,太容易以自身弱点来自我打击。你更关注自己的弱点还是优势、失败还是成功?

深入认识
毅力

❧

坚持

不论成败,生活都要继续。因此,要想实现梦寐以求的目标,我们必须继续前行。

毅力不是长跑比赛,而是一场接一场的短跑比赛。

——沃尔特·埃利奥特

毅力是在艰苦的工作中感到厌倦后,还是继续做艰苦的工作。

——纽特·金里奇

沉静的头脑不会困惑,也不会恐惧,而是会按照自己的节奏,不论幸运或不幸,都像雷雨中的时钟一样前行。

——罗伯特·路易斯·史蒂文森

让-路易斯·艾蒂安博士,一位独自走到北极的男人,曾经这样描述自己进入冰雪世界的收获:人生有两大幸福时光,一是找到梦想的时候,二是实现梦想的时候。在这两个时刻之间,你会有一种强烈的冲动,想要放下一切,但你必须追随梦想到底……在到达幸福得连寒冷都感觉不到的时刻前,我无数次险些放弃。

——《快报》,巴黎

❧

重整旗鼓

一次失败就能阻挠某些人的梦想,而成功者将失败视作迈向下一次成功的垫脚石。

跌倒七次，站起来八次。

——日本谚语

犯错也无妨，再严重的错误也会留给人下一次机会。我们所说的失败，不是跌倒，而是站不起来。

——玛丽·皮克福德

贝比·鲁斯三振出局了1330次，但我们不会记住这个数字，只会记住他的714次本垒打。投手赛·扬获胜511场，这一记录无人能够打破。但谁也不会记得，扬输的比赛和赢的比赛几乎一样多。

——哈罗德·赫尔弗，《吉瓦尼斯俱乐部杂志》

生活很简单：你去做一些事，大多数失败，一些会成功。你不断复制成功的部分，如果大获成功，其他人很快就会模仿，然后你再去做点别的事情。

——汤姆·彼得斯

要多次战斗，才能迎来胜利。

——玛格丽特·撒切尔

性格指的是人第三次和第四次尝试做某事时的表现。

——詹姆斯·麦切纳，《切萨皮克》

关注成功

有时候，无法坚持是因为只关注失败，不关注成功。

1993年，达拉斯牛仔队在超级碗比赛中获胜，回顾其赛前动员演讲是这样的:"我告诉他们,如果我在房间里铺上一块窄条木板,每个人都可以平稳地走过去,不会摔倒,因为我们的关注点放在了要踩过去的那块两英寸厚、四英寸宽的木板上。但如果我把同样的窄条木板放在十层高的两栋楼之间,只有少数人能成功走过去,因为大家的注意力都集中在担心自己会坠落上。"

——吉米·约翰逊

如果等到能把事情做得无可挑剔才肯动手,那就什么也做不成了。

——约翰·亨利·纽曼

逆境有科学价值,优秀的学习者不会错过良机。

——拉尔夫·沃尔多·爱默生

不幸的是,我们从小就被灌输任何人都不应该犯错的思想。大多数孩子因为父母施加的爱和恐惧而失去了天赋,因为父母害怕孩子会犯错。但我所有的进步都是在错误中取得的。见识过错误,才会发现何为正确。

——巴克明斯特·富勒,摘自《华盛顿邮报》

我努力让自己后悔,以便吸取教训,避免重蹈覆辙。

——约翰·特拉沃尔塔

勇往直前

有些人沉溺于过去,或者迷失在过去。但是,我们应该在未来的背景下理解过去。

把过去紧紧攥在胸前,就无法拥抱现在。

——简·格莱德韦尔

过度关注过去、过多后悔于本该如何的人,其面临的风险一定程度上与盯着后视镜不看前方的司机一样。经验是最好的老师，是我们走过的路。但我们现在要着意避开的并不是后方的障碍物，而是前方的弯道。

——理查德·L.埃文斯，《时代主旋律》

要想理解生活，只能向后，但要想生活，必须向前。

——索伦·克尔凯郭尔

回忆不是打开过去的钥匙，而是打开未来的钥匙。

——柯丽·特恩·鲍姆，《藏身之处》

过去的经验应该是指路牌，而不是拴马桩。

——D.W.威廉姆斯

告诉你一个故事，有一天晚上，我和一个木料厂老板坐在一起，他所有的财产都在我们眼前烧毁殆尽。他沉默不语。我试图安慰他，他说："我在想，新工厂会是什么样子。"

——克拉伦斯·布丁顿·凯兰，《美国杂志》

耐心

耐心常常与被动挂钩，但耐心其实是积极主动的选择，也是一种重要的毅力。

耐心是智慧的伴侣。

——圣奥古斯丁

耐心是天才的必备素质。

——本杰明·迪斯雷利

在我祖母的花园里，玫瑰花蕾似乎要等很久才能盛开，我急切地想要一睹它的色彩和美丽，开始不耐烦了。我想我们应该做点什么，于是向祖母求助。祖母让我掰开花瓣，我激动不已。但是，花瓣展开之后，并没有成为想象中那样怒放的美丽玫瑰。我破坏了它的美丽，它很快就枯萎死亡了。祖母随后解释说，万事万物都是如此，必须让它们以自己的方式在自己的时间里盛开。

——多萝西·E.明克

我没有特殊的智慧，只有耐心思考的能力。

——艾萨克·牛顿爵士

对每个人都要有耐心，但最重要的是对自己有耐心。

——圣弗朗西斯·德·萨勒斯

第七章　协调人生

生活的艺术与其说是舞蹈,不如说是摔跤。

——马可·奥勒留

倦怠、红眼航班、压力、工作午餐、工作狂、加班等日常词汇常常拼凑成一句话:"我需要生活。"在追求"平凡伟大"的过程中,我们面临的最大挑战之一就是应对生活中各种相互冲突的需求。选择很多,时间却很少。要想从生活中取得最大的收获,我们必须想办法简化生活,只关注最重要的事情,并抓住机会放松身心。

有助于妥善整合各类生活需求的原则有:
- 平衡
- 简化
- 恢复

(十九)

平衡

> 今晚,二十年来头一回,我和妻子单独共进晚餐。
>
> ——乔治·华盛顿的日记

无论单身还是已婚,退休还是在职,年老还是年轻,对时间的需求似乎都是无止境的。总是没有足够的时间陪伴重要的人,没有足够的时间做快乐的事情。我们似乎总是在寻找一个更好的平衡。

人们常是匆匆忙忙地活了一辈子,却没有抽出时间来享受生活。人们忙于为下一个项目做准备或响应紧急需求,却忘了停下来品味当下。下面三个故事都在一定程度上反映了这一点。幸运的是,每一篇文章及其所附的引文和小故事都提出了建议,告诉我们如何在当下找到更多的快乐,同时让生活更加平衡。

爱斯基摩人的一堂课

冈特兰·德·庞金斯

我和一个爱斯基摩人家庭同行,在这条路上走了三十天。伴随着狂风、零下五十多摄氏度的寒冷,还有爱斯基摩人的心态——这条路成了我经历过的最艰难的旅行。

命运似乎恶意地把我们困在路上。有时候,暴风雪会把我们困在冰屋里。有时候,我的土著同伴们会有一些奇怪的想法——即使天气很好,他们也停下来建造新的冰屋,而不是继续前进。

我好几次问同行的老人:"还有多少天能到威廉王地呢?"他从来没有正面回答过。爱斯基摩人不喜欢提问,他们认为提问很粗鲁。只有白人才会问这样的问题。此外,爱斯基摩人不喜欢承诺。你问"明天天气怎么样?",爱斯基摩人明明知道,但也会礼貌地用他们的语言回答"我不知道",然后假装在忙着遛狗,好像在说:"我为什么要回答这种问题呢?答对了没好处,答错了会显得我像个傻瓜!"

整个上午,整个下午,我们都在冰封的海面上穿行,只是偶尔停下来解开狗队的牵引绳,或者点燃烟斗。我们看见陆地了。也许我们能到达那里。正当希望在望之时,起风了,呼啸的大雪遮蔽大地,而我则迷失在虚无的灰色绝望中。

我们又停了下来。奥胡德勒克老人不急不躁地与妻女说起话来,带着爱斯基摩人接受生活和命运的那种得体的完美态度。在法国,一个农民在暴风雨中也会同样冷静地停下来检查犁。

我难以忍受心中的苦闷,再次向老人提出了我的问题。"你觉得我们什么时候能到威廉王地？"这次他终于回应了，不知道是他的耐心到了尽头，还是他也担心起来了。他回头看了一眼妻子，他们默默地交换了一个理解的眼神。

然后他向我走来，抬起头来。他以土著人既谨慎又害怕时那种轻松得近乎漫不经心的口吻问道："你对狗的速度不满意吗？"

四周一片寂静。狗群像停车时那样转过头来看着我。女人和孩子假装在忙，但我知道他们也在关注我。刹那间，一切似乎都停止了。爱斯基摩人在紧张的时刻会给你营造出这种感觉。他们有办法让沉默更有分量。他们会就此打住吗？不，气氛已经烘托到这儿了。老人终究还是开口了，像是无法消除自己的疑虑，问道："这雪橇还算不错吧？我们一路走来，海面上一直下雪，你不高兴吗？"

他困惑不已地凝视着我，带着石器时代的淳朴和东方的智慧，试图理解我，或者更确切地说，试图让我理解他们。突然，我明白了老人的那双眼睛在说什么。

他们说："为什么这么着急呢？你为什么总想到哪个地方去呢？现在如此美好，为什么要担心未来呢？"

那天，老人给我上了至今难忘的一课。我狂热地憧憬明天，却没有珍惜今天。在老人面前，我想起曾经听过的一句话："回首往事只会带来懊悔，展望未来只会带来恐惧。"而当下！当下难道不是唯一可以由自己解读的现实吗？

世界是由你的思想创造的。对我来说，北极令人心碎，而对于爱斯基摩人来说，北极是他们为王的伟大帝国。对我来说，雪令人厌恶，而对他们来说，雪是祝福，是神圣的礼物。生活千姿百态，而我们可以自由选择悲伤还是希望。

我们飞驰在生活的高速公路上，对风景视而不见。有人说，"奢侈在于有闲暇"，在于有停下来思考的时间。爱斯基摩人想停就停，尽管明天对他们来说，就像对我们一样，永远存在饥饿和死亡的风险。因此，在死亡来临的时刻，他们仍然快乐着，无怨无悔地离去。

解读了奥胡德勒克眼中的含义，我才知道在北极时的我精神多么贫乏。我学会了让每一天都充实起来，就像明天不会到来一样。无论未来会遇到什么，都无法改变我现在所拥有的一切。

在温哥华，长途跋涉结束后，我迫不及待地奔向酒店，好像没有时间可以浪费似的。突然，我在车流中停了下来。喇叭声从四面八方传来，但我充耳不闻。奥胡德勒克仿佛就站在我面前的街道上，用那双睿智、古老、充满疑问和不安的眼睛看着我，问我这些狗是不是好狗，这场雪是不是上天的恩赐。

我哑然失笑。我们真是傻瓜！我想。我现在也还是傻瓜。

> 无论在当今世界的哪个经纬度，生活都在高速运转，以至于昼夜似乎越来越短。我们还没来得及停下来享受满月的浪漫，太阳就又升起来了，我们又去奔赴下一场约会，追逐下一个待办事项。生活太过匆匆，人们也因而无法享受当下。拥有"平凡伟大"的人可能生活在一个繁忙的世界里，但他们学会了活在当下，享受当下，以此来决定自己心灵的天气，经受生活的风雨。

要花时间闻闻玫瑰花香,享受当下的生活是很困难的。在这篇文章中,专栏作家兼极富智慧的人生导师埃尔玛·邦贝克回顾了她的生活,并描述了她希望自己当初能够做出不同选择的几件事。

如果人生可以重来

埃尔玛·邦贝克

前几天有人问我,如果能重来一次,我会想要改变什么吗?
"我没有什么想要改变的。"我回答,但后来我开始想……
如果我的人生可以重来,我会少说话,多倾听。
即使地毯上有污渍,沙发褪了色,我也会邀请朋友来家里吃饭。
我会在干净的客厅里吃爆米花,要是有人想在壁炉里生火,我也不会因为灰尘的问题而提心吊胆。
我会花时间听祖父絮絮叨叨地讲述他的青年时代。
我绝不会因为我的头发刚梳好,刚喷过发胶,就坚持在夏天把车窗关上。
我会点燃玫瑰形的粉色蜡烛,不会让它在盒子里融化。
我会和孩子们一起坐在草坪上,不会去担心草渍。
我会感受生活,而不是看电视哭哭笑笑。
我会分担更多家庭责任。
生病的时候,我会卧床休息,不会觉得没了我地球就会停止转动。

我绝不会因为实用、不显脏或保证能用一辈子而买任何东西。

我不会让孕期匆匆而过，我会珍惜每一刻，并意识到在我身体内成长的奇迹是我人生当中帮助上帝创造奇迹的唯一机会。

孩子兴冲冲地要吻我时，我绝不会说："等会儿吧。现在去洗漱，准备吃饭吧。"

我会多说"我爱你"，多说"对不起"。如果人生可以重来，我会抓紧每一分钟，仔细观察，认真品味，绝不蹉跎。

> 埃尔玛·邦贝克和我认识的不少人都说，希望自己能停下来，更多地享受生活，他们希望自己能更关注情感而非物质，关注使命而非时间。完全基于效率和成本效益的生活未必没有代价。

也许没有什么比事业和家庭之间的持续冲突更能引起失衡的痛苦，更能让人渴望平衡了。

一块又一块砖

比尔·肖尔

我从政多年，常年加班，经常出差。例如，1992年参议员鲍勃·克里竞选总统，我参与了他的竞选活动，长时间没能陪伴妻子邦妮和两个年幼的孩子扎克和莫莉。

竞选结束后，我回到家，学到了重要一课——关于事业和家庭的平衡，关于孩子真正需要从父亲那里得到什么，关于如何拆除心墙。

莫莉三岁生日前不久，我刚和参议员一起结束了一系列长途差旅，其中几站持续了六七天，只能在家里稍作停留，换洗衣物。

从杂货店回来，我开车驶过我们位于马里兰州的银泉社区，坐在后排的汽车座椅上的莫莉问道："爸爸，你家在哪条街上？"

"什么？"我以为自己听错了。

"你家在哪条街上？"

这一刻很能说明问题。虽然她知道我是爸爸，也知道我和她妈妈结婚了，但她不知道我和她住在同一栋房子里。

秘密基地

我说服了她我们住在同一个地方，但她仍然不确定我在她生活中的位置，这一点在许多方面都有所表现。膝盖擦破了，她会扑向妈妈邦妮而不是我。在学校无意中听到一个问题，她会憋上好几小时，等妈妈在身边才问出口。

我意识到，我不仅要花更多的时间陪莫莉，还要用另一种方式来陪伴。以前我越是感觉到她对我的疏远，就越想和她一起做一些目标明确的事情，比如去游泳池或看电影。

如果莫莉和我没有安排特定的活动，我通常会走开，去做家务。为了最大限度地利用时间和提高效率，这是非常合理的。

到了读睡前故事的时候，邦妮会在睡前的例行程序完成后打电话给我,我会走进莫莉的房间,就像牙医等到病人做好准备再来一样,一分钟都不想浪费。这是我的感受,我相信莫莉也感受到了这些。

在一个夏夜,转折点出现了。莫莉试图在后院建一个秘密基地,但她越来越沮丧。太阳落山了,莫莉本应该上床睡觉了,她以薄石板砖搭建起来的秘密基地却不断倒塌。搭建秘密基地的工作已经进行了好几天,莫莉有时和邻居朋友一起,有时自己一个人做。当墙壁又一次倒塌时,她哭了起来。

"你知道需要什么才能把它搭好吗?"我问道。

"需要什么?"

"你大约需要六十块砖。"

"是的,但是我们没有六十块砖。"

"但我们可以弄到。"

"在哪里?"

"五金店。穿上鞋子,到车上去。"

我们驱车三四英里前往五金店,找到了需要的砖块。我把砖块装上一辆大平板车,一次装上几块。这些砖块既粗糙又沉重,我意识到任务艰巨。在装上车后,我还得把它们装到吉普车上,然后回到家里再卸下。

"噢,求你了,让我来吧,爸爸。求你了!"莫莉恳求道。

如果我让她来做,我们就要待在那儿一辈子了。她得双手并用才能拿起一块。我看了看表,努力控制自己的不耐烦。

"但是,亲爱的,这些砖很重。"

"求你了,爸爸,我真的很想自己来。"她又一次恳求着,迅速地走到砖堆前,双手举起一块砖。她把砖拖到车上,放在我那一摞砖的旁边。

这得花上整整一夜的时间。

莫莉走回那堆砖头旁，小心翼翼地挑一块出来。她不慌不忙地挑选着。

我这才意识到，她是想花上一整夜的时间来做这件事。

我们俩难得有这样单独相处的时间。这是她哥哥扎克通常会做的事——过了睡觉时间，我们两个人一起兴冲冲地做某件事。只不过和扎克在一起的时候，也许出于典型的男性风格，我会把这个任务看得非常紧迫，以便尽快去修墙。但莫莉希望这一刻能持续下去。

莫莉的时刻

我向后靠在一个木托盘上，深吸了一口气。莫莉一直有条不紊地挑拣砖块，她放松下来，变得健谈起来，跟我聊起她要做的东西，聊起学校，聊起她的闺蜜和即将到来的马术课。我恍然大悟，我们买砖砌墙，但实际上是在一块一块地拆除一堵墙——那道把我和女儿分隔开来的墙。

从那以后，我知道了她母亲早就知道的事情。如何和莫莉一起看我不感兴趣的电视，如何和她待在一起，但不读报纸杂志，只是全心全意地活在当下。莫莉需要我，不是因为我能给她什么，不是因为我能带她去哪里，甚至不是因为我们能一起做些什么。她需要的是我，仅此而已。

> 时光以令人目眩的速度流逝，在事业、朋友、爱好和家庭之间找到平衡变得很难——疏忽家庭的问题尤其棘手。但正如故事中的父亲所领悟到的，平衡不是自然而然会发生的。它是一砖又一砖地挣来的，是通过一次又一次谈心挣来的。

总结

我们不是动物，我们是有自我意识的人，在遇到问题和做出反应之间存在选择的空间，我们能够选择与成长和幸福紧密相连的应对方式。许多年前，我在夏威夷一家图书馆的书堆里随意翻看着，从一本不知名的书中学到了这一点。这一点深刻地影响了我的余生，包括工作和写作。这一点也是整本书的基础。我们可以停下脚步，反思一下。我们可以决定主次，把紧急但不重要的事情筛选出来。种种原因，甚至是明智的原因，也可能引发失衡，但生活最终会折射出内心深处的平衡。实现平衡需要重塑自我，而这是动物做不到的。重塑自我的最佳方法是安排好主要事项，再以次要事项填补生活中的空白。安排日程和安排主次二者并不是一回事。

思考

- 你倾向于享受当下的生活，还是期待未来的快乐？今天做些什么能给你带来更大的快乐呢？
- 平衡并不意味着在家庭、工作、友谊等等方面花同样多的时间，而是在日程安排中妥善安排每件事的比例。以此为前提来评估，你认为你的生活平衡吗？是否有些方面过度了？
- 懒散的习惯或消遣的爱好，比如看太多电视或睡太多觉，是否耗费了你过多的时间，你是否因为这些而无法保持平衡？你是否需要对此加以限制？

深入认识
平衡

～

忙碌的信号

生活的节奏如此之快,以至于很多人最终忽略了最重要的事情。

诚然,我们对同伴负有义务和责任。但奇怪的是,在这个神经质的现代社会里,人们的精力都花在谋生上,而很少花在生活本身。一个人需要鼓足勇气才能简洁明了地宣布,生活的目的就是享受生活。

——林语堂,《不羁》

许多人错过了自己的那份幸福,不是因为没有找到,而是因为没有停下来享受。

——威廉·费瑟

我们是时间战士,我们在厨房的墙上挂着巨大的日程日历,每部电话旁都放着留言板,以此平衡繁忙的日程安排。我们购买那些承诺能节省时间的小玩意;放弃阅读,因为认为阅读是过时的奢侈品;试着提高做每件事的效率。但我们却不明白为什么上述做法都不能减轻时间带来的压力。

——拉尔夫·凯斯,《时间锁》

生活不仅仅是加速前行。

——莫罕达斯·K.甘地

活在每一刻

要想充分利用时间,就要像每一刻都至关重要一样地活好每一刻。

如何度过每一天,当然也就等同于如何度过一生。

——安妮·迪拉德

大多数人不以分钟为单位思考问题,而是以小时或天为单位来生活。他们浪费了所有的时间,却从不考虑自己的一生。所以他们每周都会重新开始,重新花一大笔与人生目标无关的钱。他们在生活中漫无目的地乱逛,哪儿也到不了。

——艾伦·莱金,摘自《纽约杂志》

早上浪费一小时,你就会在这一天剩下的时间里把它找回来。

——切斯特菲尔德勋爵

归根结底,时间就是你所拥有的一切,我们要做的不是节约时间,而是品味时间。

——艾伦·古德曼,《华盛顿邮报》

我今天所做的事情很重要,因为我用我生命中的一天来交换它。

——休·穆里根,美联社

数百万人渴望永生,却不知道在下雨的周日下午该做些什么。

——苏珊·埃尔茨

时光飞逝,但记住,你是领航员。

——圣路易斯·布鲁斯

要区分主次事项，确定各事项应耗时长。如果你不这样做，别人就会这样做。

——哈维·麦凯

你无法选择如何死去，也无法选择何时死去。你只能决定如何生活，决定现在如何生活。

——琼·贝兹

大多数时间是以分钟而非小时为单位浪费掉的。一般人十年间虚度的光阴足以获得一个大学学位。

——戴尔·特纳，《西雅图时报》

兼顾工作和家庭

问及什么是最重要的，大多数人会说是家庭。然而，奇怪的是，家庭往往是率先从繁忙的日程安排中挤出去的部分。

最近我读了一篇关于"谢天谢地，今天是星期一"综合征的文章，文章中指出，许多人觉得工作令人激情昂扬，而在家度过的平淡周末则很无聊。的确，社会似乎认为赚钱比塑造灵魂更有价值，与成年人打交道比与孩子打交道更有价值。

——拉比·哈罗德·S.库什纳，《红皮书》

几年前，我有一个困扰——我早上迫不及待地去办公室，晚上才恋恋不舍地离开。总统内阁成员这份工作比我从事过的任何工作都好得多，我乐此不疲。

毫不奇怪，这样一来，工作以外的生活都像葡萄干一样干瘪。我与老朋友失去了联系。我连妻子都很少见到，更不用说两个儿子——十五岁的亚当和十二岁的山姆。

一天晚上，我连续六次给家里打电话，告诉孩子们我又要错过他们的睡前时间了。"没关系,不过你回家后能把我叫醒吗?"萨姆说。

"那就太晚了",我说,"到那时候你早就睡着了。我们最好还是明天早上再见。"

听完我的话,山姆还是坚持要我把他叫醒。我问他为什么,他说他只是想知道我在。

直到今天,我还不能准确地解释那一刻发生了什么,但我突然彻底明白了,我必须辞职。

——罗伯特·赖克,美国前劳工部长

对你我来说,最重要的工作是家里的事。

——哈罗德·李

在意第绪语歌曲《我的小宝贝》(*Mayn Yingele*)中,一个父亲对他熟睡的孩子唱道:

我有一个儿子,一个小儿子,一个健康的男孩。每当我看到他,似乎整个世界都属于我。但我很少见到儿子醒来时活泼的样子。我只见到安睡的他;我只在夜晚才回家。出门上班,天色尚早;下班归来,夜色已沉。我对自己的血脉很陌生,我对儿子的脸庞很陌生。踏着夜色疲惫归家,憔悴的妻子对我讲:"你该陪陪孩子玩耍。"我站在他的小床旁;我看着他,听他的梦话。梦中的他启唇嘟囔:"为什么爸爸不在呢?"

这首歌谣写于1887年。今天,爸爸和妈妈不再在血汗工厂里工作,但对那些把自己挂在野心之剑上的父母来说,痛苦依然没有改变。有变化的仅仅是工作环境。

——杰弗里·K.萨尔金,《成为上帝的同伴》

享受宁静时光

即使是旅途中不那么激动人心的部分,我们也应该学会去享受,因为这也是实现幸福的一部分。

忍受无聊的能力对于幸福生活至关重要。除了少数几个伟大的时刻，伟人们的生活也并非充满刺激。唯有耐得住寂寞，才能成就一代伟人。

——伯特兰·罗素

法国人常说的"le petit bonheur"是"小确幸"的意思，而无法应对生活的压力和困难的人，往往是那些从不懂得珍惜降临在身边的"le petit bonheur"的人。这就太糟了，因为大多数人的生活中很少会发生带有戏剧性和巨大冲击力的事情，但每一天其实都会出现一些"le petit bonheur"。

——阿迪斯·惠特曼，《妇女节》

诺曼·李尔谈论成功的喜悦时说道：成功就是充分利用自己的每一分钟。你要付出数百万分钟去追求一个胜利、一个瞬间，之后可能只会花费一千分钟去享受它。如果在那数百万分钟里你并不快乐，那这几千分钟的成就感又有什么意义呢？那就不值得了。

生活就是由一个个小快乐组成的，比如在早餐桌前与妻子交换一个亲密的眼神与朋友交心的时刻。快乐由许多微小的成功构成。

——《游行》

活在当下

虽然我们享受着过去，梦想着未来，但为了获得最大的满足感，我们必须活在当下，乐在其中。

所有人都倾向于把生活排在最后一位，这是我所知道的人性最悲哀的事情之一。我们都梦想着远方的神奇玫瑰花园，而非欣赏今天窗外盛开的玫瑰。

——戴尔·卡耐基，《人性的优点》

我们的人生多么奇怪！孩童时期说，"等我长大以后"；少年时期说，"等我成年以后"；而成年之后又会说，"等我结婚以后"。然后直到退休以后，当我们回顾之前走过的旅程时，发现自己的生活似乎被寒风席卷一空。不知何故，我们错过了一切，一切都已消逝。我们懂得太迟，其实生命就存在于生活之中，存在于每一天和每一小时的时光里。

——斯蒂芬·里柯克

未来是由现在换来的。

——塞缪尔·约翰逊

幸福不是一个站点，而是一种旅行方式。

——玛格丽特·李·伦贝克

专注当下，因为昨天不过是一场梦，而明天只是一个愿景。

但过好今天，却能使每一个昨天都是一个快乐的梦，每一个明天都是有希望的愿景。

所以，好好地专注当下吧。

——梵文谚语

每天都是新的生活，好好把握，活在当下，因为明天将会从今日走出。

——大卫·盖伊·鲍尔斯，《活出新生》

（二十）

简化

> 虽然我一次只能做一件事情，但我可以避免一心多用。
>
> ——阿什利·布里连特

当被问及为何不吸烟时，艾萨克·牛顿爵士回答道："因为我不想获得任何新的必需品。"牛顿等成功人士都知道保持生活简单而不杂乱的价值，但简单通常是一个难以抵达的彼方。

想到简单，亨利·戴维·梭罗的文学经典《瓦尔登湖》便会浮现在我的脑海中。尽管写于一个半多世纪前，但是这本书如今仍然值得我们静心思考。梭罗记录了他离开复杂社会去森林里生活了一段时间的经历。他的目的是什么？是看看自己能从简单的生活中学到什么。《简化！简化！》是梭罗的一部重要作品。阅读时想一想，如果生活在梭罗所描述的条件下，你会过得如何。想一想，梭罗的见解可以如何转化为你自己的日常选择。然后，再从《与贝丝一起乘坐巴士》和《减轻负担》中寻找在当今现实中简化日常生活的实用建议。

简化！简化！

亨利·戴维·梭罗

写下这几页内容的时候，或者更确切地说，其中大部分的时候，我独自生活在马萨诸塞州康科德的瓦尔登湖畔森林中，住在一栋我自己建造的房子里。最近的邻居离我也有一英里远，我完全凭自己的双手谋生。我在那里生活了两年零两个月（从1845年7月4日到1847年9月6日）。

我到森林中生活，是希望能以此窥见生活的本来面目，领悟生活的真谛，而不是等到临终才发现自己从没真正活过。生命如此珍贵，我不想过那不是生活的生活；我也不想轻易认输，除非无可奈何。我想要深刻地生活，榨取生活的全部精华，将生活逼入角落，并将其提纯到最简单的形式。如果生活是崇高的，那么，我要亲身去体验，亲自去归纳。

大多数人都生活在平静的绝望中。所谓认输，就是确认自己只能绝望。但智慧的特点是不做绝望之事。

我们如蚂蚁般卑微地活着，生活在琐碎之中逐渐消磨殆尽。一个老实人除十指之外，便用不着更大的数字了，在特殊情况下也顶多加上十个脚趾，其余不妨笼而统之。简单，简单，简单啊！要我说，最好你的事只两件或三件，不要一百件或一千件；与其数上百万，不如数几个，并在缩略图上记账。

简化，简化。与其一天三顿饭，不如只吃一顿；与其吃一百道菜，不如只吃五道；其他事物也按比例减少。顺便说一句，这个国家本身连同所谓的内部改进,都是浮于表面的,不过是一个臃肿庞大的机构。它被自己设下的陷阱绊倒,毁于浮华和鲁莽的开支,毁于缺乏计划,毁于崇高目标的缺失。这个国家里的数百万家庭也一样。唯一的出路就是简朴——严苛得超越斯巴达的简朴生活和崇高目标。

我们为什么要活得如此匆忙,浪费生命呢?

让我们像大自然一样从容不迫地度过每一天,不被任何落在铁轨上的坚果壳和蚊子翅膀所干扰。让我们起得早一点,快一点,轻柔一点,不要受到干扰。我们为何要屈服并顺应潮流?铃响时,我们为何要奔跑?

在这种气候条件下,生活的基本必需品可以准确地划分为衣、食、住和燃料这几方面;确保了这些,我们便能成功有望地自由探讨真正的人生问题。大多数奢侈品和许多所谓的舒适生活不仅非必需,还会妨碍人类的进步。古代哲人之类的人在外在财富方面是匮乏的,却拥有最为富足的内心世界。

我从不因补丁而看轻某人,然而我也明白,人们往往更注重衣着的时髦而非良知的健全。如果我的夹克、裤子、帽子和鞋子在敬拜上帝时也足够得体,那么只消这些不就足够了吗?我要说,提防所有注重穿新衣而非穿衣服的新人的事业。

至于住所,我不会否认现在它是生活的必需品。但我想到,我的邻居,康科德的农夫们,他们辛勤劳作了二十、三十,甚至四十年,只是为了成为自己农场真正的主人,我们可以将其辛劳的三分之一视为住房成本。

农夫技巧高超地利用发条装置设置了陷阱,想要以此捕获舒适和独立,但一转身却自己踩了进去。拥有了房子后,农夫或许并不会变得更富有，而是会变得更贫穷。不是农夫获得了房子，而是房子俘获了他。

大多数人似乎从未考虑过房子的本质，实际上，他们一生都受困于不必要的贫困，只是为了让自己的房子与邻居的一样好。将来或许还会诞生更便捷也更豪华的住宅，我们也都明白自己负担不起它的费用。汲汲于获得更多，从不驻足享受已有的幸福，我们真的应该这样做吗？如果房子里杂乱地堆满家具，我宁愿坐在室外，因为草地上不会积聚尘埃。

不过，现在还是来说说我在瓦尔登湖畔森林里的实验吧。我建造了一栋房子，大约三米宽、五米长，墙面密密地铺了木瓦，并且进行了粉刷。房子有两米多高的立柱，带有一个阁楼和一间储藏室，每侧有一扇大窗户，一端有一扇门，对面是一个砖砌的壁炉。房子建好前，为了赚点儿外快来支撑非常规的开支，我种了大约两英亩半的沙土，主要种的是豆子，还有一小部分种了土豆、玉米、豌豆和萝卜。

我了解到，如果愿意过简朴的生活，只吃自己种的作物，只种自己吃得完的量，那么所有农活轻松得单用左手都可以完成，不必依赖牛、马或人力的帮助。我比康科德的任何农民都更加独立，因为我没有被绑定在一座房子或农场上，我可以随心所欲地追随自己那个不易发展的天赋。

我一直靠劳动自给自足，我发现，每年只需工作约六星期，我就能负担起所有的生活开支。我的整个冬季及大部分夏季都完全自由，我将之用于学习。

简而言之，我坚信，只要有信念和经验，并且简单而明智地生活，在地球上谋生并不是辛苦事，而是一种消遣。

我们为什么要急于成功，为什么要投身于如此令人绝望的事业呢？如果一个人没有跟上伙伴，也许是因为听到了不同的节奏。跟随自己听到的音乐吧，无论节奏如何，无论终点多么遥远。

> 距梭罗写下那部经典作品已逾一个半世纪。尽管这部作品的多数读者并未因受其影响而到森林中建造小屋和开辟菜圃，但其基本思想激发了读者的思考。它提出了两个问题："我最看重什么"和"哪些东西是多余的"。

我们从梭罗那里学到的是，如果想过简单的生活，就必须在生活中放下些什么，并学会拒绝分散注意力的次要事项。而瑞秋·西蒙过得非常忙碌，以至于从未意识到生活需要简化，直到她在巴士上坐了一整天。

与贝丝一起乘坐巴士

瑞秋·西蒙

（为保护隐私，文中某些人名为化名。）

"醒醒，"贝丝说，"要不然我们就赶不上第一班巴士了。"现在是早上六点，妹妹贝丝已经换好了衣服——她穿着一件紫色T恤和一条开心果绿的短裤。

我挣扎着醒来，穿上了适合作家和教师的衣服：黑色毛衣，紧身裤。

贝丝和我都快四十岁了，我们俩的年龄仅仅相差十一个月。但与我不同，我矮胖的妹妹拥有一衣橱鲜亮的衣服，而且天刚亮就能从床上一跃而起。她还有一点与常人不同：她有智力残障。她已经在宾夕法尼亚州一个中等规模的城市里独自生活了六年，住在一间受政府资助的公寓里。在被一家快餐店解雇后，她有了很多空闲时间。而且她因残疾获得了政府救助，有足够的生活费用。

她还非常机灵，而这通常不是人们对于社会边缘人士的普遍认知。她乘坐巴士，不是从一个地方到另一个地方，而是从早到晚在城市里循环乘坐，与司机和乘客成为朋友。她知道人们的生日、结婚纪念日，知道人们在哪里购物，以及早餐吃什么。她还会帮忙指路，搬运杂物袋。人们也会回报她的友情。

我妹妹完全靠自己融入了一个路途上的社群。现在我也打算试着融入这个社群。应她的邀请，我即将踏上她人生巨轮的甲板。在接下来的一年里，我定期拜访贝丝，和她一起乘坐巴士——这是我们成年后第一次有意义的相处时间。

我们匆匆走过主街，来到一家麦当劳，贝丝买了一杯咖啡，但没有打开。我们径直走向公交车候车亭，当巴士抵达时，司机克劳德像欢迎我们来到他家一样打开了车门。贝丝笨拙地上了车，把咖啡递给了他。他接过咖啡，然后拿出一些零钱放进她的手中。

"这是我们的约定。"他对我说。

然后贝丝转向"她"的座位——位于前排侧面长凳上的首位，在克劳德的斜对面，离他很近。我坐在了她的旁边。巴士启动时，贝丝说克劳德今年四十二岁，很快就要过生日了。听到她报出了确切的日期，司机笑了起来。"她什么都记得。"他说。克劳德和我的妹妹笑了许久。

事实上，我的妹妹一整天都在笑。之后当我们乘坐雅各布、埃斯特拉和鲁道夫的巴士时，司机一个接一个地热情地向贝丝打招呼。她会在他们开到最近没有走过的路线上时告诉他们如何转弯，告诉他们时间表的变更，给他们讲排行前十的歌曲。

在她年轻的时候，如果人们向她投来戒备的眼光，她就会感到沮丧，而这种情况经常发生。如今她不再为此烦恼了。她似乎很喜欢随着她内心的节奏而四处奔波。我想，这就是我的妹妹！她如此自信而充满活力。她与我如此不同。我专注于工作，一直将自己与生活隔绝。

贝丝乘坐巴士四处游荡，我则是在汽车、火车和飞机上四处奔波。我觉得自己一直在路上。我曾为《费城问询报》写作，并出版了一些书籍。我教人写作，还会在一家书店主持一些活动。但我每周工作七天，从早上七点一直工作到凌晨一点才回到床上。我过于忙碌，过于挑剔，紧张不安。

因为我的生活被工作所占据，我失去了朋友。除此之外，也许爱情是最大的牺牲。几年前，我交往了很久的男友山姆向我求婚时，我下不了承诺的决心。因此，我不得不含泪看着他离我而去。自那时以来，我一直努力工作，几乎忘了自己孤身一人。

拜访贝丝后，我感到自己有点能够对其他人敞开心扉了。我甚至从未想象过我妹妹会有巴士司机这样的朋友，也从未想象过他们会如此善良。接着，贝丝的眼睛出了问题。这一次，她又给我这个姐姐上了一课。

眼科医生在电话里告诉我贝丝的诊断结果：角膜基质炎。贝丝的角膜被划伤，并且已丧失感觉。医生说："她的眼睛还有另一个问题。她的睫毛在向眼睛里生长。她需要动手术。当然，决定权在她本人手里。我希望你能帮助她。"虽然贝丝邀请我和她一同坐巴士，但我不知道她的内心是否接受了我。她的自尊心真的很强。她会接受我的帮助吗？

我和贝丝谈了这个问题。我解释说，如果不做手术，她眼睛的状况可能会恶化。她很不情愿地同意了。但她说，在术后伤口愈合期间，她不会待在家里。等麻醉效果消退，她就要立刻去坐巴士。

"我有个愿望，"我突然说，"我希望我有一本叫作《如何随时随地助人为乐》的书。"我想要的是一本关于如何做一个好姐姐、如何帮助贝丝的指南，从中学习如何调整我对她过度的控制欲，如何引导她独立的天性，以及如何区分关心和控制之间的差异。不过我对她说的是"我想要一本能教我怎么给你找到一双新眼睛的书"。

"那确实挺不错的，"她说，"我可以要一对紫色的新眼睛吗？"

"我好害怕。"手术当天她对我这么说。我感到很意外，也很感动：贝丝在展示自己，她以前从未向我展示过这一面。我对她说，会没事的，我会一直陪着你。贝丝的巴士司机朋友雅各布也会一直陪着她。看见他赶来接我们去医院时，我的妹妹似乎真的感到很安心。雅各布的收音机里放着披头士乐队的歌曲《她爱你》。贝丝在他的车后座上大声唱道："耶，耶，耶！"

在医院候诊室里，我们一起看材料。贝丝说她很紧张。"我会陪着你的,"我再次对她说,"别担心。"

"嘿,你有我们这个护卫队呢。"雅各布打趣道。

她的身体放松了下来。她叫我和她一起进入房间,陪她回答医生的问题,测量血压并穿上病号服。她问我可不可以在她脱衣服的时候待在她身边。我帮贝丝换上了病号服,帮她脱鞋。然后我们慢慢走向手术间,雅各布在她的病床旁边等着我们。"这些衣服穿起来好怪,"贝丝说,"我还是不习惯这双怪异的鞋。"

终于,她该上病床了。我轻声说道:"你要躺下来,才能开始手术。"

她说:"我会的。"但还是没有动。

"现在就得躺上去。"我说。

"我马上就躺上去。"她又说。

我爬上她旁边的病床,躺了下来。"像我这样躺在上面。"我说。雅各布和我不停地劝说,她终于躺了下来。

一名护士走过来,手里拿着可怕的麻醉针。"贝丝,"我说,"你现在要翻过身来。"

"我不想。"她说。

雅各布和我似乎心照不宣地达成了一致。我们一起把贝丝翻到了另一侧。她笑了起来,开始享受这种关注。护士迅速给她打了一针,然后我们把贝丝翻回原位。然后她便不再抵抗了。

护士们拉起病床侧栏,将她推进手术室时,她没抵抗,我坐在等候区她旁边的凳子上,抚摸着她的胳膊,等待药物开始发挥作用时,她也没抵抗。

我看向贝丝的眼睛,往常的叛逆和淘气都消失了。我注意到了其他东西。我妹妹看着我,眼中满溢我几乎从未见到过的信任。

雅各布陪我们一直待到了夜里。之后,他又把我们送回贝丝的公寓,和我们一起吃了晚饭,一直陪着我们,直到贝丝上床休息。第二天,另一个巴士司机鲁道夫也来看望贝丝。然后是带着巧克力奶昔来的瑞克。然后是调度员贝蒂,代表司机们送来了鲜花。术后两天,贝丝一直遵照医嘱,用冰袋敷眼,静静躺着,给眼睛涂药膏。

令人惊讶的是,雅各布邀请贝丝去他家。因为我需要回家一段时间,雅各布和他的妻子卡罗尔提出要继续照顾贝丝,直到她的眼睛康复。我想,这就是我妹妹的人生。

有一天我不解地问道:"这些司机简直好得不真实。你是怎么在一个地方发现这么多好人的?"

"我什么也没做啊,"贝丝回答道,"大概是因为我恰好坐上了他们的车吧。"我看着活力四射的她,意识到,她并非"什么也没做"。贝丝只是在其他人想不到的地方交到了朋友。她会花时间排除那些冷漠或充满敌意的司机,挑选出友善的人。我意识到,贝丝邀请我和她一起坐巴士也不是"偶然发生"的。贝丝可能是希望我见见这些司机,因为我也需要他们。

在与贝丝一起乘车的经历接近尾声时,我开始希望自己能过上不同于过去的生活。几个月以后,我给山姆打了个电话。我们聊了很久,在那之后,我就不再感到害怕了。之后,我们出人意料地重新开始了一段美妙的恋情,最终在 2001 年 5 月举办了婚礼。我把婚讯告诉贝丝后,收到了她的贺卡,上面画满了五颜六色的星星和感叹号:

> 亲爱的瑞秋,

你好。我很为你感到高兴。

署名：酷酷的贝丝

贺卡是用紫色的墨水写的，贝丝的司机朋友也都签上了自己的名字：伦恩、杰克、梅勒妮、亨利、丽莎、杰里，当然还有雅各布。雅各布这个帮忙照顾我妹妹的男人在贺卡上写道："愿幸福和成功与你一路相伴。爱你，雅各布。"

> 瑞秋的生活里满是事业抱负和晋升机会。而她妹妹贝丝的生活很简单，专注于人际关系。经历了贝丝的简单生活，感受了贝丝的巴士友谊，瑞秋意识到她错过了生活中重要的一部分。她明白了，要想享受简单的生活，未来她需要在某些事情上放手，需要说"不"。值得赞扬的是，她做到了。

正如梭罗所说，物欲会悄无声息地吞噬时间，妨碍我们享受简单生活带来的快乐。

减轻负担

爱德华·苏斯曼

三年前，魅力四射、精力十足的得克萨斯州前州长安·理查兹陪伴母亲熬过了最后的病痛时光。在那段时间里，理查兹看到了母亲在病中发生的巨变。她的母亲一生痴迷于收集雕花玻璃、银器、蕾丝桌布、瓷器和人造珠宝，却突然对这些珍宝都失去了兴趣。

"她真正在意的是会来看望她的家人和朋友，"理查兹说，"这是一个彻底的转变。"

母亲在世时，有时对物比对人更感兴趣。在她去世后，理查兹处理掉了那些"古董"。她举行了一次车库拍卖会。理查兹自嘲道："在质量上，我们的拍卖品无法与杰奎琳·奥纳西斯[①]的藏品相比。但在数量上，我们还是有竞争力的。"

一天之内，除了一两件留作纪念的，所有的东西都卖光了。"我明白，要想享受此时此刻，就必须摆脱累赘。现在我随时可以拿起一切了。"

> 在生活中，放弃一些事情会带来巨大的经济和情感回报。在安·理查兹的故事中，回报就是自由——自由地拿起一切，随时随地做任何想做的事。在你的生活中，如果抛开一些东西，是否会更"自由"？

[①] 杰奎琳·奥纳西斯：美国著名的第一夫人，其遗物拍卖会非常盛大，轰动业界。

总结

几年前,我们全家去欧洲旅行,拖着行李从一个国家到另一个国家,从一家酒店到另一家酒店。一路上,我们收集了一些小纪念品和有趣的文学作品,用以纪念美景和名胜。一位家庭成员要提前回国,所以我们决定把一些装满衣物和纪念品的箱子一起送回去,减轻旅途负担。卸下非必需品后,我们感受到了自由——没有多余的行李消耗精力,可以自由地从一地走到另一地,自由地欣赏风景。生活也是一样。

只有内心深处燃起对真正目标的强烈认同,才能愉快地对紧急的次要事项说"不"。我们常常忙于应付紧急事务,却忽视了真正重要和有意义的事情,并因此而产生深深的懊悔。摆脱非必需品,我们才更能自由地追寻生命的意义。

思考

- 你会把上周的哪些活动扔进精神废纸篓里去?你觉得需要减少或放弃哪些日常活动?
- 你上一次拒绝不重要的请求是什么时候?你为什么不敢说"不"?你在害怕什么?本周你会拒绝哪些活动?
- 看看周围,是否有琐事或杂物偷走了你宝贵的时间?你是否花了几小时打扫卫生、修理东西?是否在为可有可无的东西买单?哪些事情是你可以放手的?

深入认识
简化

简约生活

为了最大限度地利用我们的生活,我们可能需要将一些东西从生活中移除。

简单的生活本身就是一种回报。

——乔治·桑塔亚纳

放慢脚步,简化生活,善待他人。

——娜奥米·贾德

一切都应该尽可能简约,但不能过于简单。

——阿尔伯特·爱因斯坦

哲学家阿尔弗雷德·诺斯·怀特黑德告诫科学家的这句话应该刻在每一所大学和高等学府的门口:"追求简单,质疑简单。"

——悉尼·J.哈里斯

一千零一种障碍和责任拖累着每个人,像蜘蛛丝一样缠绕着我们,束缚着我们的翅膀。要想简化职责、事业和生活,必须知道如何把重要的事从千头万绪中分离出来,因为人不可能对所有事情一视同仁。无序奴役了我们,今天的混乱妨碍了明天的自由。

——亨利-弗雷德里克·阿米尔,《艾米尔的时间札记》

放手

要想简化生活,就得放下旧包袱和没有持久价值的东西。

我必须剥去藤蔓上所有无用的枝叶,专注于真理、正义和仁爱。

——教皇约翰二十三世

最和气、最能干的人会把宇宙中的一些问题留给上帝去操心。

——唐·马奎斯

要了解一个人的一生,不仅要了解对方做了什么,还要了解对方故意不做什么。人体和大脑能完成的工作是有限的,聪明人不会把精力浪费在不适合自己的事情上;在能做好的事情中,选择并坚决追随最好的那件事,才是明智的做法。

——威廉·E. 格莱斯顿

除了把事情做好的高尚艺术,还有不做事情的高尚艺术。生活的智慧在于剔除不必要的东西。

——林语堂

智慧的艺术在于知道什么该忽略。

——威廉·詹姆斯

有些人认为坚强是坚持,但坚强有时是放手。

——西尔维娅·罗宾逊,《基督教科学箴言报》

说"不"

与放手相伴的是说"不"的高尚艺术。决定主要事项,然后勇敢而坚定地对干扰说"不"。

学会说"不"比学会读拉丁文更有用。

——查尔斯·哈登·司布真

全球人力资源服务公司 Accountemps 针对美国两百家大公司的高管的一项调查发现，人们每年浪费约两个月的时间参加"不必要的"会议，浪费一个月的时间来阅读和撰写不重要的备忘录。调查还发现，大公司往往比小公司浪费更多时间，小公司更愿意去除繁文缛节。

——兰德尔·坡，《全面一致》

我一生所犯的错误都是因为想说"不"却说了"是"。

——莫斯·哈特

我有一种习惯，并且我可以毫不夸张地将之称为恶习，那就是不会说"不"。

——亚伯拉罕·林肯

"不"很难说出口。因为大家害怕拒绝更多任务会受人反感，尤其是害怕会让人觉得自己工作效率低下。事实上，拒绝过多任务会使人更加专注，从而提高工作效率。

——拉尔夫·凯斯，《时间锁》

效率

高效实现简单。

有人问亨利·福特，为什么他要亲自去主管的办公室，而不是让主管们来他的办公室。他说："我发现我离开别人的办公室要比让别人离开我的办公室快得多。"

——E.E.埃德加

在柯立芝担任副总统期间,接替他担任马萨诸塞州州长的钱宁·考克斯拜访了他。考克斯问柯立芝为什么一天接见这么多来访者,还能在下午五点离开办公室,而他自己经常要到晚上九点才下班。考克斯问道:"为什么会有这种差别?"柯立芝回答道:"因为你会跟人来回地聊。"

——小保罗·F.波勒,《总统轶事》

关于国家的太空时代计划,我们最大的两个问题是地心引力和文书工作。我们可以克服地心引力,但有时文书工作让人喘不过气来。

——沃纳·冯·布劳恩博士

《婴儿和儿童护理常识》一书的作者本杰明·斯波克博士说,他曾经研究过新生儿的脸部特征,想要以此判断出婴儿的性别。"如今,"斯波克博士说,"我相信老法子更快。"

——《内幕消息》

挥霍时间

大家都说自己很忙,但如果不把时间浪费在不必要的事情上,尤其是电视屏幕前,生活往往会大大简化。

你热爱生命吗?那就不要浪费时间,因为生命由时间构成。

——本杰明·富兰克林

在斯班斯夫妇家中,夫妻两人一直在看电视。直到有一天电视坏了,他们之间才说上一句话。他对她说:"你好吗?我想这是我们头一次见面。我姓斯班斯。你呢?""奇怪,我也姓斯班斯!"她对他说。"你觉得我们会不会是……"电视突然恢复正常了,他们再也没机会发现彼此的关系。

——摘自写给安·兰德斯的一封信

我们总是抱怨人生太短,却又表现得好像生活永远不会结束似的。

——塞内卡

电视的主要危险不在于其引发的行为,而在于阻碍了其他可能的行为。

——尤里·布朗芬布伦纳,出自琼·安德森·威尔金斯的《戒电视》

如果一个人连续看了三场足球比赛,在法律上就该宣告死亡。

——埃尔玛·邦贝克

（二十一）

恢复

从容不迫的时间观念本身就是一种财富。

——邦妮·弗里德曼

从瓦尔登湖回来后，亨利·戴维·梭罗经常在傍晚的天空下散步。这已然成为其标志性活动之一。某次黄昏散步结束后，梭罗写道："在山顶上等待天空坠落，或许可以捕捉到些什么。"心灵需要一个放松和恢复的机会，我们需要一个刺激心灵和恢复身体的机会。梭罗知道这一点，而今天太多人已经忘记了。

但在当今世界，休闲、孤独和放松等术语在某些情况下已经用作贬义，恢复的价值也已经削弱了。下面的故事告诉我们，每个人都需要一种方式、一个地点来躲避日常生活的风暴和动荡。

宁静海湾的一课

威廉·J.布坎南

我们在斯基拉克湖的北岸扎营,距离阿拉斯加基奈半岛西海岸外的库克湾、浑浊的冰川水注入处约二十英里。当时临近午夜,但在1968年的这个夏夜,天色依然很亮。一条鲑鱼用锡纸包裹着,在烤架上慢慢烤着。我瞥了一眼跪在水边的同伴埃德·加兰特。他正在从我们当天捕获的鱼中取出鱼子,并把它们放在蜡纸上晾干。在这片静谧之中,我思考着把我们带到这里的那些糟心事。

六周前,刚刚晋升为中校的我来到位于安克雷奇的埃尔门多夫空军基地,就任阿拉斯加国防通信局民用工程部主任。我预料到这是一份艰难的工作,但现实情况还是令我措手不及。阿拉斯加的军事指挥网络是一个由过时组件构成的原始大杂烩,横跨经常冰封的辽阔地区。故障是家常便饭。要维持这个笨重网络的运行,就相当于用捆扎线和胶带维持一支B-52机群的运作。

副总工程师埃德·加兰特是我的直属下属。他五十岁,中等身高,体格健壮,作为工程部的主力,他的业绩可圈可点。然而,我们的初次接触却很拘谨,新官打量老手,老手也打量着新官。

就这样,第二周结束时,在经历了几个懊恼的白天和不眠之夜后,我把埃德·加兰特叫到我的办公室。"埃德,还有十几处一旦出故障,在紧急情况下就可能会引发灾难性的后果,"我恼怒地说道,"我们必须确定工作的主次。"

他定定地看了我一会儿:"我可以提议一个优先事项吗?"

"当然可以。"

"去钓鱼。"

"什么!"我难以置信。

"这个周末和我一起去。我向你保证,等星期一回来的时候,优先次序就会定下来了。"

这太荒谬了。然而,他的态度使我没有发出质疑,我耸了耸肩,"为什么不呢?"

那个星期六我们来到湖边,我玩得很开心。埃德热衷于户外活动,凭着直觉带我们钓到了一群又一群洄游的红鲑鱼。到营地的时候,我已经达到了我的捕捞限度。尽管如此,我的负罪感仍然挥之不去,因为我在玩,而办公桌上还有那么多事情要做。

在水边,埃德在鱼子上撒了一些硼砂。晚饭后我问他:"为什么要撒硼砂?"

"为了让鱼卵变硬。等回家我会把它们冻起来。它们可以做诱饵,明——"

他没说下去。我本能地接话道:"明年可以用。"

谈话出现了令人费解的停顿。"怎么了?"我问道。

他拿起一根棍子,把篝火拨旺了。"我得了恶性高血压,"他说,"本来一年前我就该病死了。"他给我讲了他的故事。

1960年,他搬到了阿拉斯加,在美国最后一片未受污染的边疆定居下来。他进了通讯局。这份工作是一个泥潭。作为重度工作狂,他试图通过工作量加倍来弥补资金不足和现代化设备的缺乏,每天工作十五小时。

1966年的一个夏夜,他独自坐在办公桌前,突然看不清图纸了。

视力模糊的症状过去了,他对此只字未提。两周后,他突然晕倒了。

检查发现他患有严重的高血压。"当时我有两个选择:要么继续工作,在九十天内死去;要么辞职,吃药,也许能坚持一年。我对吃药没意见,"他继续说,"但是辞职?那会当场要了我的命。"

我艰难地出声问道:"那你做了什么?"

他站了起来。"来,我带你去看看。"

我们在一个梨形海湾的颈部扎营。海湾深入树林两百码。我们向内陆走去,来到了海湾的最深处。这里不受风和水流的影响,水面平静如镜。

埃德在一根倒下的木头上坐下,指着水下说:"仔细看。"

就在水面下,几条大鲑鱼兜着圈子游来游去,慢得像蜗牛一样。其余几条鲑鱼静静地躺在浅水底部,唯一的动作是有节奏地缓慢地扇动腮和鳍。

"两年前的夏天,医生给我下了最后通牒,我就来了这里,"埃德说,"我坐在这根木头上,试图理清我的生活。然后,我不知不觉地观察起鲑鱼来。和以前不一样,是真正的观察。"他转过身,指着海湾外面。"看,在海峡那边。"

一大片微微泛着涟漪的水面显示出数千条鲑鱼向上游洄游的景象。

埃德说:"它们刚从海里出来,很强壮。明天它们就会到达俄罗斯河瀑布。它们会不顾一切地跃上瀑布。其中一些力竭的会被撞回到底下的岩石上。最后,它们会精疲力竭而死。"他又把目光转向海湾里的鲑鱼。"这些不一样。某种本能把它们带到了这个安静的地方。它们仿佛知道瀑布就在前方,明天它们将继续迁徙,今天则好好休息，为将要面临的一切做好准备。我突然意识到，我就像河道里的那些鲑鱼，毫不停歇地前进。在那一刻，我知道我该怎么做了。我会接着工作，但压力一大就抽出时间来海湾。从那时起，我就一直这么做。这种状态能持续多久？我不知道。但我已经比医生说的多活了一年。"

他转身面向我。"上校，你不是第一个被派到这里来的人，不是第一个意识到我们是在太空时代操作人力车系统的人，也不是第一个逆流而上的人。"突然间，我明白了这次出游的意义，明白了"优先事项"的真实含义。

"好吧，埃德。我们能做什么呢？"

看到我的反应，他笑了，松了一口气。"我对这里的通讯系统了如指掌。技术方面的事我能搞定。我处理不了的是那些繁文缛节。如果你能让上头别再来烦我们，我和工程师们就能让系统继续运行下去。"

就在海湾的岸边，我们达成了协议。从那个周末开始，埃德负责处理无数的日常技术决策，我则参加会议，回答吹毛求疵的官方问题，给上级找台阶下。埃德请假去海边玩的时候，我也会毫不犹豫地批准。

我们的约定只经受了一次考验。像大多数技术一样，我们的技术也进入了计算机时代。华盛顿方面发来指令，要把我们的工程指令转换成计算机语言。"这太荒谬了！"埃德说，"我们的系统不需要这种东西。你必须说服总部准许例外。"

这件事我考虑了两天，然后我把他叫到办公室。"埃德，在这件事上我要否决你的意见。"我说，"我们或许不得不用过时的系统，但这不是培养过时工程师的理由。他们必须适应新方法。他们的未来取决于此。"

他的下巴绷紧了。"随你的便。"他冷冷地把话抛下,转身就走。那天余下的时间里,我们的关系一直很紧张。

第二天早上我到办公室的时候,埃德在等我,"我一直在想你说的关于工程师的话。当然,你是对的。关于他们的未来。"

接下来一周,埃德设计了一个培训计划,推动我们的工程师进入计算机时代。他取得了显而易见的成功,总部之后要他交一份培训计划的副本,他们要拿去培训其他指挥部。

冬天笼罩着安克雷奇,封死了通往基奈半岛的通道,埃德焦躁不安起来。我经常看到他盯着办公桌后墙。墙上挂着早已过时的日历,日历上有一张斯基达克湖的航拍照片,照片上北岸梨形的小海湾轮廓清晰可见。这时他会说:"我一定要过去……至少再去一次。"

但是,3月16日星期天下午,值班人员打电话给我:"加兰特先生中风了。"

我急忙赶到基地医院。埃德一动不动地躺着,茫然地盯着天花板。然后他看见了我。他瘫痪的左臂垂在身侧,他向我伸出右手,想要说话,却什么也说不出。我握住了他伸出的手,"没关系,埃德。不要说话。"

他开始把目光从我身上移到墙上,然后又移回来。我顺着他的目光朝墙上望去,突然明白了他的意思。我紧握了一下他的手。"我马上就回来。"

我开车回了一趟办公室,把旧日历取了下来。然后我回到医院,把它贴在离他的床最近的墙上。他定定地看着那张图,然后,他似乎平静下来了。他面朝着那张褪色的照片,照片上是他心爱的海湾——他就这样去世了。

1970年夏天,我的阿拉斯加之旅结束,我最后去了一趟海湾。鲑鱼依旧在那里停歇,等待着即将到来的考验。看着这些鲑鱼,我忆起了当初那个晚上。睿智而善良的埃德与我分享了他在这个特殊的地方学到的东西——在他人生最灰暗的时候支撑着他的一课,宁静海湾的一课。

> 每个人都需要像宁静海湾这样的避难所。就休憩之地而言,我们不仅需要有一两个偏爱之处,也需要日常能够轻易抵达之处。有些人只需闭上眼睛冥想,就能找到静修之所;有些人在休息和聆听舒缓的音乐时找到了静修的感觉;有些人则通过散步或运动来达到静心的目的。地点和方法并不重要,重要的是我们需要找到放松、提神和重新激活思维的方法。

埃德找到了宁静海湾,在那里重获新生。在下面的故事中,医生建议病人到一处有他年轻时的快乐回忆的海滩寻找新生。于是他带着医生开出的四张处方去了海滩。

海滩上的一天

阿瑟·戈登

不久之前,我经历了一段灰暗时期。很多人都会时不时遇到这样的时期——那是人生曲线上一个急转直下的低谷,一切都变得陈腐而平淡,精力不济,热情消退。这对我的工作产生了可怕的影响。每天早晨,我都会咬紧牙关,喃喃自语:"今天,生活将恢复往日的意义。你必须有所突破。必须有所突破!"

但日子一天天过去,我的世界一日比一日荒芜。我知道,是时候寻求帮助了。

我向医生求助。不是心理医生,只是个医生。他比我年长,在他粗犷的外表下蕴藏着伟大的智慧和同情心。"我不知道出了什么问题,"我痛苦地告诉他,"但我似乎走进死胡同了。你能帮我吗?"

"我不知道。"他慢慢地说。他将手指搭成一个帐篷,若有所思地盯着我看了很久。然后,他突然问道:"你小时候在哪里最开心?"

"小时候?"我答道,"噢,我想是在海滩上吧。我家在那里有一座避暑小屋。我们都很喜欢那里。"

他望着窗外,看着十月的落叶飘落。"你能做到一整天听我的指令行动吗?"

"我想可以的。"我说,做好了迎难而上的准备。

"好吧。我打算让你这么做。"

他让我第二天早上独自开车去海滩,九点前抵达。我可以吃午饭,但不能读书、写字、听收音机,也不能和任何人说话。"另外,"

他说,"我给你开一个处方,每三小时服用一次。"

他撕下四张处方纸,在每张纸上写了几个字,将纸折叠起来,编上号,然后递给我。"分别在上午九点、十二点、下午三点和六点服用。"

"你是认真的吗?"我问道。

他短促地笑了一声:"等你收到我的账单,你就不会觉得我在开玩笑了!"

第二天一早,我怀着忐忑不安的心情驱车前往海滩。一个人的海滩很寂静。一阵东北风吹来,灰蒙蒙的大海发起怒来。我坐在车里,空荡荡的一整天摆在我面前。然后我拿出第一张折叠的纸条,上面写着:仔细聆听。

我盯着这几个字。我想,医生疯了吧?音乐、新闻广播、与人交谈都被他排除在外了,还有什么能听的呢?

我抬起头,真的听了起来。除了大海持续的咆哮、海鸥尖锐的叫声和头顶上几架飞机的嗡嗡声,什么声音也没有。所有声音都很熟悉。

我下了车。风砰的一声把车门关上。我问自己,我应该仔细聆听这些声音吗?

我爬上一座沙丘,眺望着空无一人的海滩。在这里,大海肆意咆哮,掩盖了所有其他声音。然而,我突然想到,声音之下一定还有声音——流沙的轻响、风在沙丘草丛中的低语,如果靠得足够近,就能听到。

虽然觉得自己有点可笑,但冲动之下,我还是低头把脑袋塞进了草丛里。在这里,我有了一个发现:仔细聆听,会出现一个短暂的时刻，一切似乎都停止了，似乎在等待着什么。在那一刹那的静止中，纷乱的思绪停止了。真正倾听外界声音的那一刻，内心嘈杂的声音会被迫安静下来。心灵得到了休息。

我回到车旁，滑入驾驶座。仔细聆听。再次聆听大海的低沉咆哮，我的脑海中出现了浩瀚的大海、令人惊叹的海潮节奏、月光在大海上投下的丝绒光影、獠牙般的海上巨浪。

我想起了孩提时代大海教会我们的道理。要有耐心，潮汐是急不来的。要有敬畏心，大海是不会容忍傻瓜的。事物之间有着庞大而神秘的相互依存关系，风、潮汐、海流、平静、暴风雨和飓风，所有这些结合在一起，为上面的鸟和下面的鱼定下了迁徙路径。还有洁净——大海的大扫帚每天清扫海滩两次。

坐在那里，我意识到我的脑子里是广阔的天地。这让我松了一口气。

尽管如此，上午还是过得很慢。全身心投入工作的惯性非常强，以至于一旦离开工作，我便迷失了方向。有一小会儿，我若有所思地盯着汽车收音机，卡莱尔[①]的一句话跳进了我的脑海："沉默缔造伟大。"

到了中午，风把天上的云吹散了，海面上波光粼粼，闪耀得欢快。我打开第二张"处方"，然后好笑又好气地坐在那里。这次写的是：回忆。

回忆什么？显然是回忆过去。可我所有的担忧都关乎现在或未来啊，回忆过去做什么？

[①] 卡莱尔：即托马斯·卡莱尔，苏格兰哲学家、评论家、讽刺作家、历史学家、教师。

我下了车，沿着沙丘若有所思地向前走。医生让我来海滩，因为这里是一个充满快乐回忆的地方。也许那就是我应该追求的：我身后几乎被遗忘的幸福财富。

我找了个避风的地方，躺在洒满阳光的温暖沙滩上。窥探过去之井，浮上水面的回忆快乐但不太清晰；那些面孔模糊而遥远，我似乎已经很久没有想起他们了。

我决定尝试像画家一样处理这些模糊的印象——修饰色彩，强化轮廓。我会选择具体的事件，并尽可能多地捕捉细节。我会想象人们的衣着和姿势。我会仔细地听人们的声音，听笑声的回声。

现在退潮了，但海浪仍在怒吼。于是，我选择回到二十年前，我最后一次和弟弟钓鱼的时候。（他死于第二次世界大战的太平洋战争，并葬于菲律宾。）我发现，如果我闭上眼睛，真的努力去看，他就能够栩栩如生地呈现在我的面前，我甚至能看到那个遥远的早晨他眼中的诙谐和热切。

事实上，我什么都能看见：我们垂钓的海滩像象牙色的弯刀，朝阳染红了东方的天空，汹涌的波浪庄严地缓缓而来。我能感受到温暖的回浪绕过我的膝盖，能看到弟弟的鱼竿从水下拽出鱼的弧线，能听到他兴高采烈的喊叫。我一点一点地重建。时间为过往镀上了一层透明的光泽，光泽下的一幕幕清晰未变。然后，这一幕幕消失了。

我慢慢地坐起来，接着回忆过往。快乐与自信往往相伴相随。那么，如果有意识地伸手去触摸幸福，是不是会释放出一些泛着微光的力量，释放出一点点微小的力量源泉呢？

这一天的第二个时段过得比较快。太阳西斜，我的脑海里还在急切地回溯过去，重温往事。我发现了一些几乎要遗忘了的往事。例如，在我大约十三岁、弟弟大约十岁时，父亲答应带我们去看马戏。但午饭时，父亲接到一个电话：市区有急事需要他去处理。我们做好了失望的准备。然后我们听到他说："不行，我去不了。那得等等。"

当他回到桌边时，妈妈微笑着说道："你知道，马戏团还会再来的。"

"我知道，"父亲说，"但童年不会重来。"

这么多年来，我一直记着这句话。如今的我从那突如其来的温暖中领悟到，任何善意都浪费不了，也消失不了。

到了三点钟，潮水退了，海浪只剩下有节奏的低语，就像一个巨人的呼吸声。我待在沙窝里，感到轻松又满足，还有点得意。我想，医生的处方做起来很容易嘛。

但下一个处方打了我一个措手不及。这一次可不是温和的建议，听起来更像是命令："重新审视动机。"

我的第一反应纯粹是自卫性的。我对自己说，我的动机没有任何问题。我想成功——谁不想呢？我希望得到一定的认可——每个人都一样。我想要更多的安全感——为什么不能呢？

我脑子里有个微弱的声音说：也许，那些动机还不够好。也许这就是轮子停止转动的原因。

我拿起一把沙子，让它从指缝间流过。过去在我的工作中总会自发出现一些东西，一些不经意间得到的东西，一些自由的东西，正是这些东西使得我的工作进展顺利。而最近，一切都在计划内，一切都做得很好，却失去了生机。为什么？因为我的目光并未放在作品本身上，而是关注着预期回报。作品本身已不再是目的，而是变成了赚钱手段。在疯狂地追求安全感的过程中，那种奉献、助人、贡献的感觉消失了。

刹那间，我明白了，如果动机错了，那一切都会跟着错。无论你是邮递员、理发师、保险推销员、家庭主妇，都没有区别。只有觉得自己的工作对他人有价值，才会做得好。如果只关心自己，就没法做好工作。这是一条像万有引力一样不可改变的规律。

我在那里坐了很久。在远处的沙洲上，潮水退去，海浪的低语又变成了空洞的咆哮。在我身后，夕阳的光线几乎要与海平面平行。海滩时光即将结束，我不情不愿地对医生及其随意而巧妙的"处方"产生了钦佩之情。现在我明白了，这些处方中蕴含的治疗方法对任何陷入困境的人都很有价值。

聆听：让忙乱的头脑平静下来，慢下来，把注意力从内心转向外界。

回忆：因为人脑一次只能容纳一个想法，所以，触碰过往的幸福能够抹去当下的烦恼。

重新审视动机：这是"治疗"的核心，是重新评估的自我挑战，能够让动机与能力、良知保持一致。但要做到这一点，头脑必须保持清醒、易于接受调整——因此，在这之前需要安静地度过六小时。

当我拿出最后一张纸条时，西边的天空一片绯红。这次是八个字。我慢慢地走到海滩上。在距高潮海岸线几码处，我停了下来，又读了一遍纸上的字：把烦恼写在沙滩上。

我把纸扔进风里，伸手捡起一片贝壳碎片，跪在天穹下，在沙地上写起来。

然后我走了，没有回头。我把烦恼写在沙滩上，潮水涌上来了。

没有什么处方是解决所有忧虑和压力的万用灵药，但自我恢复对每个人而言都必不可少。在这种时候，我建议你找一个充满快乐回忆的地方，试试这些处方。首先，聆听。尽可能聆听大自然舒缓的声音。倾听内心深处的想法和欲望，那里有你生命中最有意义的问题。其次，追忆过往的美好时光。关注细节，包括视觉、听觉和嗅觉。反思内心深处的动机，审视它们是否符合普世隽永的原则，是否能够帮助你成为你想成为的人。最后，试着写下两三个反映生活压力的词，然后把它们象征性地或真的扔掉，看着它们随着时间的流逝而消失。

虽然这些无法为你驱散烦恼，但有助于放松身心，让你能够以更好的状态来应对压力。

前两个故事的主人公在宁静海湾和海滩上（或者说广阔的天空之下）获得新生，南希·H.布莱基则是在生活的岔路上找到了新生和快乐。

绕道的诱惑

南希·H. 布莱基

诗人威廉·斯塔福德曾言，定义我们的往往是生活的岔路，而不是通往目标的狭窄道路。我喜欢这句话。

我是一个极易分心的人。当然，我和其他人一样有目标，我能把事情做好。但帮助我取得丰硕成果的是一天中数不胜数的岔路。

例如一次愉快的公路旅行，对我的家人来说，意味着一个又一个漫长而慵懒的弯路——沿着小路漫步，通往最终的目的地。时间的限制被解除了，每个弯道的前方都是无限可能。我们会停下来参观农舍小摊，观察路上被撞死的动物，在当地的水果摊上挑选甜美多汁的桃子。因为我们不慌不忙，所以我们会聊天。

我们并不是从一开始就这样。在一次偶然的机会中，我们发现了公路旅行丰富多彩的一面。

多年来，我们一直花九小时开车近八百公里，从我们在西雅图的家到博伊西的我父母家。我们的出行方式和大多数人一样：走最快、最短、最便捷的路线。尤其如果丈夫格雷戈去不了，我必须一个人带着四个孩子，我就更加倾向于采用这种出行方式。孩子们吵闹不休，讨厌被关在车里，对什么都有意见。

我觉得公路旅行很危险，所以我会开得很快，只在必要时停下来。我会用眼睛盯着路面，把手挥来挥去地管教孩子们。我们会坚持走高速公路。我们会数着时间和里程，到达时又累又暴躁。

但随后，班纳出生了。

班纳是一只羊。就在去博伊西旅行的前几天，它被羊妈妈抛弃了。我有两个选择：一，把班纳留给丈夫，他得带它去办公室，每两小时喂一次，还要记得给它换尿布；二，带班纳去博伊西。格雷戈替我做了决定。

就这样，我带着四个孩子、一只小羊羔、五辆自行车上路了，除了永远不变的乐观主义，什么都没有。出于无奈，我们只能走小路。每隔一小时我们就得停下来，让班纳抖抖它那颤抖的长腿。孩子们争相追逐班纳。等回到车里，孩子们气喘吁吁，精神焕发，浑身散发着凉爽空气带来的清新气息。

我们发现这种出行方式虽然很奇怪，但是又很奇妙。世界呼啸而过，我们却没有跟着飞驰。我们没有一鼓作气赶到博伊西，而是在俄勒冈州贝克的一家小汽车旅馆住了下来。第二天早上，我们发现了一家小餐馆，那里的肉桂卷是我们吃过的最嫩、最香的肉桂卷。

我们随心所欲地探索，在小路上探索更小的路，和在齐腰高的杂草中捕捉蚱蜢一样有趣。即使只是看着车窗外挂在绳子上的衣服，看到小猪摇摇晃晃地跟在猪妈妈后面，看到小溪弯道上有鳟鱼跃起，都比在高速公路上最顺畅的一次旅程要有趣得多。这就是生活，这就是新的视野。

我们最终带着惊人的新鲜感和一肚子故事来到了父母家门口。虽然路上多花了五小时，可要知道，我们过去常常要花五小时来恢复精神。

这次冒险让我变得勇敢起来，还有点忘乎所以。在回家的路上，我绕着爱达荷州的狭长地带去看望祖母。我们在一个温泉边停了下来，多年来，我一直从这里匆匆路过。我在纪律管理上越发有创意。

在华盛顿东部一段空旷的道路上，孩子们争吵起来。我停下车，命令所有的孩子下车，到前面等我。我把车往前开了一两公里，停在路边，在一片清静中看起书来。

和班纳的那次旅行让我们发现了一个世界，在这个世界里，每个人都可以无所事事地到处闲逛。我们发现，我们可以在河边停下来，只因为脚趾很热，河水很凉。我们可以停下来阅读路边的历史标志，想象一个半世纪前生存所需要的勇气和毅力，而眼前的世界可以等一等我们。

有些旅程必须走最快的路线，但一只黑色的小羊羔让我意识到，绕道而行才会邂逅旅程的美好，以及自己的美好。

> 南希明白呼吸新鲜空气的价值，也知道如何让孩子见识到广阔的世界。我们的世界需要更多像她这样的家长。

总结

恢复是大自然令人惊叹的核心能力。森林在火灾后恢复，人体也会恢复——皮肤和血液会恢复，伤口会愈合。但很多人没能将恢复的原则有效应用于生活之中。我们常常被压力击垮。我们需要想办法自我调整，享受休闲时光，呼吸新鲜空气——可以是去宁静的海湾旅行，去海滩度假，也可以沿着生活的小路散步。因为即使是"平凡伟大"也需要恢复。

思考

- 你是否有一个宁静的港湾可以让自己暂时远离身边的环境？你到那儿去的次数够多吗？
- 你的日常休憩地是哪里？你有没有抽出时间做些休闲活动来放松你的大脑，比如冥想、散步、锻炼或阅读？
- 你最后一次花时间倾听"外界"事物以便将注意力从内心转向外界是什么时候？你最后一次回忆过去的快乐时刻来消除当前的忧虑是什么时候？你上一次重新审视自己的动机以确保其契合自身价值观和良知是什么时候？你曾把忧虑写在沙滩上吗？除了忧虑，你还想在沙滩上写些什么呢？
- 在日常生活中，你是否会探索岔路上的乐趣？

深入认识
恢复

~~~~~

设定节奏

想要长期享受生活的人必须学会控制日程安排,调整节奏。

我的一位朋友是杰出的探险家,他在亚马孙河上游的野人中生活了几年,曾经和野人一起尝试强行穿越丛林。头两天,他们的行进速度出奇的快,但到了第三天早晨该出发的时候,我的朋友发现所有当地人或坐或蹲,神情肃穆,丝毫没有出发的意思。

酋长向我的朋友解释说:"他们在等待。在灵魂跟上躯体之前,他们没法走得更远了。"

我想不出比这更好的例子来说明我们今天的困境了。难道我们就不能等灵魂跟上身体再前进吗?

——詹姆斯·特鲁斯洛·亚当斯,《现代生活的节奏》

人生不是百米冲刺,而是越野跑。如果一直在冲刺,不仅无法赢得比赛,而且甚至无法坚持到终点线。

——约瑟夫·A.肯尼迪,《放松和生活》

许多人忙于谋生,却没有为生活留下空间。

——约瑟夫·R.西祖

如果有人告诉我"我每周工作九十小时",我会说:"你大错特错。我周末去滑雪,周五出门玩。列出二十件让你工作九十小时的事情,其中十件事必定是毫无意义的。"

——杰克·韦尔奇

把蜡烛两头烧未必有你想象的那么亮。

——赫伯特·V.普罗赫诺

多年来,许多高管曾自豪地对我说:"哥们儿,我去年工作太辛苦了,都没有休假。"我总是想回应:"你真是个傻子。你是想告诉我,你能负责一个八千万美元的项目,却做不到每年抽出两周时间来找点乐子?"

——李·艾柯卡,《艾柯卡》

停歇

正如我们从"宁静海湾"中学到的那样,有时我们需要暂停一下,以便重新分析和组织工作的主次。

时不时地离开放松一下,等回来工作的时候,你的判断就会更准确。持续工作会夺走你的判断力。走远一点,作品看起来就会显得更小,就能一眼看出更多的东西,更容易看出不和谐或不相称的地方。

——列奥纳多·达·芬奇

假期给人提供了一个回顾过去,展望未来,并用内心的指南针重新定位自己的机会。

——梅·萨顿

每个人都需要一段属于自己的宁静时光。宁静时光的形式可以是锻炼、阅读或任何感兴趣的活动;但有一件事和宁静一点也不沾边,那就是在特定时间做特定事情的义务感。几天前,我有两百封信要回,还有很多工作要做,但我故意花了两小时读诗。

——埃莉诺·罗斯福,摘自《好莱坞报道》

有时候你能做得最紧急、最重要的事情就是彻底休息一下。

——阿什莉·布莱恩特

永远不要害怕坐下来思考。

——洛林·汉斯伯里

享受岔路

大自然和生活中的小小岔路往往能带来新鲜空气,让人焕发活力,这是其他活动没有的效果。

奥斯卡·王尔德说过:"一成不变是想象力匮乏者最后的避难所。"所以,别再6:05起床了,5:06分起床吧。黎明去徒步一英里。找一条新的通勤驾驶路线。研究野花。给盲人读书。订阅一份外地报纸。在午夜去划独木舟。把你最擅长的事教给孩子。两小时不间断地听莫扎特的曲子。

跳出常规,品味生活。记住,我们的人生只有一次。

——由联合技术公司发布

我记得,很久以前,十一月的一晚,最后一盏灯都灭了,除了爸爸,大家都睡着了。突然,爸爸从床上跳起来,冲到窗前。不一会儿,他就把所有人都叫了起来。

"出去看看!"他说,"别在意穿什么。把被子盖在身上。快!"

我们走到外面,只看到了白霜,一切都覆着一层白色的皮毛,雾蒙蒙的圆月下似乎闪耀着无数颗钻石。

"听!"他说。

我们竭力控制住打战的牙齿,竖起耳朵,望向天空,看向他注视着的方向。是的,我们现在能听到声音了。很快我们就看到它们了。大雁飞过月亮。

"肯定有上千只。"爸爸说。

而后在他带着我们回到温暖的床上时,他只说了一句话:"我觉得这一分钟的颤抖是值得的。"

在我看来相当可悲的是，如今的我们既没有时间也没有意愿去做这样的父亲。同样可悲的是，随着岁月的流逝，似乎再也不会有这样的一分钟了。

——H. 戈登·格林

一个春日的清晨，我在公园的喷泉驻足，看着水花把阳光折射出闪耀的彩虹。一位年轻母亲身后跟着一个金发小女孩，二人沿着小路匆匆而来。看到喷泉，女孩张开双臂。她喊道："妈妈，等等！看看这些颜色，好漂亮！"

母亲伸手去拉女儿的手。"快点，"她催促道，"我们要赶不上巴士了！"看到女孩小脸上的欣喜，她心软了。"好吧，"她说，"很快还会有另一趟巴士。"

母亲屈膝抱着孩子，脸上也洋溢着喜悦——那种与所爱之人分享美好事物的喜悦，罕见而特别的喜悦。

从那天起，我发现，最快乐、最善于观察、最有创造力的孩子，都来自会共同欣赏彩虹的家庭。

——阿莱莎·简·林德斯特罗姆

建筑师弗兰克·劳埃德·赖特讲述了他九岁的一堂课如何帮助他确立了人生哲学。稳重严肃的叔叔带着他在一片白雪皑皑的田野里漫步。在远处，他的叔叔让他回头看看他们的两组足迹。"看到了吗，孩子？"他说，"你的脚印漫无目的地来来回回，从那几棵树到牛群，再到栅栏，最后到你扔棍子的地方。但你发现了吗？我的路线是笔直的，直达目标。你永远不应该忘记这个教训！"

"我从来没有忘记，"赖特笑着说，"我当时就下定决心，决不像叔叔那样错过生命中的大多数事情。"

——约翰·凯斯勒

随着乡村的夏日日渐宁静，吊床似乎也消失了。很久以前，它是乡村安逸、舒适和享乐的象征。在昏昏欲睡的午后，人们可以躺在这里，沉浸在慵懒之中。远处传来的蜂鸣、鸟叫和农场干活的声音让人沉醉。于是睡意袭来。要是谁能够享受这种无拘无束的摇摆，大家都会说那人日子过得美。

——《得梅因纪事报》

独行

生活中最美好的时刻有时是在孤独中到来的。你不需要进行漫长的隐士冒险来寻找新生,短暂的撤离就能让人精神焕发。

每个人都必须有一个小黑屋,在那里可以毫无保留地做自己。人只有在孤独中才能明白什么是真正的自由。

——蒙田

如果一个人说"我不能来,因为这期间我有一场商务会面或购物安排",大家都会接受这个拒绝的理由。但如果一个人说"我不能来,因为这期间我要一个人待着",就会被视作粗鲁、自大或奇怪的人。这就是我们文明的写照。

——安妮·莫罗·林德伯格,《海的礼物》

在第二次世界大战的最后几天,有人问美国总统哈里·杜鲁门,他是如何如此平静地承受住总统一职带来的紧张和压力的。他的回答是:"我脑子里有个散兵坑。"他解释说,就像士兵躲进散兵坑寻求保护和喘息一样,他也会时不时地躲进自己的"精神散兵坑",在那里没有任何事情能打扰他。

——马克斯韦尔·马尔茨,《心理控制论》

聪明人会花时间独处。他们不会像许多高管那样,每天从早上八点到晚上十点都被各种工作填满。灵感是从劈柴、准备晚餐和给孩子读书等活动中得来的。这些活动缓解了一成不变的工作节奏造成的思维僵硬,让上帝所赐的直觉发挥其无逻辑的魔力。

——菲利普·K.霍华德

缓解压力

消除压力的方法很多。你的办法是什么?

> 园艺是压力的反义词。压力是匆匆忙忙的,园艺有着自然的四季节律。压力让人感到无力,让人觉得自己受到了伤害,园艺是对食物供应和周围环境的控制。在园艺的过程中,你的身心、思想和灵魂都会得到治愈。
>
> ——威廉·戈特利布,《有机园艺》

> 一位年轻的母亲说:"辛苦地带了一天孩子后,我喜欢开车出去兜风,我喜欢手中握着一些我可以控制的东西。"
>
> ——劳伦斯·菲茨杰拉德

> 世界上最好的橡皮擦是一夜好眠。
>
> ——O.A.巴蒂斯塔

> 给悲伤以言语,否则无言的悲伤便会低声唤醒濒临崩溃的心。
>
> ——威廉·莎士比亚

> 说自己没时间锻炼的人迟早要挤出时间生病。
>
> ——爱德华·斯坦利

在泽西海峡岛上,在俯瞰海港的悬崖上,我看到一条遍布青苔的破旧长凳。一个世纪以前,维克多·雨果遭到其挚爱的法国的迫害,带病流亡国外。他每天傍晚都会到这里来,凝视着夕阳,陷入沉思,沉思结束后,他会站起来,挑一块鹅卵石,有时挑小石头,有时挑大石头,扔到下方的水里。他的这一举动被附近玩耍的孩子看在眼里。一天傍晚,其中最大胆的小女孩跑过来问道:"雨果先生,您为什么到这里来扔石头呢?"

这位伟大的作家沉默了片刻,然后一脸沉重地笑了:"不是扔石头,我的孩子。我是把自怜扔进海里。"

———A.J. 克罗宁

晨间散步是对一整天的祝福。

———亨利·戴维·梭罗

后记

　　这本精选集里展现的人物实在丰富！在人生的不同阶段，人们做出了行动的选择，目标的选择，原则的选择。

　　而现在，决定权在你手中。你会做出这三个选择吗？"平凡伟大"会成为你生活中不可或缺的一部分吗？

　　我得再强调一遍，生活并不总是一帆风顺。生活中的事件就像海上不断袭来的波浪，一个接一个地来到我们面前。在匆忙中，我们似乎越来越难以静下心来反思自己的日常选择，反思如何利用我们称之为生命的宝贵时光。然而，停下脚步，想清楚自己是谁，自己在做什么，对我们的进步而言意义非凡。

　　比尔·塔默斯在1989年12月的一篇文章中生动地描述了这种停顿的力量：

　　　　浪花汹涌而来之时，会出现一个特殊的时刻——海浪落在沙滩上、尚未被拽回大海之前的悬停瞬间。在这不到一秒的时间里，海水停止了翻腾，透过清澈的海水，我可以看到底下的土地，看到岩石、贝壳和沙子。

　　　　有时我想，这就是生活给予我们的机会，一窥真实的机会。冲击我们的各种力量偶尔会达到一种不稳定的平衡，此时窥见真实的机会就会出现。然后各种力量撤退，下一波浪潮袭来，我们便失去了那一瞬间的特殊清明。

在行动停止，一切平静下来时，我们应该抓住机会，把这种清明收集起来，储存在内心深处。下一波浪潮不可避免地会来临，而届时凭借内心的清明，我们也能保持平衡。

我希望这本精选集能为你带来这样的清明时刻，帮助你看清自己内在的潜力，挣脱生活的桎梏和逆境的漩涡，预见自己能为周遭世界带来的改变。抓住清明时刻，将之珍藏在脑海中，用以阻挡琐事和忙碌的冲击。这样一来，便能始终目光长远，专注于崇高的梦想。

将原则付诸实践

我猜，本书中有些条目没给你带来多少感触，有些条目让你觉得妙趣横生，有些条目则令你感到醍醐灌顶，触动了你的内心，让你明白有些事可以做得更好。思考这些触动你的条目，佐以下列建议，或许能够将阅读收获最大化。

建议一：始于自身

我希望你能够和他人分享这本精选集。事实上，我希望父母与孩子、师生、友人能够共同阅读这些故事和原则。不过，我也坚信，率先内化并应用这些原则，你就能从这本精选集中获得最大的价值。所以，请开启内心的变革之门，反思生活中有哪些亟须改进之处。

建议二：先泛读，再精读

通读这本精选集，对各项原则及应用方式有一个大概的认识。找出你喜欢的部分，整理出两三个具体的原则或道理，如果能更好地应用于生活，将直接帮助你挖掘潜能，实现梦想。在这两三个方面多花点时间，再着眼于其他条目。别想着一次性全面改善。

建议三：建立切实可行的具体目标

制定的改进目标不能太难，也不能太简单。设定一个时间段，周期不要太长也不要太短。目标一定要具体，不要只是说"这周我要努力更温柔一些"，而是要确定能够让自己变得更温柔的具体方式。目标可以是在具体的时间做某事，例如，和家里十几岁的孩子共进晚餐，哄还在蹒跚学步的孩子睡觉，和员工一起做绩效评估。安排好计划和目标，就会产生磅礴的力量。

建议四：从小事做起，但要行动起来

当我们产生做出更大贡献的冲动时，进入脑海的第一个想法常常是消极的：噢，我太忙了，我怎么可能做得更多呢？我既没有才华，又没有资源，能有什么个人价值呢？有些人甚至觉得自己生不逢时，要是出生在更早的年代，一定可以成就一番事业。但现实是，浪费时间去自卑、自我怀疑、妄想着生活在另一个时代，什么好处也没有。眼前就是我们的天地，要想悦纳自己，就要充分利用眼前的一切。所以，从今天开始，做点什么吧！哪怕只是一件小事，哪怕只是帮助一个人。

建议五：与他人分享

教学是最好的学习。例如，父母可以每周选择一个条目来教导孩子，将其中的道理融入孩子的生活。在用餐之类的时间分享一个故事，然后在一周内利用该条目的名人名言和趣闻逸事来做扩展和强化。企业领袖可以将这些条目整合到每周会议中，以此激发团队的效率。"平凡伟大"适用于人，也适用于团队和组织。有些组织仅仅取得昙花一现的成功，正是归因于"平凡伟大"的缺失。无论你的角色是什么，都要相信自己的创造力，去探索这些条目的教学方法，你将会获益匪浅。

建议六：要有耐心

耐心不是原谅自己的松懈和拖延，而是不要纠结于挫折和错误。要是做了对的事，别忘了表扬自己。自我成长是一棵幼苗，需要用时间和尊重来灌溉。因此，要努力工作，每日进步，并且阶段性地奖励自己。记住，德威特·华莱士和莱拉·华莱士的成就是通过一句句名言、一篇篇故事、一期期杂志完成的，不可能一蹴而就，也不可能一劳永逸。同样的，"平凡伟大"是一种生活方式，是循序渐进的日常机遇，绝非一次性事件。所以，对自己有耐心，坚持不懈，就能实现卓越。

我相信这六项建议中的每一项都将有助于读者应用本精选集中的原则，但我想提出最后一个建议：在脑海中描绘自己作为变革者的心理图景和视觉形象。你或许还有印象，我在引言中提过，希望阅读这本精选集能够帮助你达成三个目标。第一，我希望你能在阅读中找到平静和享受，找到一个远离风暴的避难所，找到一个充满希望的避风港。第二，我希望你学会如何从生活中获得更多，并给予更多。我希望这个精选集已经为读到这里的你实现了前两个目标。

至于第三个目标，我真心希望你能够铭记在心：把你自己变成一个变革者。变革者能把消极和中性转化为积极，积极寻找机会做出有意义贡献，不仅让自己的生活充满意义，还能够帮助他人，让他人的生活充满意义。请把自己视作变革的催化剂，成为一盏明灯，而不是法官，成为楷模，而不是评论家。

当今世界需要像你这样的人。所以，请相信你自己，相信这些原则，从现在开始，选择行动，选择目标，选择原则。在行动过程中，祝愿你始终能够感受到源于"平凡伟大"的内心平静和个人满足。

图书在版编目（CIP）数据

精进：从平凡到卓越的七大启示 /（美）史蒂芬·柯维著；赵宜知译. -- 杭州：浙江教育出版社，2025.
1. -- ISBN 978-7-5722-8829-6

Ⅰ．B848.4-49

中国国家版本馆 CIP 数据核字第 2024GJ2982 号

浙江省版权局著作权合同登记号　图字：11-2024-099号

© 2006 by FranklinCovey Co. and The Reader's Digest Association, Inc.
Published by arrangement with HarperCollins Christian Publishing, Inc. through the Artemis Agency.

精进　从平凡到卓越的七大启示
JINGJIN CONG PINGFAN DAO ZHUOYUE DE QI DA QISHI
[美]史蒂芬·柯维　著　赵宜知　译

责任编辑	赵清刚
美术编辑	韩　波
责任校对	马立改
责任印务	时小娟
产品监制	王秀荣
特约编辑	刘红静　田中原
封面设计	王　嵩
版式设计	黄　蕊
出版发行	浙江教育出版社
	地址：杭州市环城北路177号
	邮编：310005
	电话：0571-88900883
	邮箱：dywh@xdf.cn
印　　刷	河北松源印刷有限公司
开　　本	880mm×1230mm　1/32
成品尺寸	147mm×210mm
印　　张	15.25
字　　数	318 000
版　　次	2025年1月第1版
印　　次	2025年1月第1次印刷
标准书号	ISBN 978-7-5722-8829-6
定　　价	79.00元

版权所有，侵权必究。如有缺页、倒页、脱页等印装质量问题，请拨打服务热线：010-62605166。